추천의 글

'왜'라는 질문에 답을 주는 힌트북

이 책은 아이들의 '왜'라는 질문에 '원래' 또는 '그냥'이라는 말로 답하지 않고 수학적 개념을 '위치와 질서'에 따라 차분하게 설명합니다. 교과서 문제를 활용하여 친숙하게 다가온 점, 개념 따라쓰기로 개념을 머릿속에 각인시킨 점도 이 책의 강점입니다. 힌트북을 통해 '왜'라는 질문에 수학적 개념으로 답변할 수 있는 실력 있는 학생들이 되기를 기대합니다.

정성윤 선생님(서울우이초등학교)

과제집착력을 길러주는 효과적인 구성!

학급에서 수학 수업을 할 때 최대한 답을 나중에 알려주면서 힌트를 주거나 문제를 이해할 수 있도록 풀어 설명해 줍니다. 과제집착력, 즉 문제를 끝까지 풀어내고자 하는 태도가 결국에는 수학 실력 향상에 도움이 된다고 생각하기 때문입니다. 힌트북은 아이들이 혼자 공부할 때에도 과제집착력을 기를 수 있는 효과적인 구성을 가진 교재라고 생각합니다. 힌트북은 수학을 잘 하고 싶어하는 아이들에게 기본기를 꼼꼼히 다져주는 좋은 친구이자 선생님이 되어 줄 것입니다.

류윤정 선생님(중앙대학교 사범대학 부속초등학교)

문제의 실마리를 주는 힌트

문제를 풀다 막히면 답지부터 찾아본 경험, 누구나 있을 거예요. 그런데 이 책엔 힌트북이 있어 답지를 보지 않고 문제의 실마리를 찾을 수 있습니다. 또 본문에서 개념을 따라 쓰는 코너가 있어서 학생들이 개념을 얼마나 잘 알고 있는지를 점검할 수 있다는 점도 매우 유익합니다.

박명선 선생님(덕은초등학교)

새 교육과정에서 중요시하는 과정 중심 평가에 맞는 학습서

새로 개정된 수학과 교육과정은 학습 결과 평가뿐만 아니라 과정 중심 평가도 중요시하여 종합적인 학습 평가를 지향하고 있습니다. 과정 중심 평가에서의 핵심은 학생들의 요구에 맞추어 피드백이 즉각적으로 이루져야 한다는 것입니다. 그런 점에서 이 책은 단계별로 효과적인 수학 학습이 되도록 학생 본인의 사고에 맞게 학습을 조절할 수 있습니다. 목표에 도달했다고 하더라도 어떤 과정으로 도달했는지, 혹은 어떤 이유로 도달하지 못했는지에 대한 학습 방향을 알려주는 나침반 같은 역할을 할 수 있기를 기대합니다.

최현아 선생님(서울가락초등학교)

수학에 자신 있는 친구들에게도 추천해요.

힌트북에서는 귀여운 캐릭터들이 설명해 주는 힌트를 통해 아이들이 개념과 원리를 지루하지 않고 흥미있게 집중하여 이해할 수 있습니다. 수학을 많이 버거워하는 아이들도 캐릭터들이 차근차근 설명하는 힌트를 따라가며 자신감을 키우게 될 것입니다. 풀이가 힘들고 귀찮아 힌트를 먼저 펼쳐보게 되는 아이들도 힌트 속에 녹아 있는 개념과 풀이 과정을 통해 자연스레 개념을 복습하게 되고 차근차근 풀이 과정을 밟아가는 연습을 할 수 있을 것입니다. 아울러 수학에 자신 있어 하는 친구들에게도 추천합니다. 어렵지 않게 푼 문제들도 '힌트' 속 설명을 통해 수학 실력을 더욱 탄탄히 다질 수 있을 테니까요.

강상미 선생님(서울송례초등학교)

추천의 글

생각하는 힘과 인내심을 길러줘요.

수학은 암기과목이 아닙니다. 한 문제를 풀어내는 과정은 마치 미로 속에서 출구를 찾아내는 과정과 비슷합니다. 많은 문들을 인내심을 갖고 하나하나 열어가며 출구를 찾아냈을 때 비로소 빛을 보는 기쁨을 누릴 수 있는 것과 같습니다. 모르겠다고 처음부터 답을 봐 버리면 생각하는 힘을 얻을 수 없고, 수학 문제를 해결하는 데 반드시 필요한 인내심도 기를 수 없습니다. 이 책은 문제를 해결하기 위해 통과해야 하는 많은 문들을 하나하나 열어갈 수 있도록 적절하게 힌트를 주고 있습니다. 이 책을 통해 필요한 만큼의 힌트를 참고하여 스스로 문제를 풀어내는 기쁨을 누리며 진정한 수학 실력을 높일 수 있기를 바랍니다.

채현정 선생님(서울대명초등학교)

스스로 깨닫게 하는 유능한 수학 코치!

문제 옆에 바로 붙어 있는 일반 참고서의 힌트는 아이들이 스스로 사고할 기회를 빼앗는 나쁜 친구죠. 그렇다고 힌트가 없으면 포기하기 쉽고, 또 답과 해설을 보며 공부하다 보면 끝내 혼자서는 문제를 풀어내지 못합니다. 이러한 문제의 완벽한 해결사가 힌트북입니다! 게다가 힌트북은 문제마다 중요한 개념을 친구처럼 세밀하게 알려주어서 문제의 핵심을 스스로 깨닫게 하는 가장 유능한 수학 코치입니다!

유은화 선생님(분당 공부방 원장)

혼자서도 척척, 혼공 내비게이션!

흔히 수학에는 왕도가 없다고 하지요. 그만큼 쉽고 빠른 지름길이 없다는 말인데요, 힌트북이 좋은 길잡이가 될 수 있을 것 같네요. 막히면 힌트를 보고 제대로 된 맞춤길을 안내받아 문제를 척척 풀어나갈 수 있으니까요.

안소정 선생님('수학의 역사' 저자)

학습 결손을 막아주는 '찐' 혼공 학습서

왜 진작에 이런 학습서가 나오지 않았을까요? 힌트북이 선생님이 되어 스스로 풀어내도록 도와주니 수학 실력뿐 아니라 자신감까지 올려주네요! 특히 요즘처럼 비대면 수업으로 인한 학습 결손이나 학력 격차까지 막아줄 수 있는 찐 혼공 학습서입니다.

배기근 선생님(대치 파인만학원 영재원 대표강사)

수학을 가장 쉽고 빠르게 공부할 수 있는 교재

구구절절 설명하는 책들은 넘쳐나지만 한눈에 보여주는 책은 이 책이 유일한 것 같습니다. 개념과 방법이 한눈에 이해되다 보니 힌트북이야말로 수학을 가장 쉽고 빠르게 공부할 수 있는 교재가 아닐까 하는 생각이 듭니다. 학생들이 쉽고 재밌게 공부하기에 안성맞춤입니다!

김준 선생님(일산 에이스학원 원장)

언제나 필요했던 게 바로 이런 책이었어요.

학원이나 선생님 도움 없이 혼자 책을 보며 공부하길 좋아했던 내가 언제나 필요했던 게 바로 이런 책이었습니다. 개념을 쉽게 설명하는 책은 많지만, 개념을 어떻게 받아들이고 어떻게 적용하는지 알려주는 책은 많지 않죠. 힌트북은 선생님이 옆에서 가르쳐 주듯 하나하나 알려주는 든든한 교재입니다.

이승은(서울대 대학원 보건학과)

문제 읽는 방법을 배워 '진짜 실력'을 길러요.

문제를 풀다 어렵다고 해설을 바로 보면 실력이 잘 늘지 않기에 과외 수업을 할 때도 힌트를 종종 주곤 합니다. 문제 접근법을 다시 생각해보게 하는 거죠. 힌트북은 '문제를 읽는 방법'을 학생 스스로 배울 수 있게 합니다. '진짜 실력'을 기르기에 참 좋은 교재입니다.

전가원(서울대 수의예과 21학번)

개념을 문제에 적용할 수 있는 힘을 길러줘요.

수학 문제를 풀 때 가장 중요한 능력은 문제를 분석하고 올바르게 개념을 적용하는 능력입니다. 힌트북은 시중 초등 참고서에 없던 '힌트북'을 통해 처음 공부하는 학생이라도 개념을 문제에 스스로 '적용할 수 있는 힘'을 길러주고 있습니다.

현승환(서울대 자유전공학부 21학번)

매일의 목표를 이루어주는 힌트북

'성공도 습관'이라는 말이 있듯이, 하루의 작은 성공이 반복되어 습관이 될 때 결국 목표를 이루게 됩니다. 이 교재는 하루에 4쪽씩 학습량을 정해 두었는데, 힌트북이 매일의 목표를 포기하지 않고 끝까지 이룰 수 있도록 도와줍니다.

김하경(서울대 체육교육과 21학번)

수학을 고등까지 꾸준히 잘하도록 도와줘요.

수학을 고등학교 때까지 꾸준히 잘하기 위해서 가장 중요한 것은 개념을 완전히 이해하고 문제에 적절하게 적용하는 능력입니다. 책속 힌트북을 통해 학생들이 그 능력을 자연스럽게 기를 수 있고, 자신감까지 얻을 수 있을 것 같습니다.

김지우(서울대 인문계열 21학번)

힌트가 생각의 방향을 잡아줘요.

개념 이해에서 시작한 공부는 문제 해결까지 이어져야 합니다. 힌트북은 이 과정을 끝까지 하도록 유도한다는 점에서 매력적입니다. 문제 속 개념을 찾아내는 것부터, 문제 해결을 위한 생각의 방향을 잡는 것까지 스스로 할 수 있도록 돕기 때문입니다.

김연우(서울대 조경지역시스템공학부 21학번)

스스로 답까지 도착하도록 도와줘요.

귀여운 그림과 예쁜 색감을 사용하여 학생들이 좀 더 관심을 가지고 집중할 수 있을 것 같아요. 답과 풀이만 있는 다른 교재와는 달리 힌트북은 '힌트'라는 스캐폴딩을 설정하여 스스로 생각하고 고민하여 답까지 도착할 수 있도록 도와줍니다. 전체 구성이 개념 → 확인 → 쉬운 문제 → 어려운 문제순으로 단계별로 이루어져 있어 스스로 공부하기에 정말 좋습니다.

송지혁(서울대 아동학과 21학번)

힌트로 수학의 원리를 체화할 수 있어요.

진정한 이해는 혼자 공부할 때 비로소 이루어진다고 생각합니다. 이 책의 강점은 힌트를 통해 모르는 문제가 있을 때 문제의 방식을 혼자 이해하고 몸에 익힐 수 있다는 것입니다. 이 책으로 공부하면 힌트를 통해 풀이 과정을 이해하면서 수학의 원리를 체화할 수 있습니다.

조현준(서울대 생명과학부 21학번)

문제와 풀이 사이에 힌트가 있다면?

막힐 땐

힌트북

막힐 때 힌트 보며 혼자서도 척척

초등 혼공 기본서

슬기로운 공부

이 책의 구성과 특징

기본 개념 학습

개념학습 > 확인문제 > 교과서문제 > 개념 따라쓰기

하루 4쪽 30일 완성

개념 따라쓰기

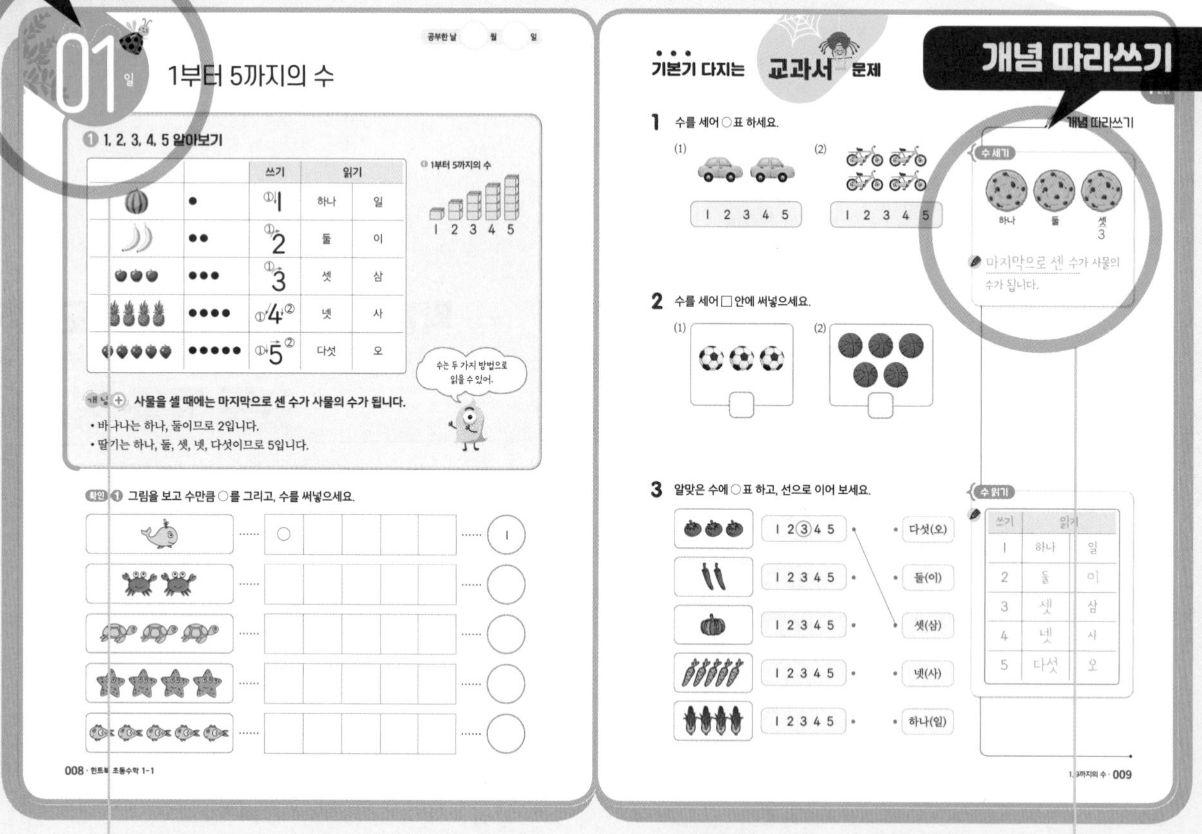

하루 4쪽 30일 완성

하루 4쪽 공부로 단기간에 수학의 기본기를 탄탄하게 완성할 수 있습니다.

개념 따라쓰기

눈으로 확인한 개념을 직접 손으로 따라쓰며 머릿속에 새길 수 있습니다.

스스로 풀어내는 도전 10 문제

기본문제 > 응용문제 > 독해력문제 > 표현력문제

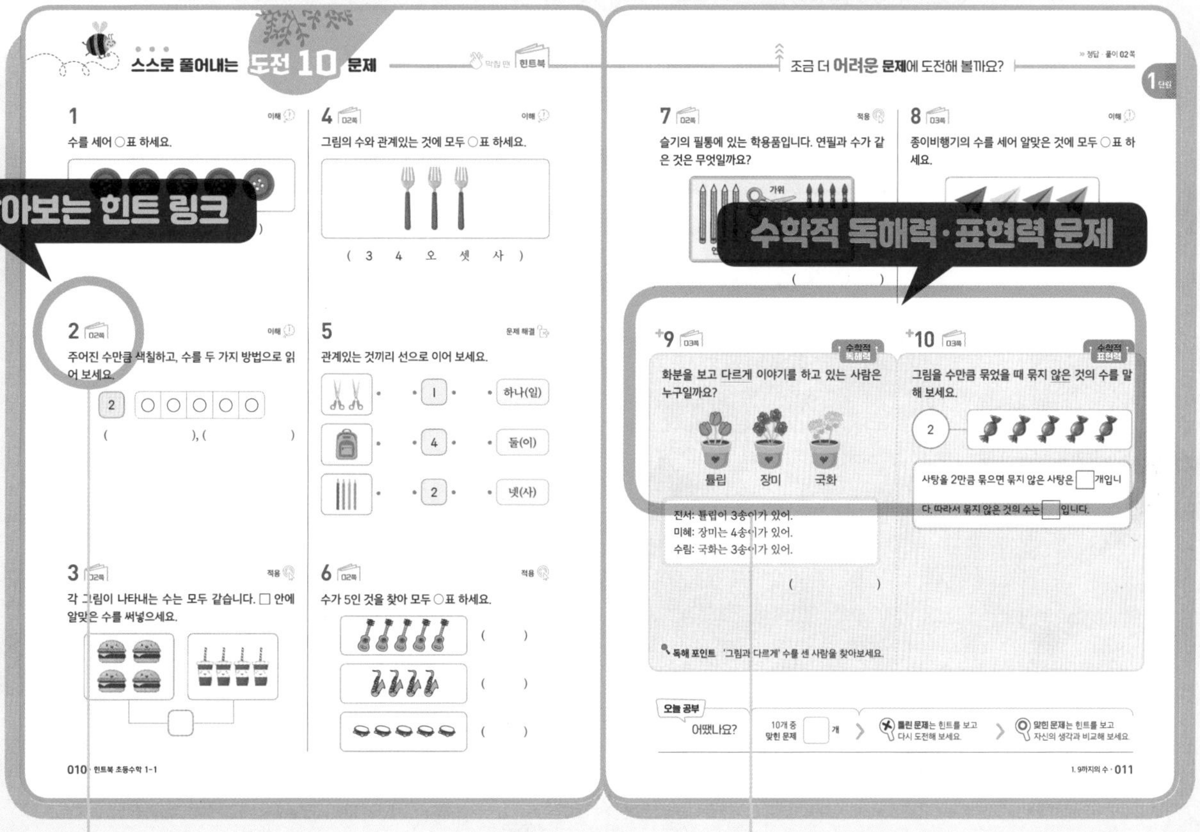

막힐 때 찾아보는 힌트 링크

문제 풀다 막힐 때 힌트를 바로 찾아 확인할 수 있습니다.

수학적 독해력·표현력 문제

문제의 의미를 파악하고, 풀이 과정을 수학적으로 표현하는 연습을 합니다.

이 책의 구성과 특징

막힐 때 찾아보는 힌트

힌트는?

문제해결의 실마리	생각의 첫 단추, 문제 접근법
문제 속 숨은 개념	출제 포인트, 출제 의도
수학적 아이디어	수학적 발상, 수학적 사고
상위권의 풀이법	문제 풀이 스킬, 다양한 풀이 비법

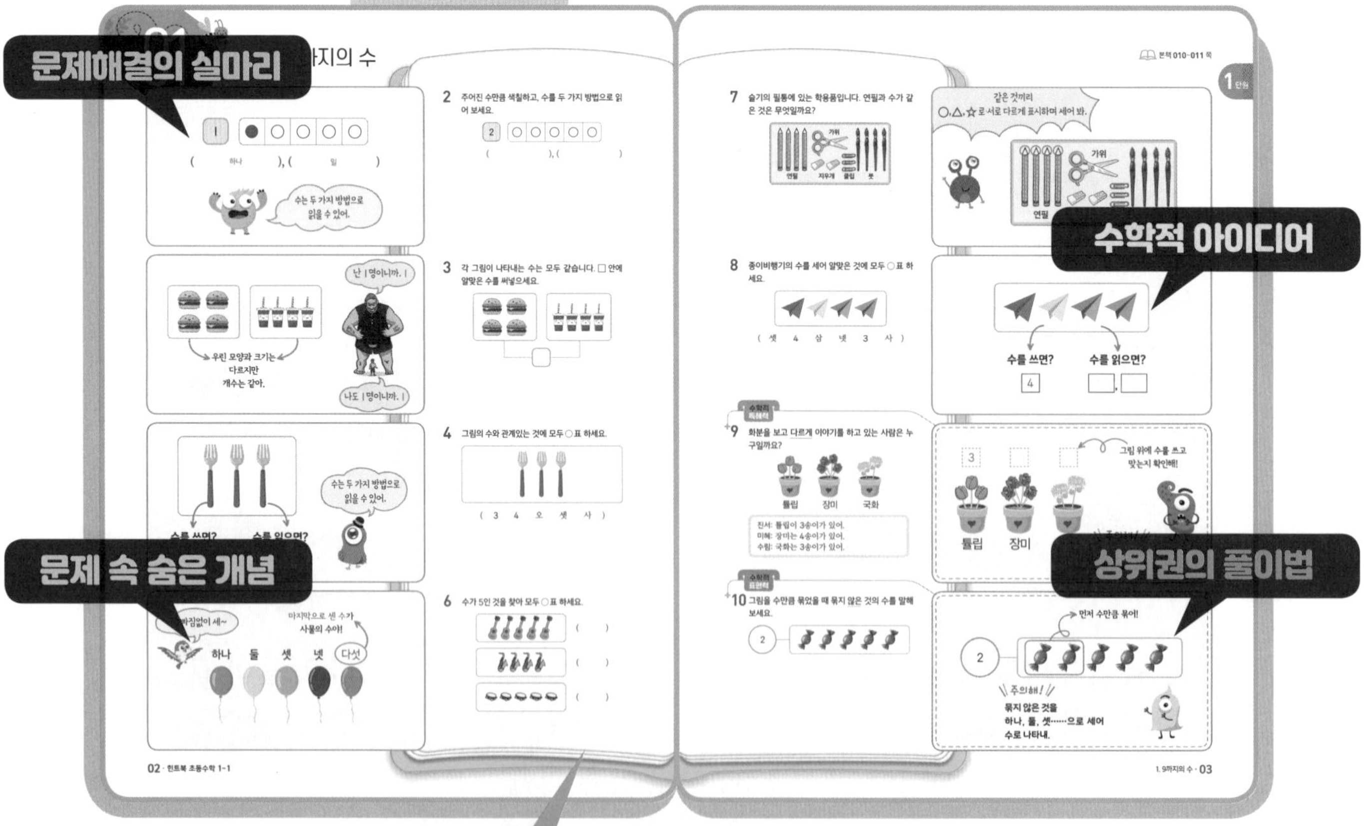

문제를 보며 힌트를 확인할 수 있습니다.

이 책의 200% 활용법

혼공할 때

홈스쿨할 때

선행할 때

수학이 어려울 때

힌트북으로 공부하면

개념이
쉽고 명확해집니다.

문제를 보면
개념이 떠오릅니다.

어려웠던 수학이
만만해집니다.

이 책의 차례

1 단원 9까지의 수

2 단원 여러 가지 모양

3 단원 덧셈과 뺄셈

4 단원 비교하기

5 단원 50까지의 수

1부터 5까지의 수

① 1, 2, 3, 4, 5 알아보기

		쓰기	읽기	
	●	1	하나	일
	●●	2	둘	이
	●●●	3	셋	삼
	●●●●	4	넷	사
	●●●●●	5	다섯	오

◐ 1부터 5까지의 수

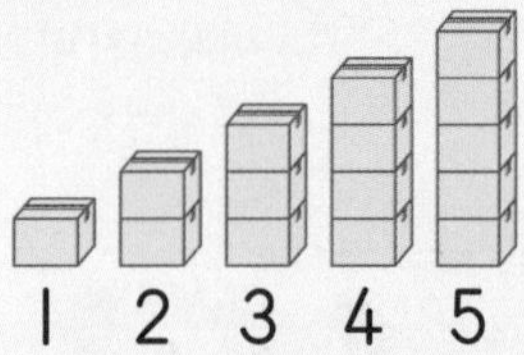

개념+ 사물을 셀 때에는 마지막으로 센 수가 사물의 수가 됩니다.

- 바나나는 하나, 둘이므로 2입니다.
- 딸기는 하나, 둘, 셋, 넷, 다섯이므로 5입니다.

확인 1 그림을 보고 수만큼 ○를 그리고, 수를 써넣으세요.

	○					1

기본기 다지는 교과서 문제

1 수를 세어 ○표 하세요.

(1)

| 1 | 2 | 3 | 4 | 5 |

(2)

| 1 | 2 | 3 | 4 | 5 |

개념 따라쓰기

수 세기

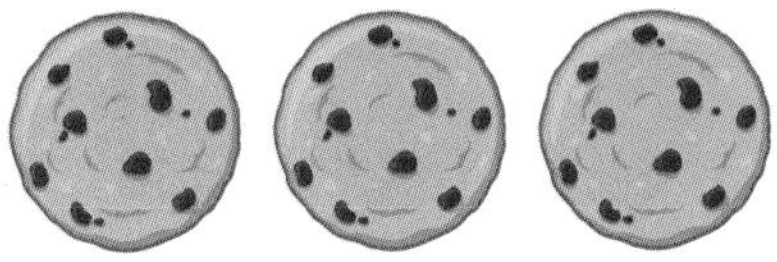

하나 둘 셋
3

마지막으로 센 수가 사물의 수가 됩니다.

2 수를 세어 □ 안에 써넣으세요.

(1)

□

(2)

□

3 알맞은 수에 ○표 하고, 선으로 이어 보세요.

1 2 ③ 4 5 • • 다섯(오)

1 2 3 4 5 • • 둘(이)

1 2 3 4 5 • • 셋(삼)

1 2 3 4 5 • • 넷(사)

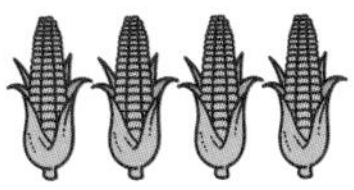
1 2 3 4 5 • • 하나(일)

수 읽기

쓰기	읽기	
1	하나	일
2	둘	이
3	셋	삼
4	넷	사
5	다섯	오

1

이해

수를 세어 ○표 하세요.

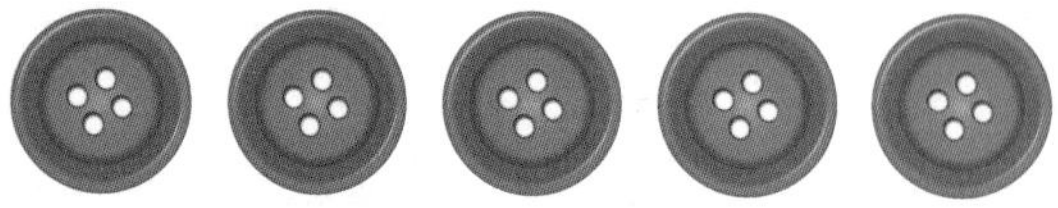

(1 2 3 4 5)

2 02쪽

이해

주어진 수만큼 색칠하고, 수를 두 가지 방법으로 읽어 보세요.

2	○	○	○	○	○

(   ), (   )

3 02쪽

적용

각 그림이 나타내는 수는 모두 같습니다. □ 안에 알맞은 수를 써넣으세요.

□

4 02쪽

이해

그림의 수와 관계있는 것에 모두 ○표 하세요.

(3 4 오 셋 사)

5

문제 해결

관계있는 것끼리 선으로 이어 보세요.

 • • 1 • • 하나(일)

 • • 4 • • 둘(이)

 • • 2 • • 넷(사)

6 02쪽

적용

수가 5인 것을 찾아 모두 ○표 하세요.

 (   )

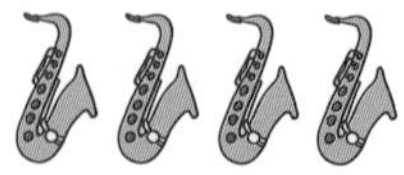 (   )

 (   )

» 정답 · 풀이 02쪽

조금 더 어려운 문제에 도전해 볼까요?

7 02쪽 적용

슬기의 필통에 있는 학용품입니다. 연필과 수가 같은 것은 무엇일까요?

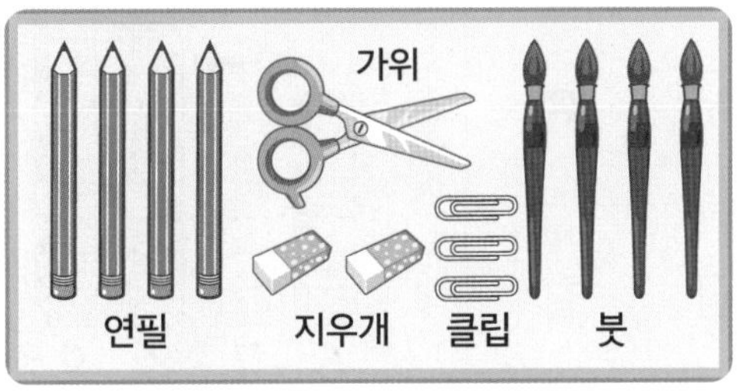

(　　　　　　　)

8 03쪽 이해

종이비행기의 수를 세어 알맞은 것에 모두 ○표 하세요.

(셋　4　삼　넷　3　사)

+9 03쪽 수학적 독해력

화분을 보고 다르게 이야기를 하고 있는 사람은 누구일까요?

진서: 튤립이 3송이가 있어.
미혜: 장미는 4송이가 있어.
수림: 국화는 3송이가 있어.

(　　　　　　　)

독해 포인트 '그림과 다르게' 수를 센 사람을 찾아보세요.

+10 03쪽 수학적 표현력

그림을 수만큼 묶었을 때 묶지 않은 것의 수를 말해 보세요.

사탕을 2만큼 묶으면 묶지 않은 사탕은 □개입니다. 따라서 묶지 않은 것의 수는 □입니다.

오늘 공부 어땠나요? 10개 중 맞힌 문제 □개 〉 **틀린 문제**는 힌트를 보고 다시 도전해 보세요. 〉 **맞힌 문제**는 힌트를 보고 자신의 생각과 비교해 보세요.

02 일 6부터 9까지의 수

❶ 6, 7, 8, 9 알아보기

		쓰기	읽기	
	●●●●● ●	6	여섯	육
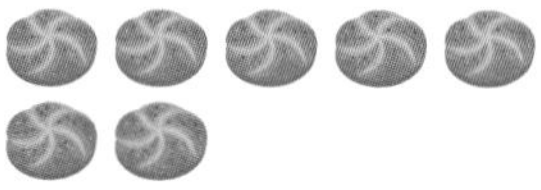	●●●●● ●●	7	일곱	칠
	●●●●● ●●●	8	여덟	팔
	●●●●● ●●●●	9	아홉	구

◐ 6부터 9까지의 수

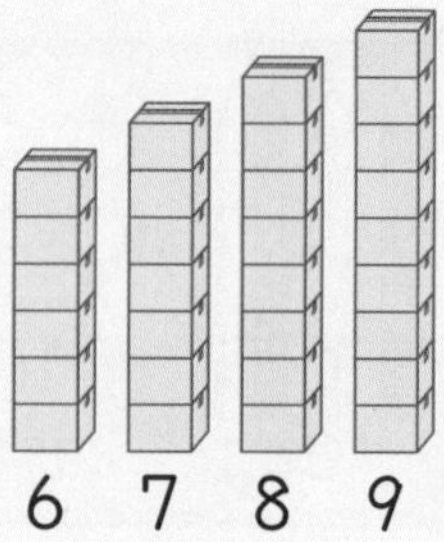

확인 1 그림을 보고 수만큼 ○를 그리고, 수를 써넣으세요.

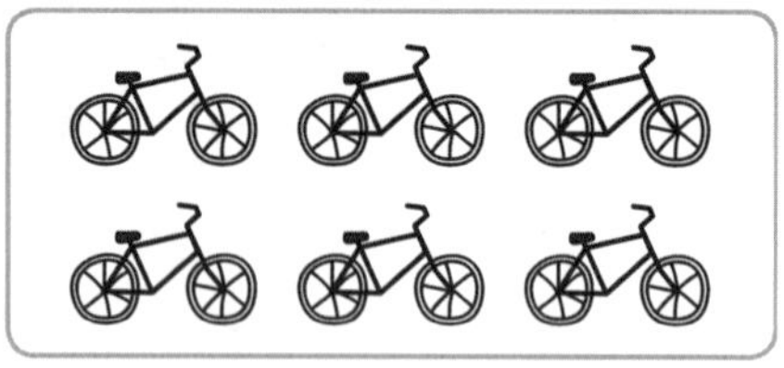 ······

○	○	○	○	○
○				

······ 6

 ······

······ ( )

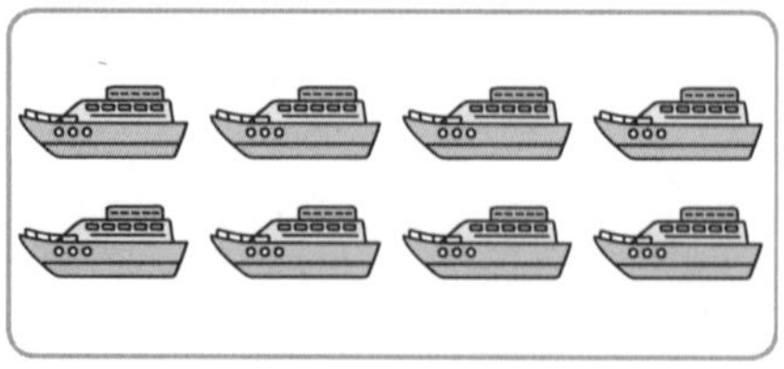 ······

······ ( )

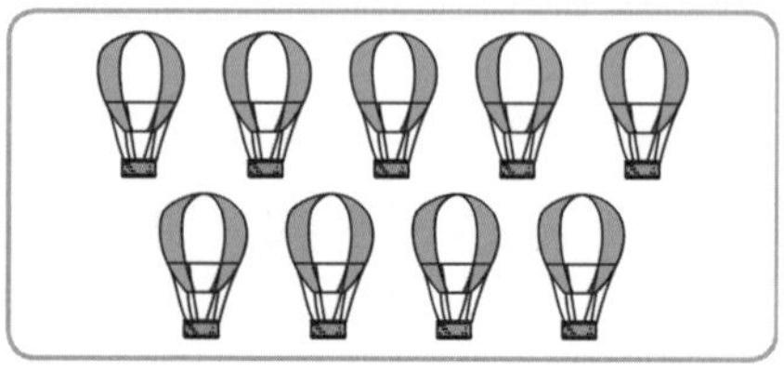 ······

······ ( )

» 정답 · 풀이 03쪽

기본기 다지는 교과서 문제

1 수를 세어 ○표 하세요.

(1)

6 7 8 9

(2)

6 7 8 9

2 수를 세어 □ 안에 써넣으세요.

(1)
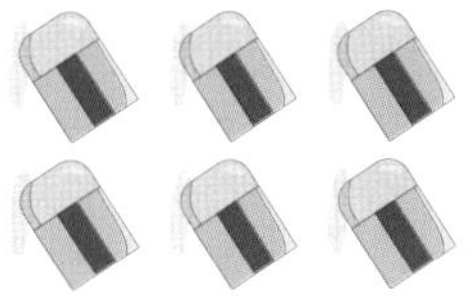

□

(2)

□

3 알맞은 수에 ○표 하고, 선으로 이어 보세요.

 6 7 8 9 • • 일곱(칠)

 6 7 8 9 • • 여섯(육)

 6 7 8 9 • • 아홉(구)

 6 7 8 9 • • 여덟(팔)

개념 따라쓰기

수를 셀 때 주의할 점

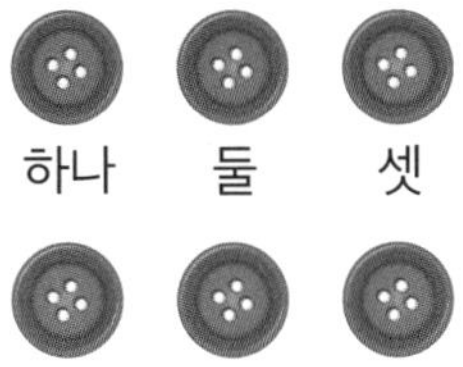

수를 셀 때에는 두 번 세거나 빠뜨리지 않도록 주의합니다.

수 읽기

쓰기	읽기	
6	여섯	육
7	일곱	칠
8	여덟	팔
9	아홉	구

1

이해

수를 세어 ○표 하세요.

(6 7 8 9)

2

04쪽

이해

주어진 수만큼 색칠하고, 수를 두 가지 방법으로 읽어 보세요.

9

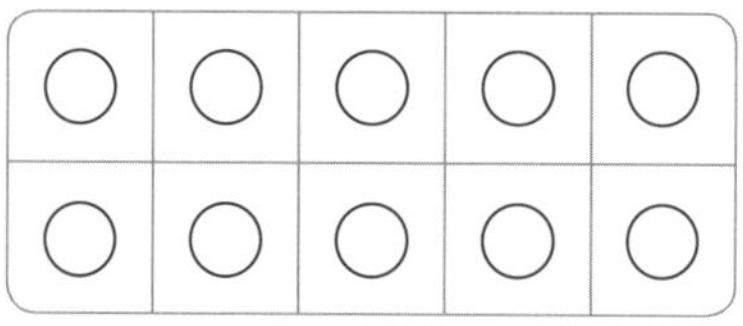

( ), ( )

3

04쪽

적용

수가 6인 것을 찾아 기호를 쓰세요.

㉠

㉡

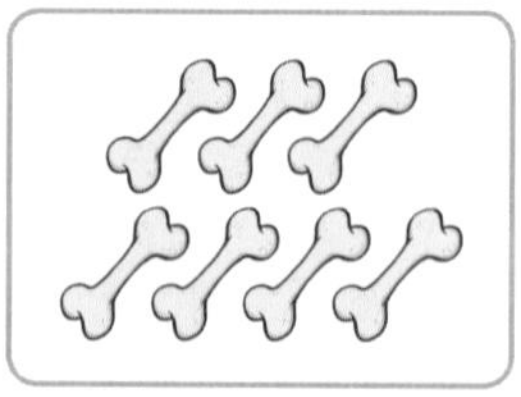

( )

4

04쪽

적용

그림의 수와 관계있는 것에 모두 ○표 하세요.

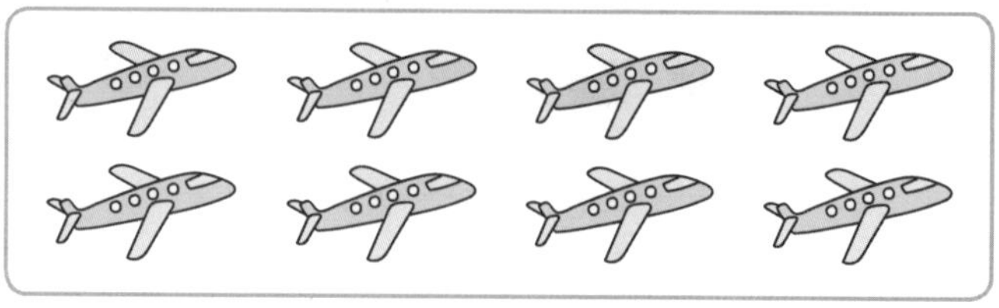

(8 9 칠 아홉 여덟)

5

문제 해결

관계있는 것끼리 선으로 이어 보세요.

 • • 8 • • 여덟(팔)

 • • 6 • • 일곱(칠)

 • • 7 • • 여섯(육)

6

04쪽

적용

수가 일곱인 것을 찾아 ○표 하세요.

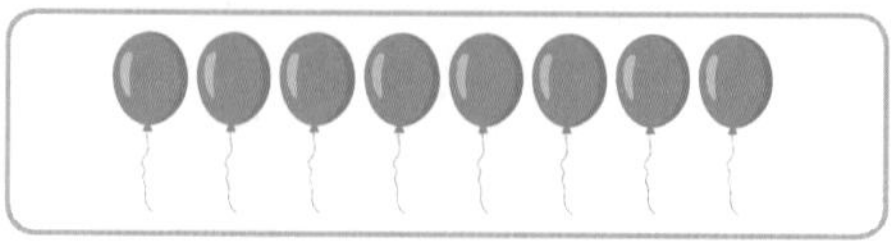 ( )

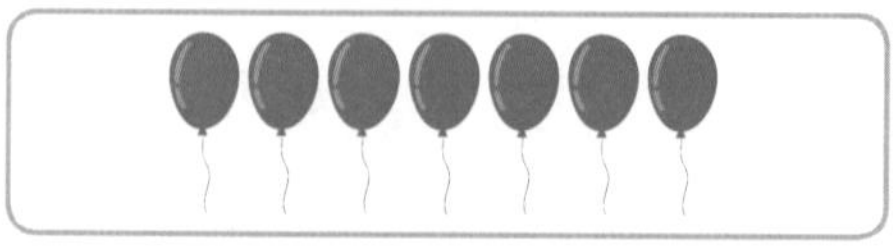 ( )

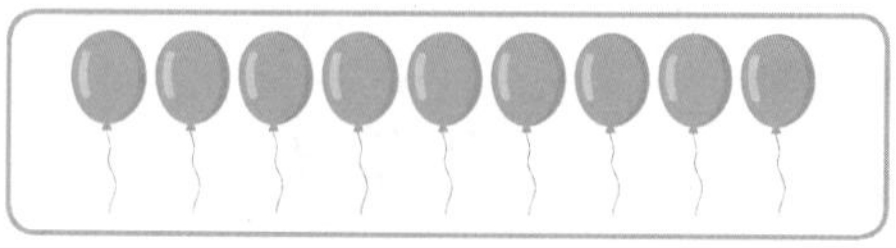 ( )

조금 더 어려운 문제에 도전해 볼까요?

7 05쪽 이해

종이배의 수를 세어 알맞은 것에 모두 ○표 하세요.

(구 8 팔 아홉 9 칠)

8 05쪽 문제 해결

그림을 수만큼 묶고, 묶지 않은 것의 수를 쓰세요.

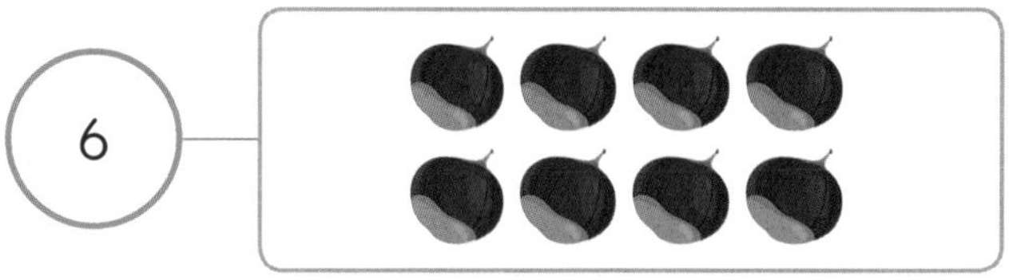

(   )

+9 05쪽 수학적 독해력

오늘은 슬기의 생일입니다. 초 하나는 한 살을 나타냅니다. 슬기의 나이는 몇 살인지 □ 안에 알맞은 수를 써넣으세요.

□살

독해 포인트 '초 하나는 한 살'을 나타내요.

+10 05쪽 수학적 표현력

새의 수를 세어 두 가지 방법으로 읽어 보세요.

새는 □마리입니다. 6은 □ 또는 □이라고 읽습니다.

오늘 공부 어땠나요? 10개 중 맞힌 문제 □개 > 틀린 문제는 힌트를 보고 다시 도전해 보세요. > 맞힌 문제는 힌트를 보고 자신의 생각과 비교해 보세요.

03일 몇째 알아보기

① 몇째 알아보기

1	2	3	4	5	6	7	8	9
첫째	둘째	셋째	넷째	다섯째	여섯째	일곱째	여덟째	아홉째

◐ 하나, 둘, 셋……은 개수를 나타내고 첫째, 둘째, 셋째 ……는 순서를 나타냅니다.

순서를 나타낼 때에는 순서대로 첫째, 둘째, 셋째, 넷째, 다섯째, 여섯째, 일곱째, 여덟째, 아홉째라고 합니다.

개념+ 어느 쪽에서 몇째인지 알아보기

코끼리는 왼쪽에서 둘째, 오른쪽에서 셋째입니다.

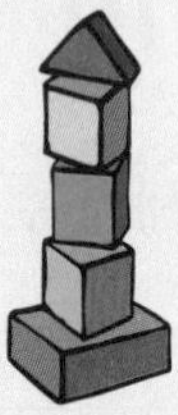

노란색 도형은 위에서 둘째, 아래에서 넷째입니다.

확인 1 수가 나타내는 순서에 맞게 빈 곳에 알맞은 말을 써넣으세요.

확인 2 순서를 알아보세요.

(1) 넷째는 누구인가요? (   )

(2) 영민이는 몇째인가요? (   )

기본기 다지는 교과서 문제

1 회전목마를 타기 위해 줄을 선 순서에 맞게 선으로 이어 보세요.

둘째	다섯째	셋째

2 알맞은 것끼리 선으로 이어 보세요.

- 위에서 셋째 상자 •
- 아래에서 셋째 상자 •
- 위에서 여섯째 상자 •
- 아래에서 일곱째 상자 •

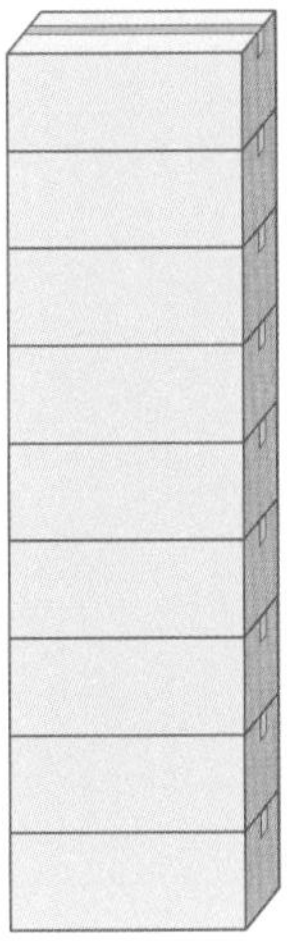

3 〈보기〉와 같이 색칠하세요.

〈보기〉

다섯(오)	●●●●●○○○○
다섯째	○○○○●○○○○

일곱(칠)	○○○○○○○○○
일곱째	○○○○○○○○○

개념 따라쓰기

몇째 알아보기

수	순서
1	첫째
2	둘째
3	셋째
4	넷째
5	다섯째
6	여섯째
7	일곱째
8	여덟째
9	아홉째

개수와 순서

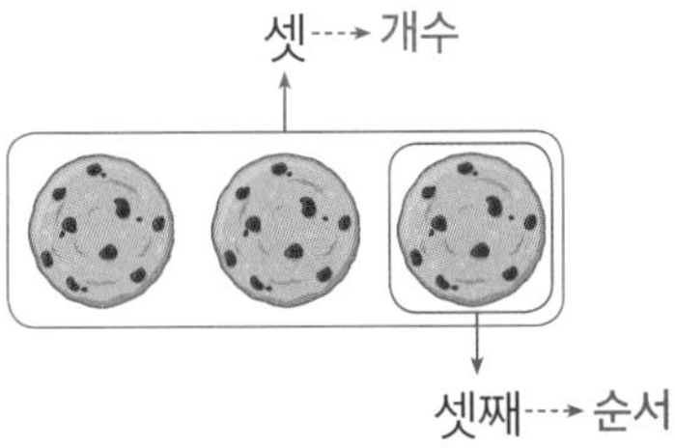

하나, 둘, 셋……은 개수를 나타내고 첫째, 둘째, 셋째……는 순서를 나타냅니다.

1
이해

나래는 앞에서 몇째로 달리고 있을까요?

(　　　　　　)

2
이해

순서에 맞게 알맞은 말을 써넣으세요.

셋째 — [　　] — 다섯째

[　　] — [　　] — 여덟째

3
06쪽 적용

알맞게 색칠해 보세요.

팔(여덟)	
여덟째	

4
06쪽 적용

아래에서 다섯째에 있는 색에 ○표 하세요.

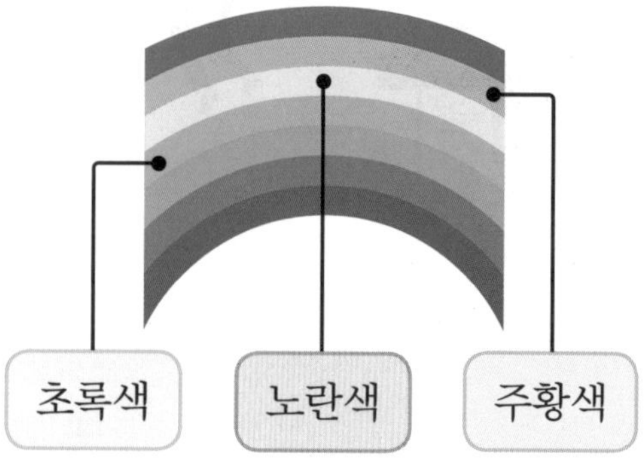

(　　) (　　) (　　)

5
06쪽 창의 융합

동물들이 순서대로 줄을 섰습니다. □ 안에 알맞은 수를 써넣으세요.

6
06쪽 문제 해결

'ㅎ'이 쓰여진 카드는 오른쪽에서 몇째에 있을까요?

ㅅ ㄱ ㄹ ㅇ ㅎ ㄷ

(　　　　　　)

7 07쪽

이해

알맞은 말에 ○표 하세요.

	둘 , 둘째
	넷 , 넷째
	여섯 , 여섯째

8 07쪽

문제 해결

왼쪽에서 넷째에 있는 동물은 오른쪽에서 몇째에 있을까요?

( )

+9 07쪽

수학적 독해력

학생 9명이 한 줄로 나란히 서 있습니다. 슬기는 둘째에 서 있고, 로운이는 여덟째에 서 있습니다. 슬기와 로운이 사이에는 몇 명이 서 있을까요?

( )

독해 포인트 '슬기와 로운이 사이'는 몇째와 몇째 사이일까요?

+10 07쪽

수학적 표현력

한결이가 달리기 시합을 하고 있습니다. 한결이 앞에 3명이 달리고 있을 때 한결이는 몇째로 달리고 있는지 말해 보세요.

한결이 앞에서 달리고 있는 3명의 순서는 첫째, ☐, ☐입니다. 따라서 한결이는 ☐로 달리고 있습니다.

오늘 공부 어땠나요?

10개 중 맞힌 문제 ☐ 개 › **틀린 문제**는 힌트를 보고 다시 도전해 보세요. › **맞힌 문제**는 힌트를 보고 자신의 생각과 비교해 보세요.

공부한 날 월 일

04일 수의 순서 알아보기

① 1부터 9까지의 수의 순서

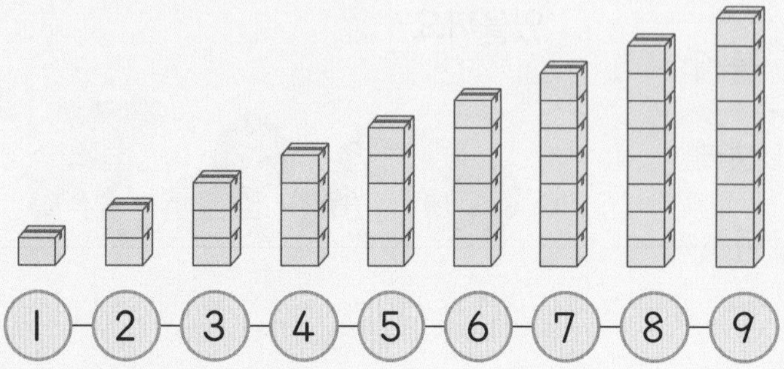

개념+ 수의 순서를 거꾸로 하기

9-8-7-6-5-4-3-2-1

확인 1 순서에 알맞게 수를 써넣으세요.

5 3 1 7 2 4 9 6 8

1	2							

확인 2 순서를 거꾸로 하여 수를 선으로 이어 보세요.

기본기 다지는 교과서 문제

» 정답 · 풀이 05쪽

1 순서에 알맞게 수를 써넣으세요.

(1) 1 — 2 — ( ) — ( ) — 5 — ( ) — 7 — 8 — ( )

(2) 1 — ( ) — 3 — ( ) — ( ) — 6 — 7 — ( ) — ( )

2 수를 순서대로 선으로 이어 보세요.

3 순서를 거꾸로 하여 수를 써넣으세요.

(1) 9 — ( ) — 7 — ( ) — 5 — ( )

(2) 7 — 6 — ( ) — ( ) — 3 — ( )

개념 따라쓰기

1부터 9까지의 수의 순서

1 — 2 — 3 — 4 — 5 — 6 — 7 — 8 — 9

수의 순서를 거꾸로 하기

9 — 8 — 7 — 6 — 5 — 4 — 3 — 2 — 1

1

이해

순서에 알맞게 수를 써넣으세요.

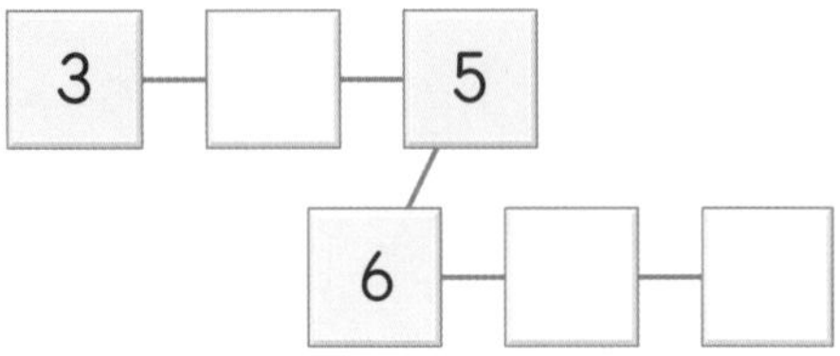

2

08쪽

이해

순서를 거꾸로 하여 수를 써넣으세요.

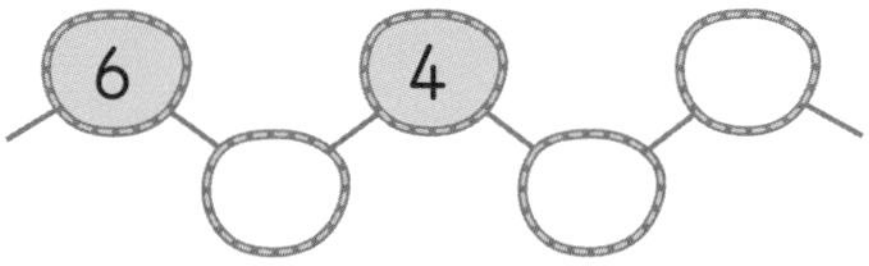

3

적용

수를 순서대로 선으로 이어 보세요.

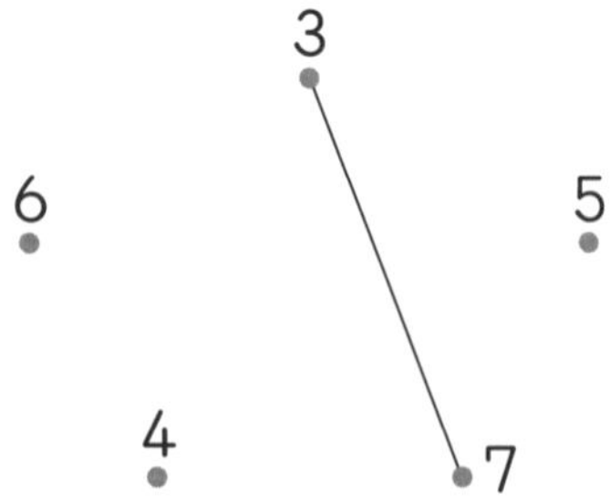

4

08쪽

이해

수를 순서대로 바르게 쓴 사람은 누구일까요?

나래	2	3	4	6	5
영민	5	6	7	8	9

(   )

5

08쪽

문제 해결

열린 사물함의 번호를 수의 순서대로 써넣으세요.

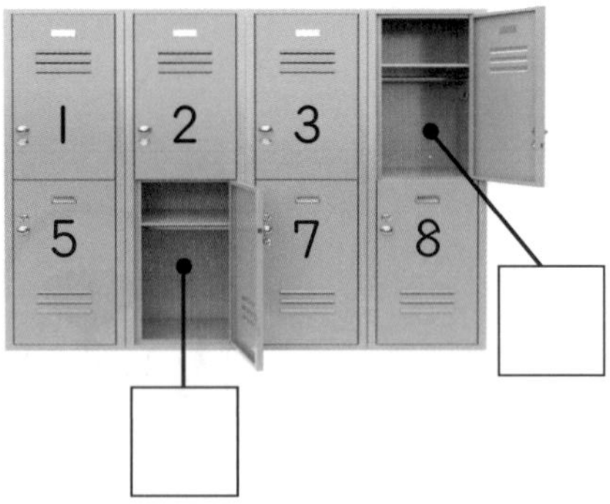

6

08쪽

창의 융합

대관람차에 수가 순서대로 쓰여 있습니다. 빈 곳에 알맞은 수를 써넣으세요.

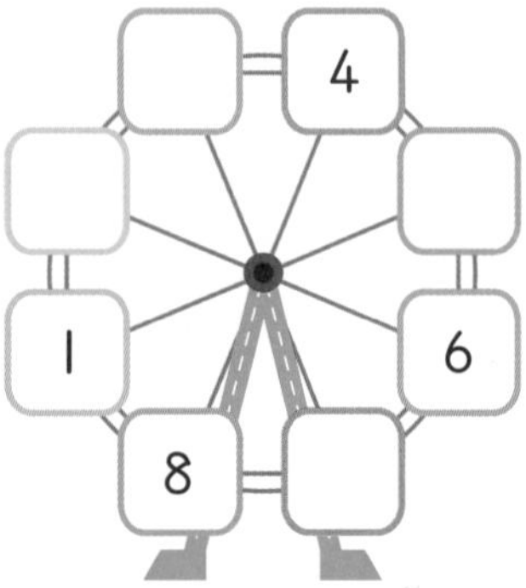

7 09쪽 문제 해결

수의 순서대로 사물함의 번호를 써넣으세요.

8 09쪽 적용

수의 순서대로 선으로 이어 보세요.

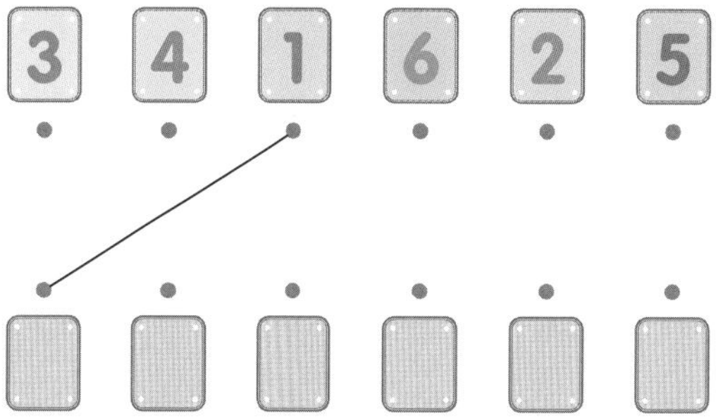

+9 09쪽 수학적 독해력

2부터 순서대로 6장의 수 카드를 늘어놓았습니다. 초록색 카드에 있는 수를 쓰세요.

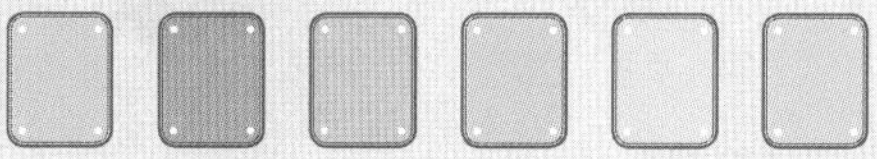

( )

독해 포인트 '2부터 순서대로' 늘어놓았습니다.

+10 09쪽 수학적 표현력

3부터 8까지의 수 카드를 순서대로 늘어놓았습니다. 잘못 놓여진 수 카드 두 장을 찾아 바르게 고쳐 보세요.

수를 순서대로 쓰면 3, 4, 5, 6, ☐, ☐이므로, 잘못 놓여진 수 카드는 ☐, ☐입니다. 따라서 8, 7을 바르게 고치면 ☐, ☐입니다.

오늘 공부 어땠나요?

10개 중 맞힌 문제 ☐ 개

틀린 문제는 힌트를 보고 다시 도전해 보세요.

맞힌 문제는 힌트를 보고 자신의 생각과 비교해 보세요.

05일 1 큰 수와 1 작은 수

① 1 큰 수와 1 작은 수 알아보기

수를 순서대로 쓰면 바로 앞의 수가 1 작은 수, 바로 뒤의 수가 1 큰 수입니다.

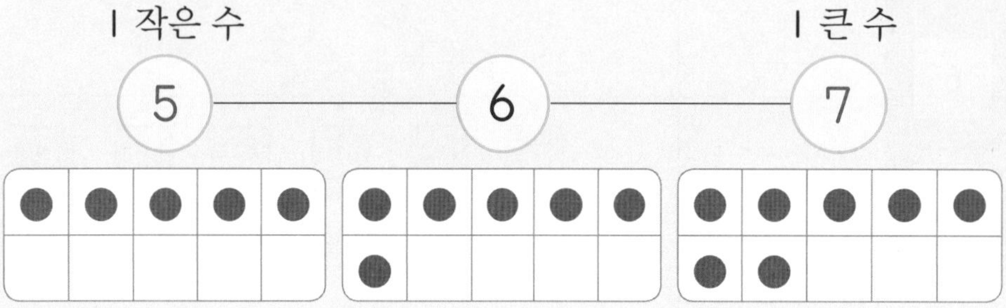

◐ **바로 앞의 수**
- 1 작은 수
- 하나 더 적은 수

◐ **바로 뒤의 수**
- 1 큰 수
- 하나 더 많은 수

② 0 알아보기

아무것도 없는 것을 **0**이라 쓰고, **영**이라고 읽습니다.

확인 1 5보다 1 작은 수와 1 큰 수만큼 ○를 그리고, 알맞은 수를 써넣으세요.

1 작은 수 　　　　　　 1 큰 수

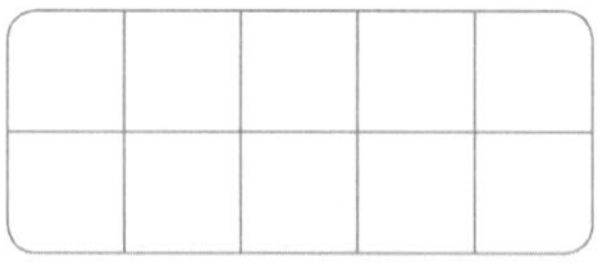

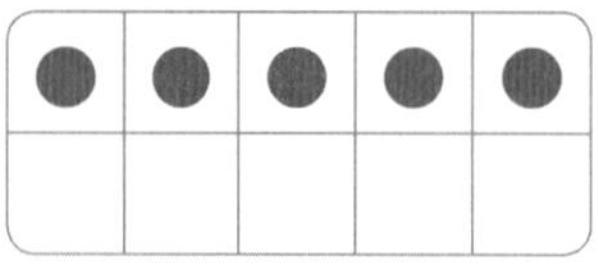

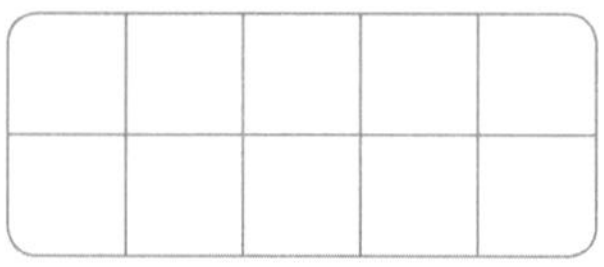

☐ 　　 5 　　 ☐

기본기 다지는 교과서 문제

» 정답 · 풀이 06쪽

1 5보다 1 큰 수를 나타내는 것에 ○표 하세요.

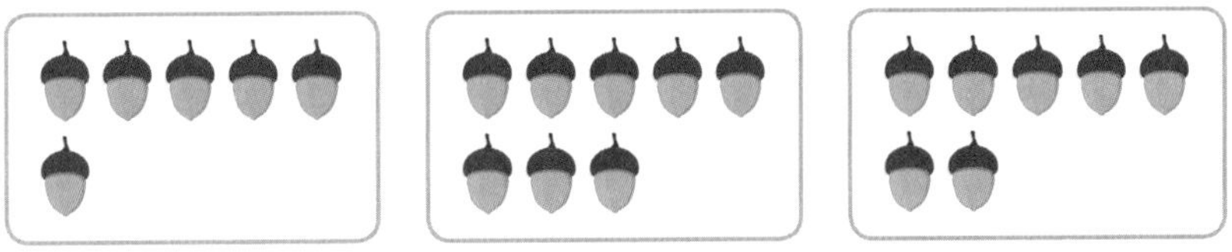

(　　　)　　(　　　)　　(　　　)

2 □ 안에 알맞은 수를 써넣으세요.

(1) 6보다 1 큰 수는 □ 입니다.

(2) 4보다 1 작은 수는 □ 입니다.

3 빈칸에 알맞은 수를 써넣으세요.

1 작은 수		1 큰 수
□	5	□
□	8	□

4 풍선의 수를 써 보세요.

□　　□　　□

개념 따라쓰기

1 큰 수와 1 작은 수

4 — 5 — 6

바로 앞의 수 1 작은 수　　바로 뒤의 수 1 큰 수

수를 순서대로 쓰면 바로 앞의 수가 1 작은 수이고, 바로 뒤의 수가 1 큰 수입니다.

0 알아보기

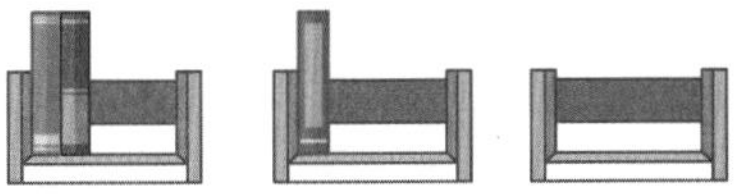

2 — 1 — 0

아무것도 없는 것을 0이라 쓰고, 영이라고 읽습니다.

1

이해

4보다 1 큰 수를 나타내는 것에 ○표 하세요.

(　　) (　　) (　　)

2

이해

□ 안에 알맞은 수를 써넣으세요.

(1) 5보다 1 큰 수는 □입니다.

(2) 7보다 1 작은 수는 □입니다.

3

10쪽

적용

다음을 보고 □ 안에 알맞은 수를 써넣으세요.

3은 □보다 1 큰 수이고,

□보다 1 작은 수입니다.

4

10쪽

이해

□ 안에는 1 작은 수를, ○ 안에는 1 큰 수를 써넣으세요.

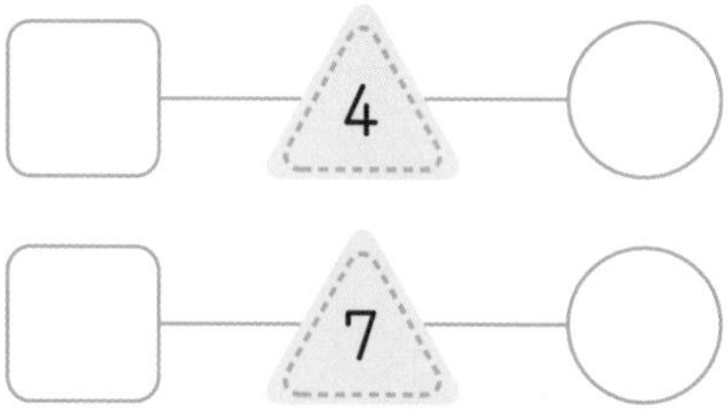

5

10쪽

의사 소통

7을 바르게 설명한 사람은 누구일까요?

(　　　　)

6

10쪽

적용

다음에 알맞은 수를 쓰고, 읽어 보세요.

- 아무것도 없는 수입니다.
- 1보다 1 작은 수입니다.

[쓰기] (　　　　)

[읽기] (　　　　)

조금 더 어려운 문제에 도전해 볼까요?

7 11쪽 · 문제 해결

나타내는 수가 나머지와 다른 하나를 찾아 기호를 쓰세요.

㉠ 넷	㉡ 5보다 1 작은 수
㉢ 사	㉣ 4보다 1 큰 수

(　　　　　)

8 11쪽 · 추론

다음을 보고 ★에 알맞은 수를 구하세요.

- 맨 왼쪽의 수는 가운데 수보다 1 작은 수입니다.
- 맨 오른쪽의 수는 가운데 수보다 1 큰 수입니다.

| 6 | □ | ★ |

(　　　　　)

+9 11쪽 · 수학적 독해력

접시 위에 있던 딸기를 민호가 모두 먹었습니다. 남은 딸기의 수를 잘못 나타낸 것을 찾아 기호를 쓰세요.

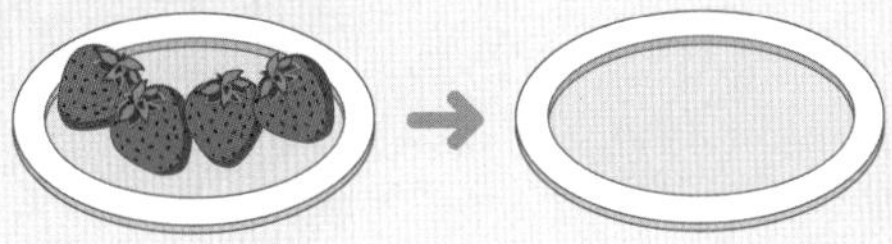

㉠ 0	㉡ 1보다 1 작은 수
㉢ 영	㉣ 1보다 1 큰 수

(　　　　　)

독해 포인트 '모두 먹었습니다' → 남은 것이 아무것도 없습니다.

+10 11쪽 · 수학적 표현력

사과의 수보다 1 작은 수는 얼마인지 말해 보세요.

접시에 사과가 □개 있습니다. 사과의 수는 □이고 1보다 1 작은 수는 □입니다.

오늘 공부 어땠나요? 10개 중 맞힌 문제 □개 > 틀린 문제는 힌트를 보고 다시 도전해 보세요. > 맞힌 문제는 힌트를 보고 자신의 생각과 비교해 보세요.

06일 두 수의 크기 비교하기

① 두 수의 크기 비교하기

하나씩 짝지었을 때 남는 쪽이 큰 수이고, 모자라는 쪽이 작은 수입니다.

◐ 두 수의 크기를 비교할 때에는 두 가지 방법으로 나타낼 수 있습니다.
- ■는 ▲보다 큽니다.
- ▲는 ■보다 작습니다.

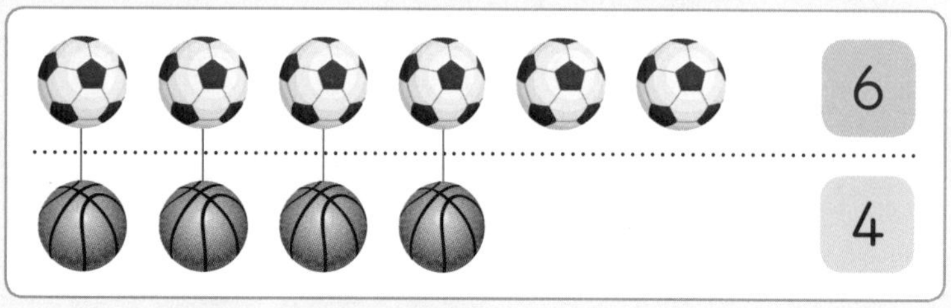

- 축구공은 농구공보다 많습니다. ➔ 6은 4보다 큽니다.
- 농구공은 축구공보다 적습니다. ➔ 4는 6보다 작습니다.

개념+ 수의 순서로 두 수의 크기 비교하기

0 — 1 — 2 — 3 — 4 — 5 — 6 — 7 — 8 — 9

- 수의 순서에서 뒤의 수는 앞의 수보다 큽니다.
  ➔ 6은 4보다 큽니다.
- 수의 순서에서 앞의 수는 뒤의 수보다 작습니다.
  ➔ 4는 6보다 작습니다.

확인 1 수만큼 ○를 그리고, 두 수의 크기를 비교해 보세요.

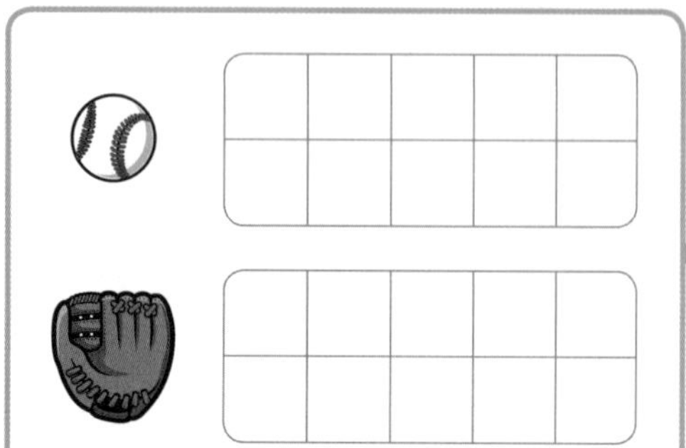

야구공은 야구글러브보다 (많습니다, 적습니다).
➔ 8은 5보다 (큽니다, 작습니다).

야구글러브는 야구공보다 (많습니다, 적습니다).
➔ 5는 8보다 (큽니다, 작습니다).

기본기 다지는 교과서 문제

» 정답 · 풀이 07쪽

1 두 수의 크기를 비교해 보세요.

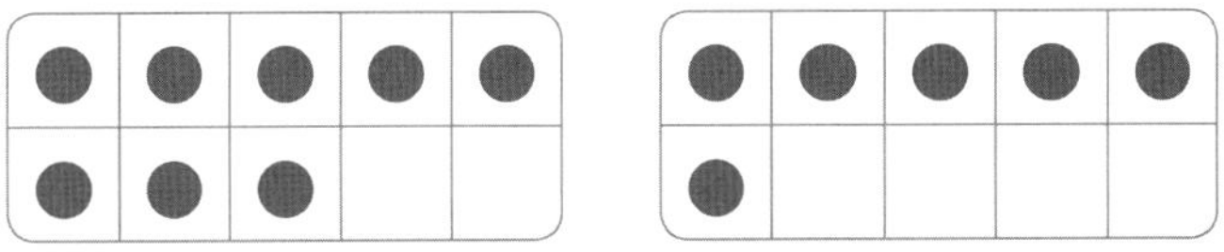

☐은 ☐보다 큽니다.
☐은 ☐보다 작습니다.

개념 따라쓰기

두 수의 크기 비교하기

4
3

4는 3보다 큽니다.
3은 4보다 작습니다.

하나씩 짝지었을 때 남는 쪽이 큰 수이고, 모자라는 쪽이 작은 수입니다.

2 그림을 보고 ☐ 안에 알맞은 수를 써넣으세요.

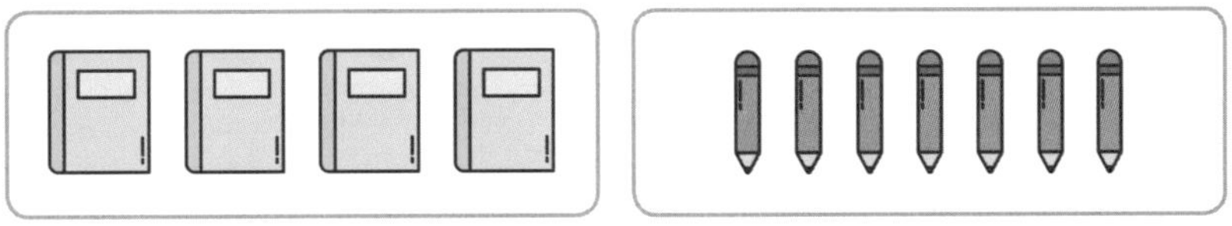

☐은 ☐보다 큽니다.

3 9와 7의 크기를 비교해 보세요.

0 — 1 — 2 — 3 — 4 — 5 — 6 — 7 — 8 — 9

☐는 ☐보다 큽니다.
☐은 ☐보다 작습니다.

수의 순서로 크기 비교하기

작다 ⟷ 크다
0 1 2 3 4 5

수의 순서에서 뒤의 수는 앞의 수보다 크고, 앞의 수는 뒤의 수보다 작습니다.

1

이해

그림을 보고 알맞은 말에 ○표 하세요.

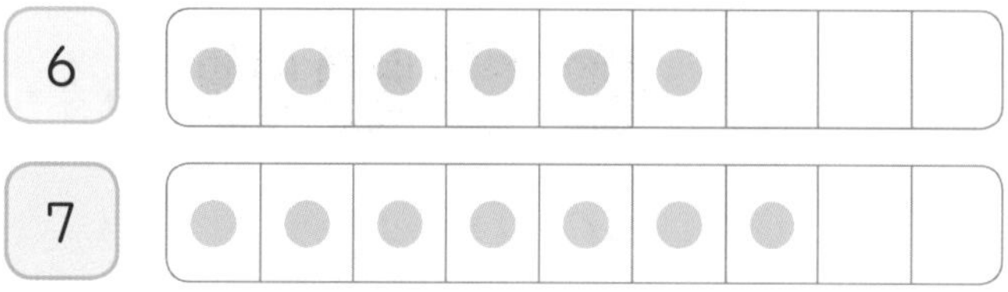

6은 7보다 (큽니다 , 작습니다).
7은 6보다 (큽니다 , 작습니다).

2

이해

더 큰 수에 ○표, 더 작은 수에 △표 하세요.

(1) | 5 | 4 |

(2) | 7 | 9 |

3

12쪽

적용

3보다 작은 수에 모두 색칠하세요.

0 1 2 3 4 5 6

4

12쪽

이해

가장 큰 수에 ○표, 가장 작은 수에 △표 하세요.

5 8 3 9

5

12쪽

문제 해결

나타내는 수가 가장 작은 것을 찾아 기호를 쓰세요.

㉠ 다섯
㉡ 
㉢ 사
㉣ 일곱

(   )

6

12쪽

창의 융합

그림을 보고 □ 안에 알맞은 수를 써넣으세요.

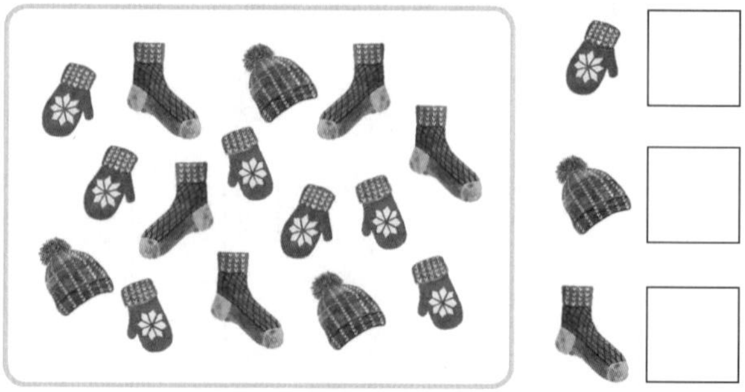

가장 큰 수는 □이고, 가장 작은 수는 □입니다.

» 정답 · 풀이 07쪽

7 13쪽 추론

4장의 수 카드를 작은 수부터 순서대로 늘어놓으려고 합니다. 왼쪽에서 셋째에 놓이는 수 카드는 얼마일까요?

5 7 4 8

( )

8 13쪽 문제 해결

□안에 공통으로 들어갈 수 있는 수를 모두 구하세요.

- 3은 □보다 작습니다.
- □은/는 7보다 작습니다.

( )

+9 13쪽 수학적 독해력

다음을 만족하는 수를 모두 구하세요.

- 0과 6 사이에 있는 수입니다.
- 4보다 작은 수입니다.

( )

독해 포인트 두 가지 모두 만족하는 수를 구해야 해요.

+10 13쪽 수학적 표현력

줄넘기를 나래는 여덟 번, 슬기는 여섯 번을 하였습니다. 줄넘기를 더 많이 한 사람은 누구인지 말해 보세요.

여덟을 수로 나타내면 □이고, 여섯을 수로 나타내면 □입니다. □이 □보다 큰 수이므로 줄넘기를 더 많은 한 사람은 □입니다.

오늘 공부 어땠나요?

10개 중 맞힌 문제 □개

틀린 문제는 힌트를 보고 다시 도전해 보세요.

맞힌 문제는 힌트를 보고 자신의 생각과 비교해 보세요.

단원평가

1. 9까지의 수

시험 시간 20분 | 문제 수 10개

01 수를 세어 ○표 하세요.

(6 7 8 9)

02 수가 4인 것을 모두 찾아 기호를 쓰세요.

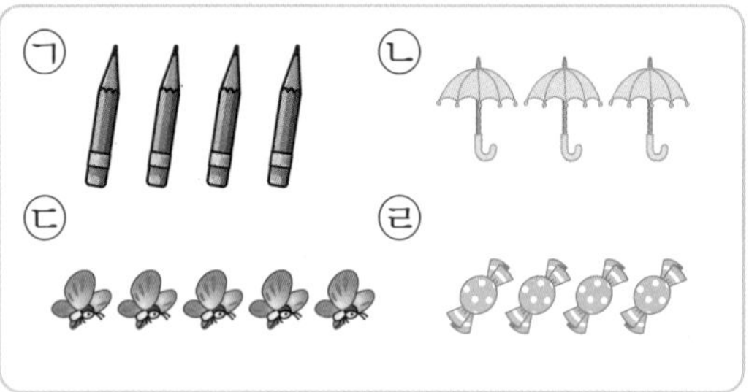

( )

03 사과의 수를 세어 알맞은 것을 모두 고르세요. ································ ( )

① 칠 ② 6 ③ 여덟
④ 일곱 ⑤ 여섯

04 알맞게 색칠해 보세요.

여섯	
여섯째	

05 학생 8명이 한 줄로 서 있습니다. 슬기는 앞에서 넷째에 서 있습니다. 슬기는 뒤에서 몇째에 서 있을까요?

( )

06 순서에 알맞게 수를 쓰세요.

2 — □ — □ — 5 — □ — 7

07 나타내는 수가 나머지 수와 다른 하나를 찾아 기호를 쓰세요.

㉠ 오	㉡ 6보다 1 작은 수
㉢ 여섯	㉣ 4보다 1 큰 수

( )

08 연필을 영민이는 6자루 가지고 있고 윤하는 영민이보다 1자루 더 많이 가지고 있습니다. 윤하가 가지고 있는 연필은 몇 자루일까요?

( )

09 가장 큰 수에 ○표, 가장 작은 수에 △표 하세요.

6　　2　　7　　8

서술형

10 □ 안에 공통으로 들어갈 수 있는 수는 모두 몇 개인지 풀이 과정을 쓰고, 답을 구하세요.

- 6은 □보다 큽니다.
- □는 2보다 큽니다.

[풀이] ______________________

____

____

[답] ______________________

07일 여러 가지 모양 찾아보기

1 모양 찾기

모양	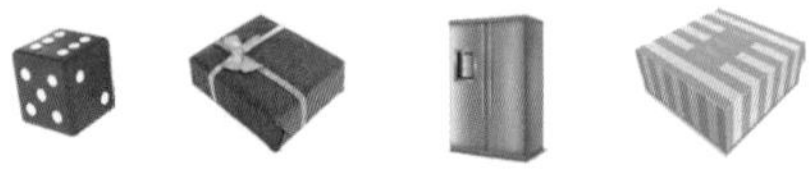
모양	
모양	

→ 크기나 색이 달라도 모양이 같으면 같은 모양입니다.

같은 모양을 찾을 때에는 크기나 색깔을 생각하지 않아도 됩니다.

2 같은 모양끼리 모으기

모양	모양	모양
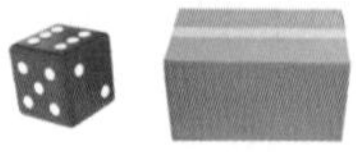		

아래 물건들은 , , 모양 중 어떤 모양도 아닙니다.

확인 1 모양에 □표, 모양에 △표, 모양에 ○표 하세요.

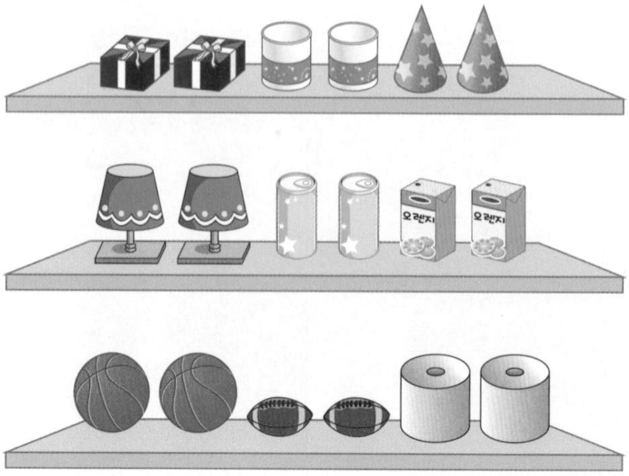

» 정답 · 풀이 08쪽

기본기 다지는 교과서 문제

1 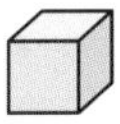 모양에 ○표 하세요.

(　　　) (　　　) (　　　)

2  모양에 ○표 하세요.

(　　　) (　　　) (　　　)

3  모양에 ○표 하세요.

(　　　) (　　　) (　　　)

4 같은 모양을 찾아 선으로 이어 보세요.

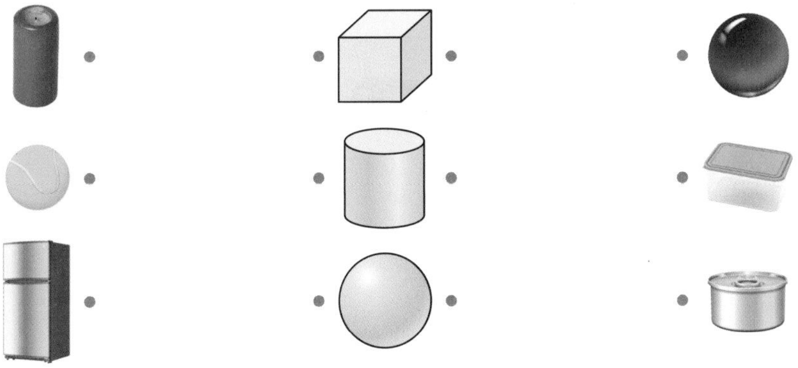

개념 따라쓰기

2단원

모양

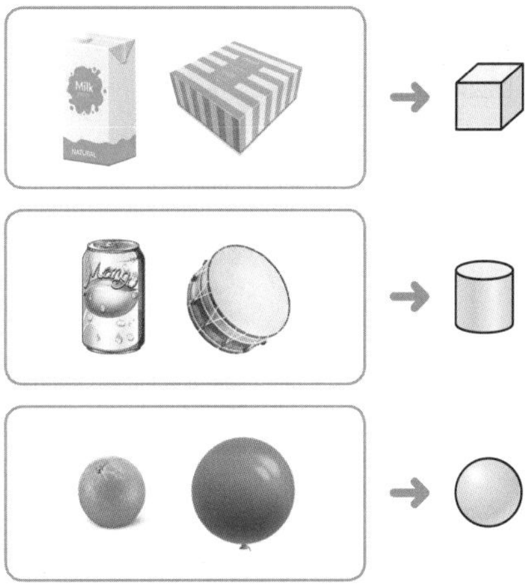

크기나 색이 달라도 모양이 같으면 같은 모양입니다.

1

이해

왼쪽 모양과 같은 모양의 물건에 ○표 하세요.

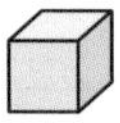 모양	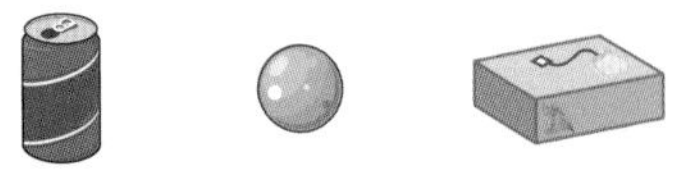
 모양	
 모양	

2

14쪽

이해

모양이 같은 것끼리 선으로 이어 보세요.

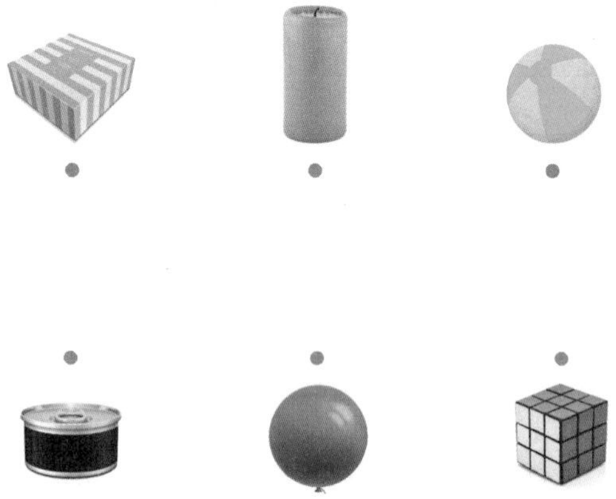

3

14쪽

적용

모양이 다른 것에 ○표 하세요.

(　　　) (　　　) (　　　)

4

14쪽

적용

다음은 어떤 모양의 물건을 모아 놓은 것인지 ○표 하세요.

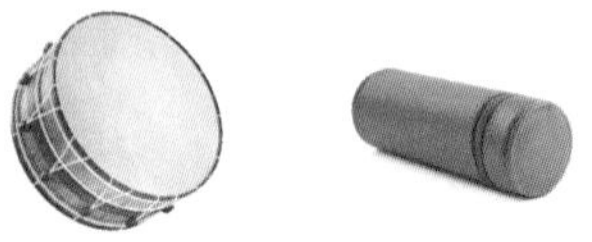

()

5

14쪽

창의 융합

찾을 수 있는 모양에 모두 ○표 하세요.

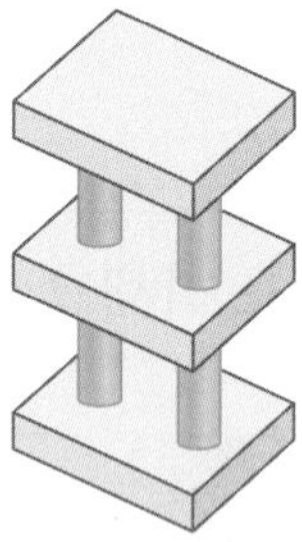

(　　　) (　　　) (　　　)

6

적용

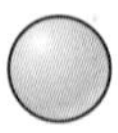 모양은 모두 몇 개일까요?

(　　　　　　)

7 15쪽 적용

가장 많은 모양을 찾아 ○표 하세요.

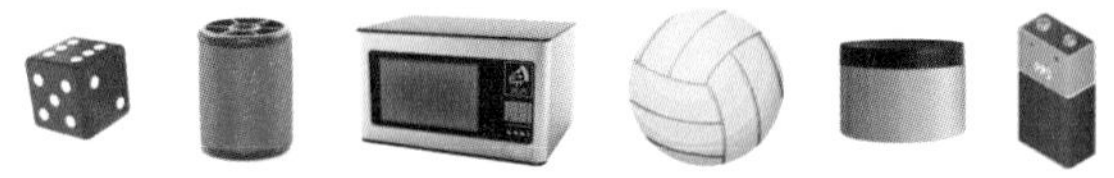

( ) ( ) ( )

8 15쪽 문제 해결

슬기와 로운이가 똑같이 가지고 있는 모양에 ○표 하세요.

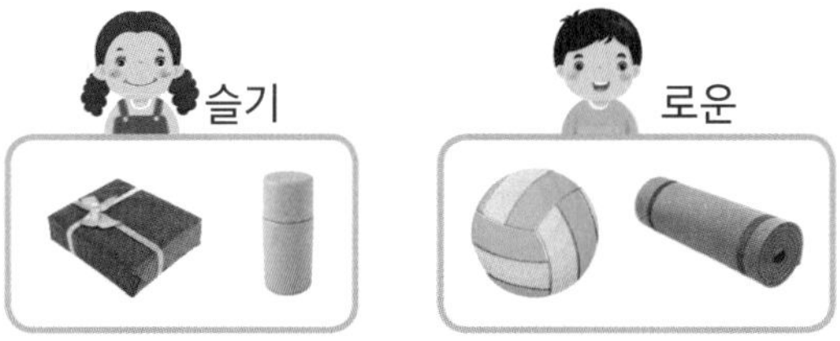

( ) ( ) ( )

+9 15쪽 수학적 독해력

다음 물건에 대해 잘못 말한 친구는 누구일까요?

수현

은 와 색깔과 무늬가 같으니까 같은 모양이야.

윤하

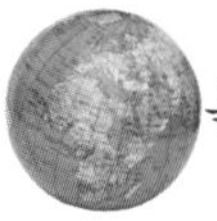은 과 크기나 색깔이 달라도 모양이 같으니까 같은 모양이야.

( )

독해 포인트 '같은 모양'을 찾을 때에는 크기나 색깔은 생각하지 않아요.

+10 15쪽 수학적 표현력

다음 물건을 같은 모양끼리 모아 보세요.

스폰지 휴지 건전지 세탁기

스폰지와 [ ] 는 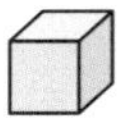 모양이고 건전지와 [ ] 는  모양입니다.

오늘 공부 어땠나요? 10개 중 맞힌 문제 [ ] 개 > **틀린 문제**는 힌트를 보고 다시 도전해 보세요. > **맞힌 문제**는 힌트를 보고 자신의 생각과 비교해 보세요.

공부한 날 월 일

08일 여러 가지 모양 알아보기

① □, ▯, ○ 모양 알아보기

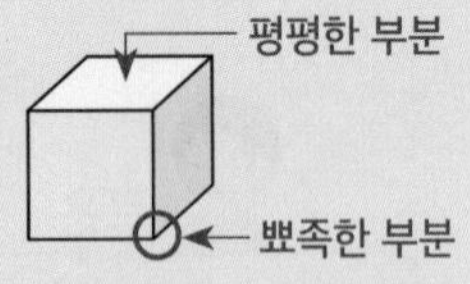	평평한 부분과 뾰족한 부분이 있습니다.
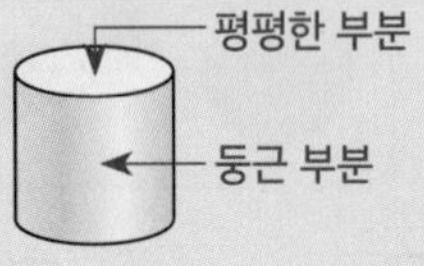	평평한 부분과 둥근 부분이 있습니다.
	모든 부분이 둥급니다.

◐ 모양의 일부분을 보고 전체 모양을 알 수 있습니다.

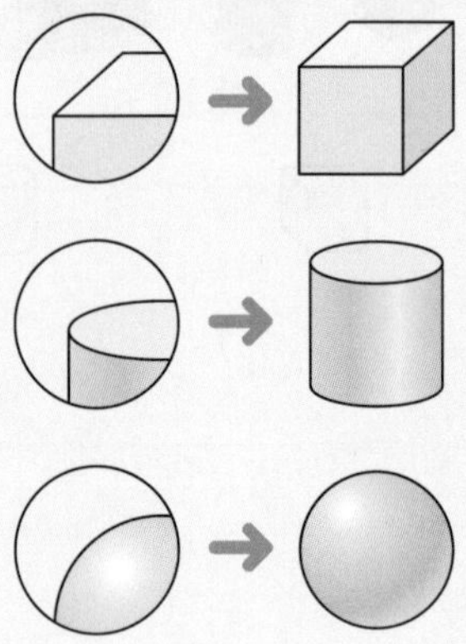

② □, ▯, ○ 모양을 쌓아 보고 굴려 보기

모양	쌓아 보기	굴려 보기
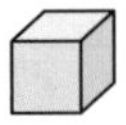	평평한 부분이 있어서 잘 쌓을 수 있습니다.	둥근 부분이 없어서 잘 굴러가지 않습니다.
	평평한 부분으로 쌓으면 잘 쌓을 수 있습니다.	눕혀서 굴려야 잘 굴러 갑니다.
	평평한 부분이 없어서 잘 쌓을 수 없습니다.	모든 부분이 둥글기 때문에 어느 방향으로도 잘 굴러갑니다.

◐ 평평한 부분이 있으면 잘 쌓을 수 있고, 둥근 부분이 있으면 잘 굴러갑니다.

확인 1 상자 안의 모양을 보고 알맞게 선으로 이어 보세요.

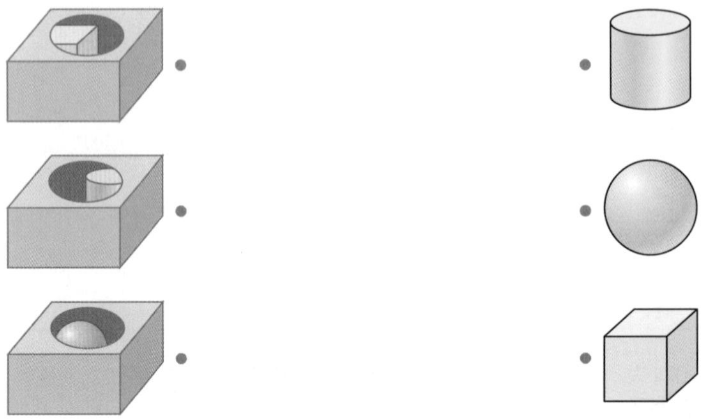

기본기 다지는 교과서 문제

» 정답 · 풀이 09쪽

1 모양을 보고 알맞은 물건을 모두 찾아 선으로 이어 보세요.

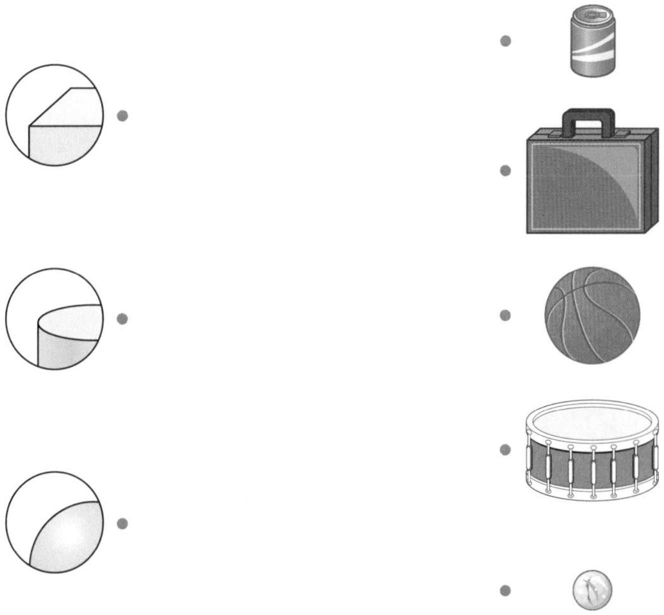

개념 따라쓰기

부분을 보고 전체 모양 알기

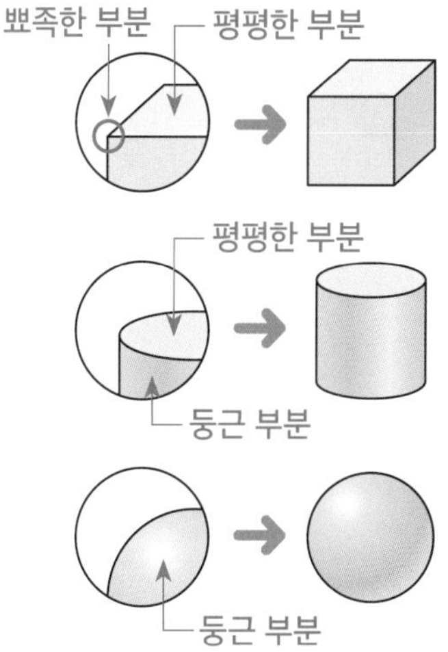

모양의 일부분을 보고 전체 모양을 알 수 있습니다.

2 친구의 설명에 맞는 모양을 찾아 선으로 이어 보세요.

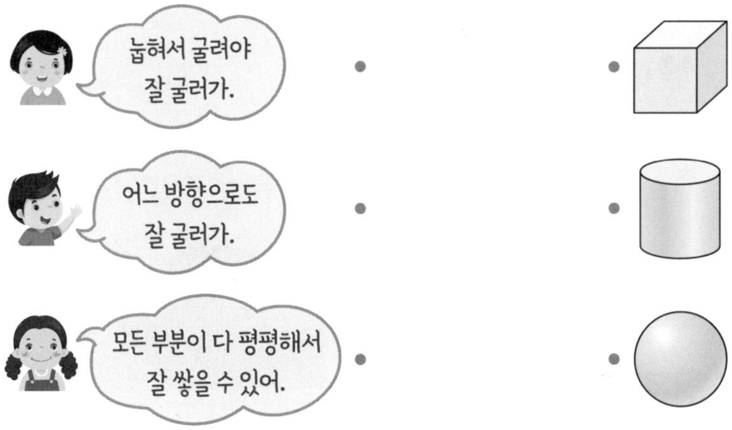

◻, ◻, ○ 모양을 쌓아 보고 굴려 보기

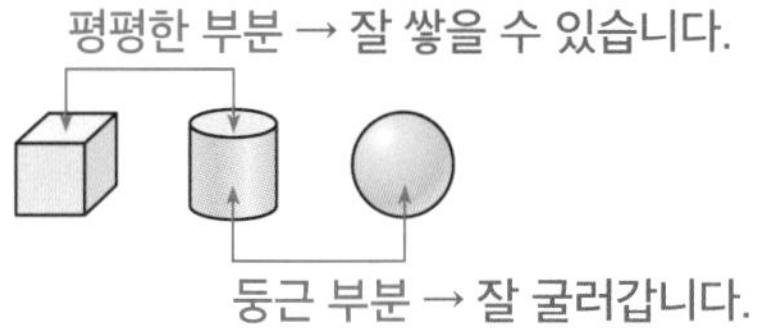

평평한 부분이 있으면 잘 쌓을 수 있고, 둥근 부분이 있으면 잘 굴러갑니다.

스스로 풀어내는 도전 10 문제

1 16쪽 이해

잘 굴러가지 않는 것에 ○표 하세요.

(　　　) (　　　) (　　　)

2 16쪽 이해

영민이가 설명하는 모양으로 알맞은 것을 찾아 ○표 하세요.

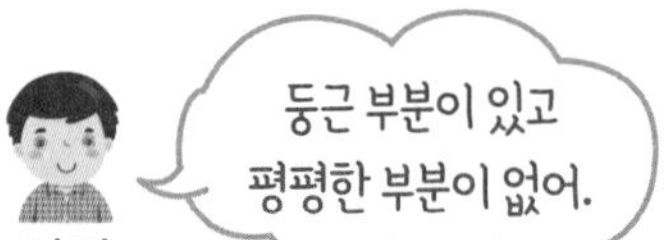

(　　　) (　　　) (　　　)

3 16쪽 추론

보이는 모양과 같은 모양의 물건을 모두 찾아 기호를 쓰세요.

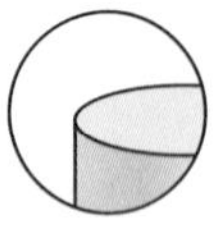

㉠ ㉡ ㉢ ㉣

(　　　　　　)

4 추론

위에서 보면 오른쪽과 같은 모양인 물건을 찾아 ○표 하세요.

(　　　) (　　　) (　　　)

5 문제 해결

 모양에 대하여 바르게 설명한 것을 찾아 기호를 쓰세요.

㉠ 모든 부분이 다 둥급니다.
㉡ 위로만 쌓을 수 있습니다.
㉢ 모든 부분이 다 평평합니다.

(　　　　　　)

6 16쪽 의사 소통

상자 속에 있는 물건을 손으로 만져 보고 말한 것입니다. 잘못 말한 사람은 누구일까요?

(　　　　　　)

7 17쪽 적용

평평한 부분의 수에 알맞은 모양의 물건을 모두 찾아 기호를 쓰세요.

평평한 부분의 수	0개	2개	6개
물건			

8 17쪽 창의 융합

잘 굴러도 가지만 잘 쌓을 수도 있는 모양은 몇 개일까요?

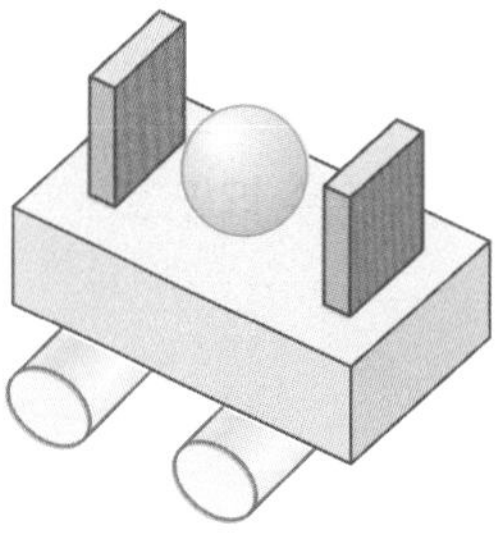

( )

+9 17쪽 수학적 독해력

윤하와 민호가 다음 물건에 대해 이야기하고 있습니다. 올바른 것에 ○표 하세요.

윤하: 책은 (둥근 , 평평한) 부분이 있어서 잘 쌓을 수 (있어 , 없어).

민호: 축구공은 (둥근 , 평평한) 부분이 있어서 잘 (굴러가 , 굴러가지 않아).

독해 포인트 책과 공은 각각 어떤 모양인지 생각해 보세요.

+10 17쪽 수학적 표현력

어느 방향으로도 잘 굴러가는 물건은 몇 개인지 말해 보세요.

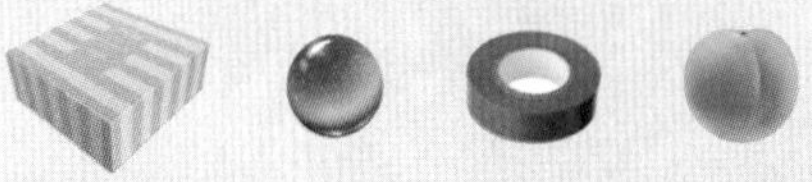

상자 구슬 테이프 복숭아

어느 방향으로도 잘 굴러가는 모양은 ◯ 모양입니다. ◯ 모양은 □과 □로 모두 □개입니다.

오늘 공부 어땠나요? 10개 중 맞힌 문제 □ 개 > **틀린 문제**는 힌트를 보고 다시 도전해 보세요. > **맞힌 문제**는 힌트를 보고 자신의 생각과 비교해 보세요.

09 일 여러 가지 모양으로 만들기

① 여러 가지 모양으로 만들기

, , 모양을 사용하여 여러 가지 모양을 만들 수 있습니다.

사용한 모양의 개수를 셀 때에는 빠뜨리거나 두 번 세지 않도록 모양은 □, 모양은 △, 모양은 ○로 표시하면서 세는 것이 좋습니다.

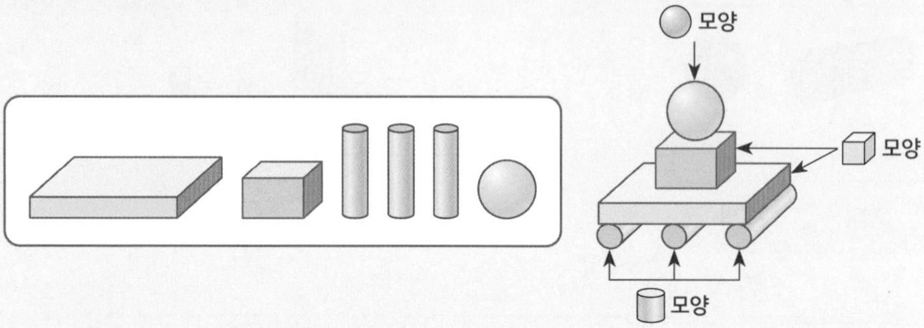

→ 모양은 2개, 모양은 3개, 모양은 1개 사용했습니다.

확인 1 다음 모양을 보고 물음에 답하세요.

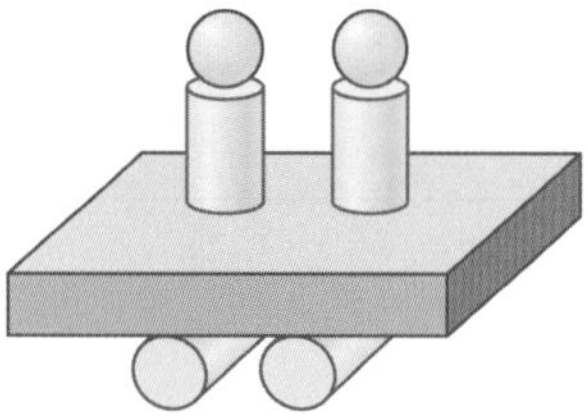

(1) 모양은 □표, 모양은 △표, 모양은 ○표 하세요.

(2) , , 모양을 몇 개 사용했는지 쓰세요.

모양: ☐개 모양: ☐개 모양: ☐개

기본기 다지는 교과서 문제

» 정답 · 풀이 10쪽

1 그림에서 사용한 모양에 ○표 하세요.

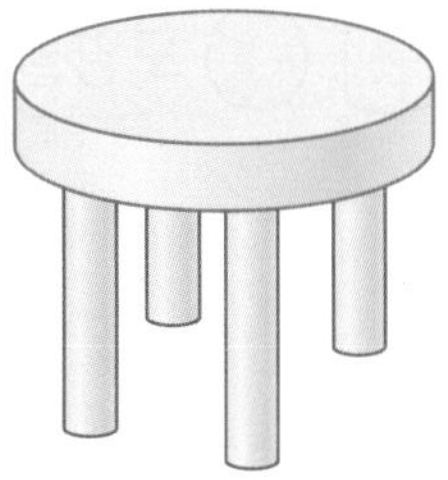

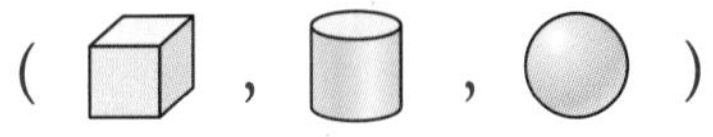

2 그림에서 사용하지 않은 모양에 ○표 하세요.

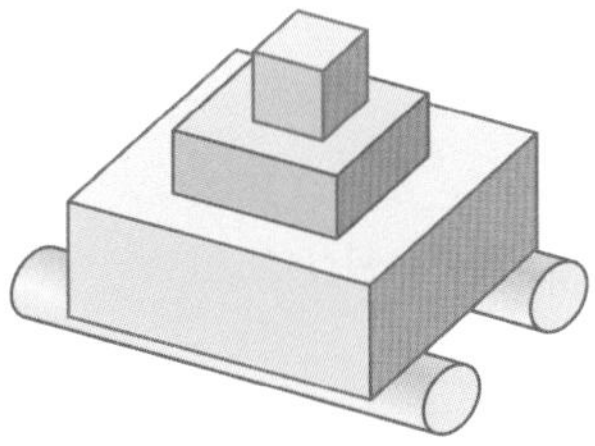

3 그림에서 사용하지 않은 모양에 ○표 하세요.

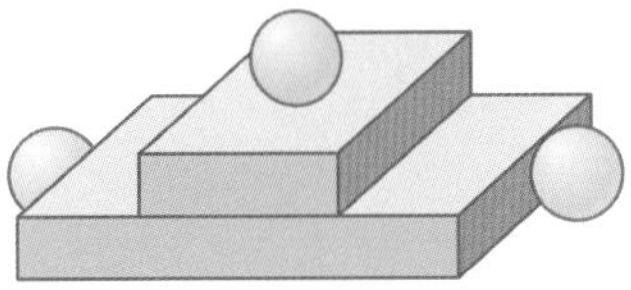

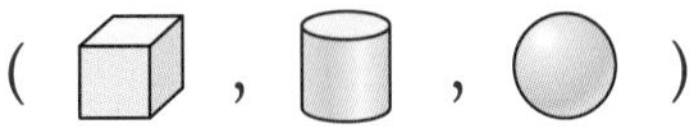

4 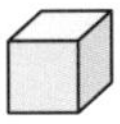 모양을 몇 개 사용했는지 세어 보세요.

(　　　　　　)

개념 따라쓰기

2 단원

여러 가지 모양으로 만들기

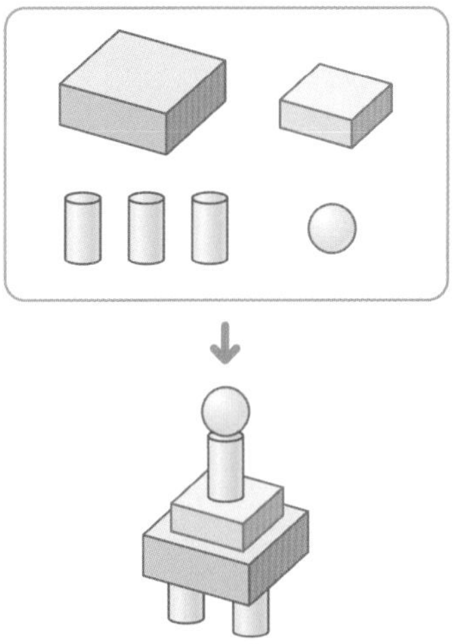

 모양을 사용하여 여러 가지 모양을 만들 수 있습니다.

 모양 세어 보기

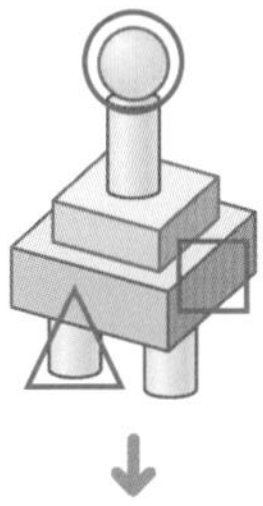

사용한 모양의 개수를 셀 때 빠뜨리거나 두 번 세지 않도록 모양별로 다른 표시를 하며 셉니다.

1 18쪽 이해

다음 모양을 만드는 데 사용한 (원기둥) 모양은 몇 개일까요?

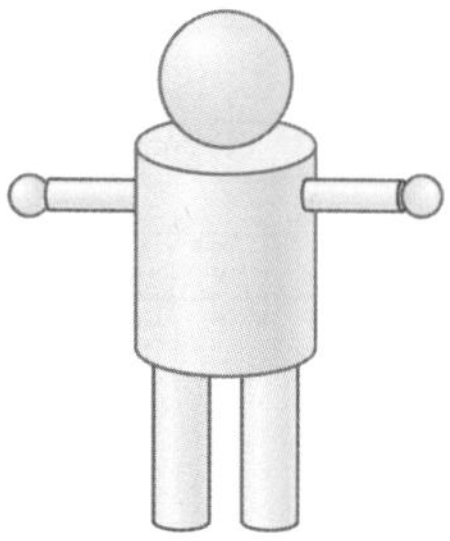

(   )

4 이해

다음 모양을 만드는 데 (상자), (원기둥), (공) 모양을 몇 개 사용했는지 세어 보세요.

(상자) 모양: □개

(원기둥) 모양: □개

(공) 모양: □개

2 이해

다음 모양을 만드는 데 사용하지 않은 모양에 ○표 하세요.

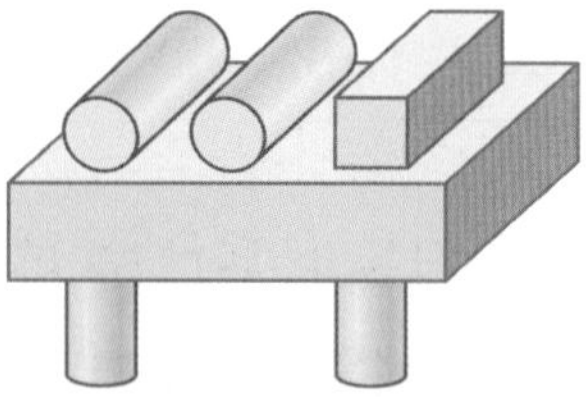

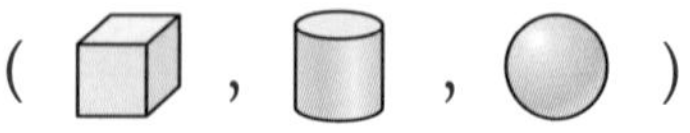

5 18쪽 문제 해결

다음 모양을 만드는 데 가장 많이 사용한 모양에 ○표 하세요.

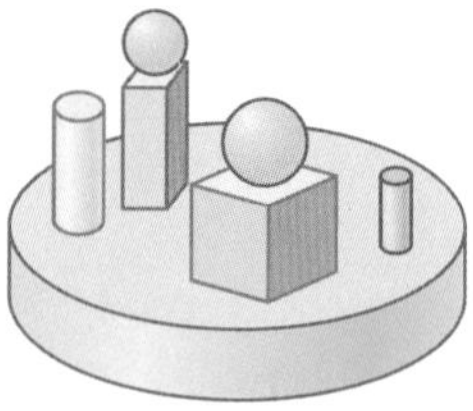

3 18쪽 적용

(상자) 모양을 더 많이 사용한 모양에 ○표 하세요.

㉠

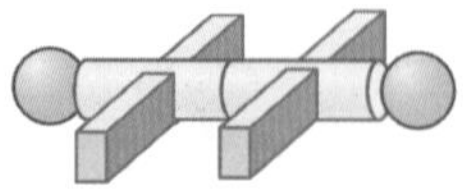

(   )

㉡

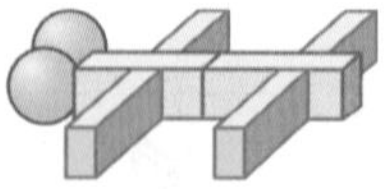

(   )

6 18쪽 적용

두 그림에서 서로 다른 부분을 찾아 모두 ○표 하세요.

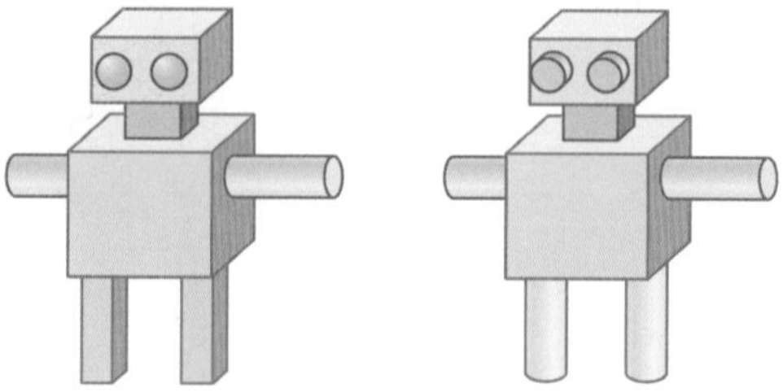

» 정답 · 풀이 10쪽

7 19쪽 추론

왼쪽의 모양들을 모두 사용하여 만든 모양을 찾아 선으로 이어 보세요.

8 19쪽 문제 해결

다음 모양은  모양을 몇 개 사용하여 만들었나요?

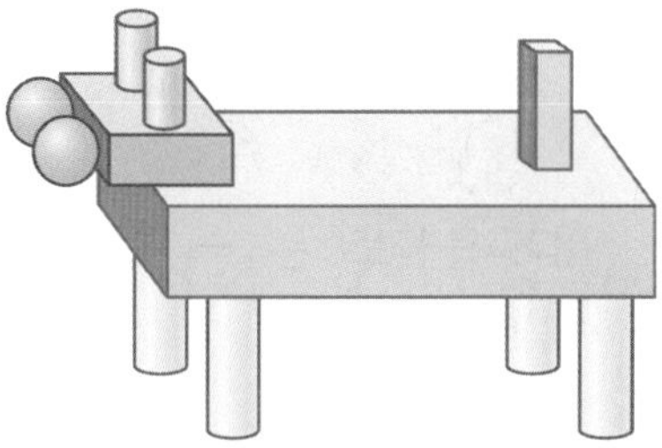

(　　　　　　　)

+9 19쪽 수학적 독해력

다음 모양을 만드는 데  모양은  모양보다 몇 개 더 많이 사용했나요?

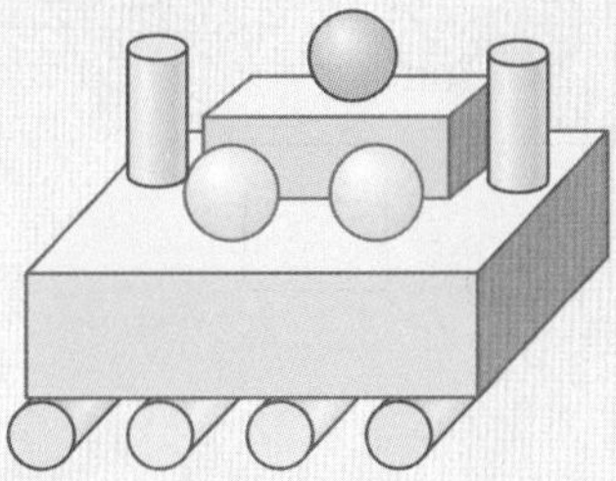

(　　　　　　　)

독해 포인트  모양과  모양의 수를 빠짐없이 세어 보세요.

+10 19쪽 수학적 표현력

다음 모양을 만드는 데 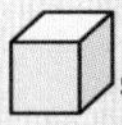, , 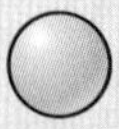 모양 중 가장 많이 사용한 모양과 그 개수를 말해 보세요.

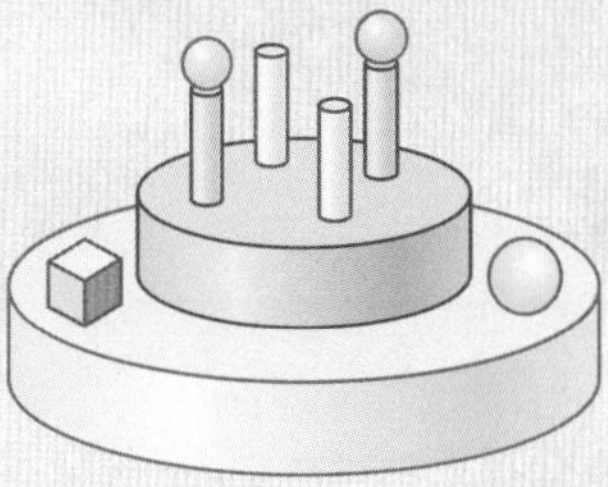

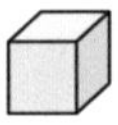 모양은 □개,  모양은 □개,  모양은 □개를 사용하였습니다. 따라서 가장 많이 사용한 모양은 (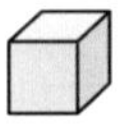, , )이고 그 개수는 □개입니다.

오늘 공부 어땠나요? 10개 중 맞힌 문제 □ 개 〉 **틀린 문제**는 힌트를 보고 다시 도전해 보세요. 〉 **맞힌 문제**는 힌트를 보고 자신의 생각과 비교해 보세요.

01  모양에 ○표 하세요.

( ) ( ) ( )

02 모양이 같은 것끼리 선으로 이어 보세요.

03 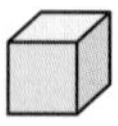 모양은 모두 몇 개일까요?

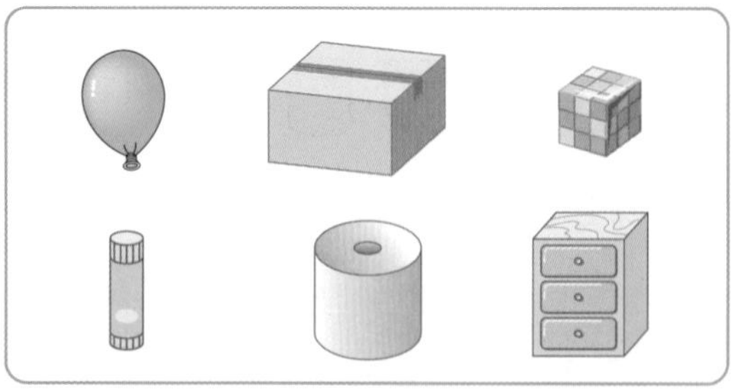

( )

04 어느 방향으로도 잘 굴러가는 모양을 찾아 ○표 하세요.

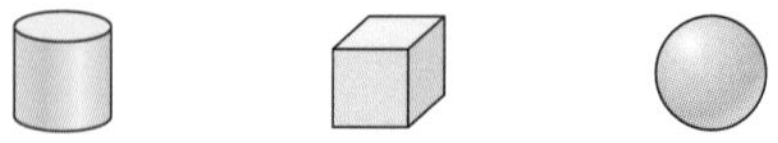

( ) ( ) ( )

05 오른쪽은 어떤 모양의 일부분입니다. 오른쪽 모양과 같은 모양의 물건을 모두 찾아 기호를 쓰세요.

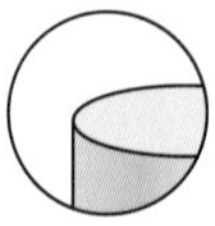

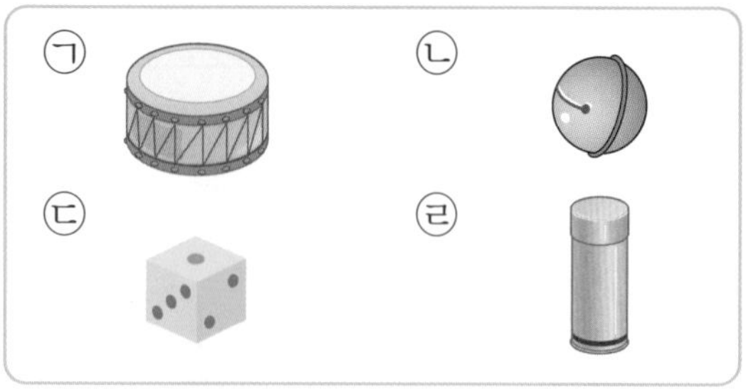

( )

06 지혜가 설명하는 모양으로 알맞은 것을 찾아 ○표 하세요.

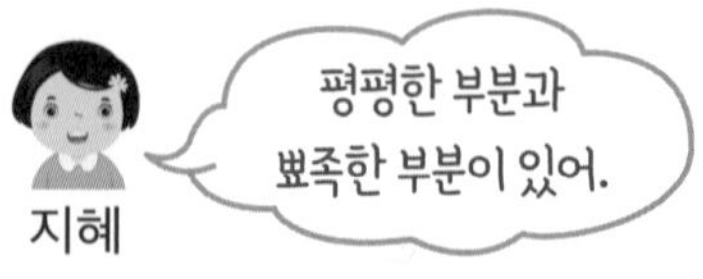

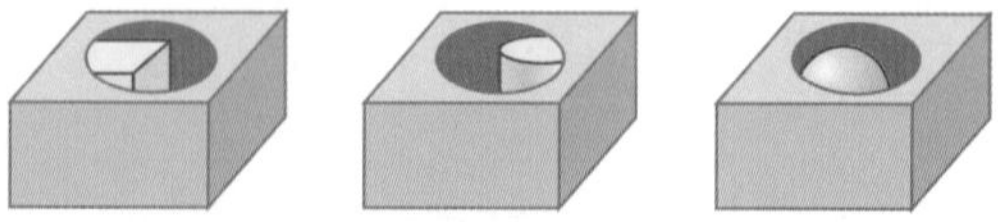

( ) ( ) ( )

07 다음 모양을 만드는 데 사용하지 않은 모양에 ○표 하세요.

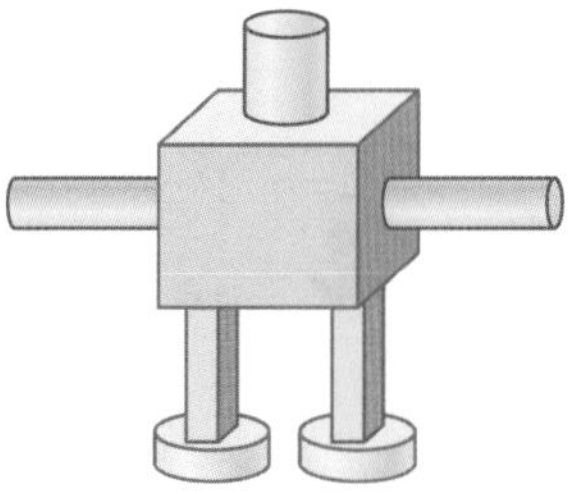

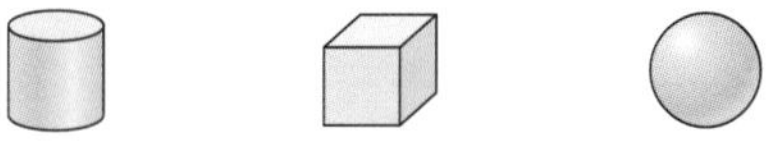

( ) ( ) ( )

08 다음 모양을 만드는 데  모양은  모양보다 몇 개 더 많이 사용했나요?

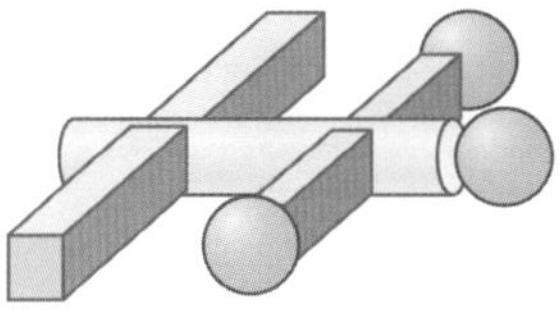

( )

09 다음 모양을 모두 사용하여 만든 모양을 찾아 선으로 이어 보세요.

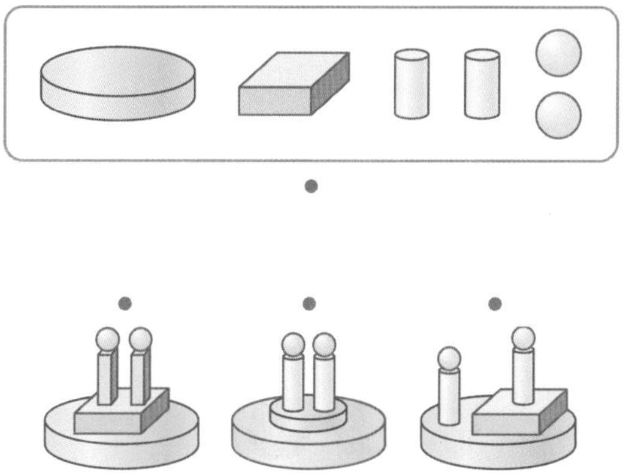

서술형

10  모양만 모은 사람은 누구인지 풀이 과정을 쓰고, 답을 구하세요.

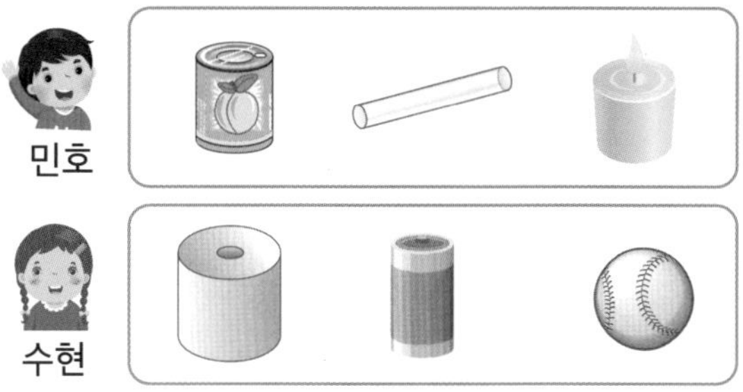

풀이 ______________________

____

____

답 ______________________

10일 모으기와 가르기 (1)

1 물건을 모으기와 가르기

(1) 모으기

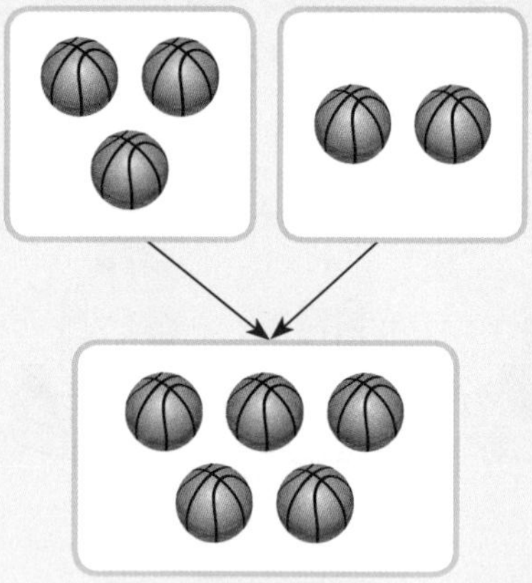

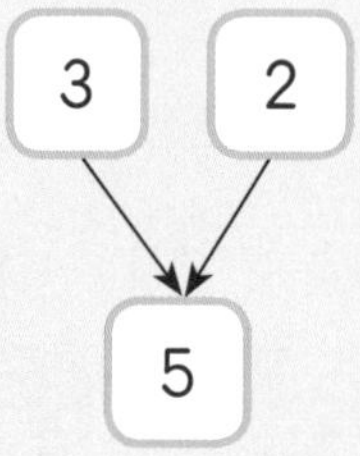

• 농구공 3개와 2개를 모으면 5개가 됩니다.
➜ 3과 2를 모으기 하면 5가 됩니다.

(2) 가르기

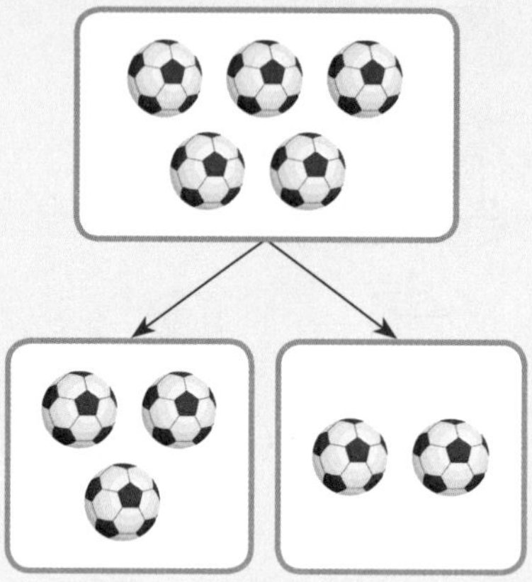

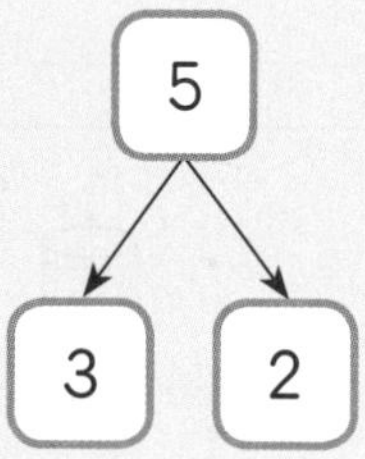

• 축구공 5개는 3개와 2개로 가를 수 있습니다.
➜ 5는 3과 2로 가르기 할 수 있습니다.

확인 1 그림을 보고 모으기와 가르기를 해 보세요.

(1)

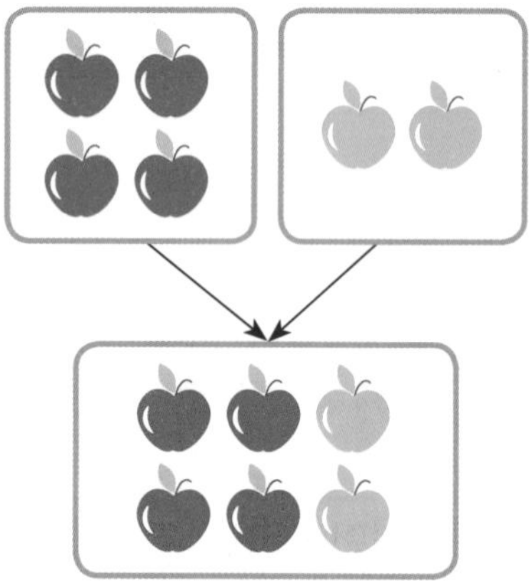

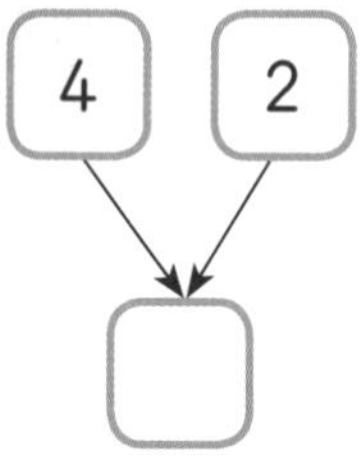

빨간색 사과 4개와 초록색 사과 2개를 모으면 ☐개가 됩니다.

(2)

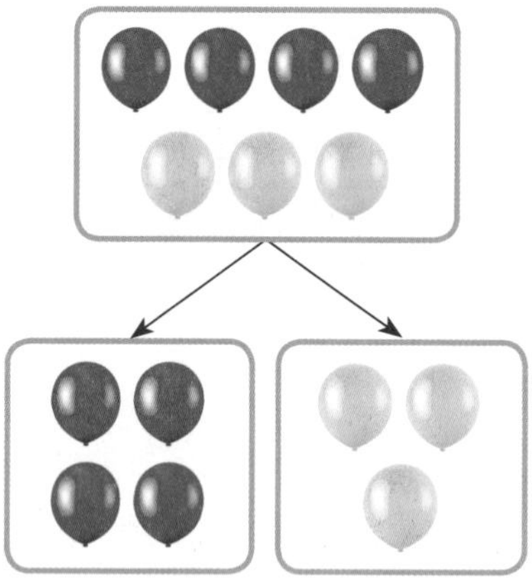

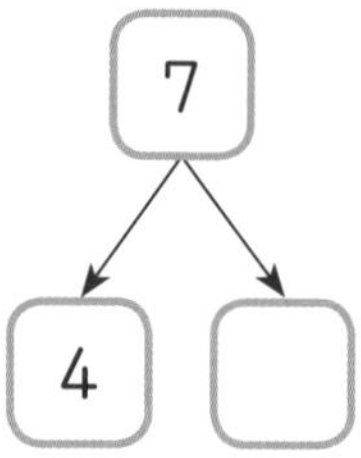

풍선 7개를 보라색 풍선 ☐개와 노란색 풍선 ☐개로 가를 수 있습니다.

기본기 다지는 교과서 문제

» 정답 · 풀이 12쪽

1 모으기와 가르기를 해 보세요.

(1)

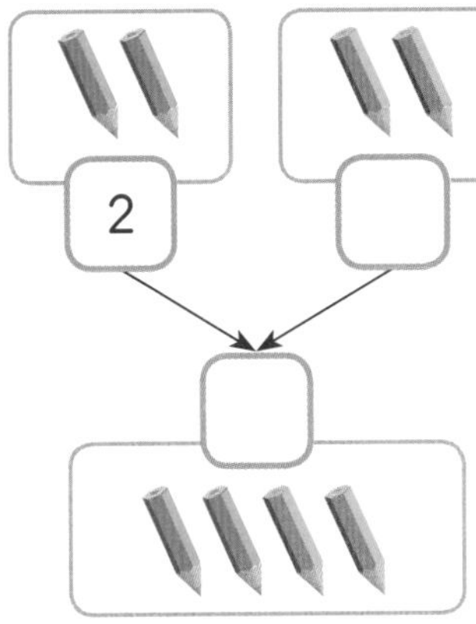

(2)

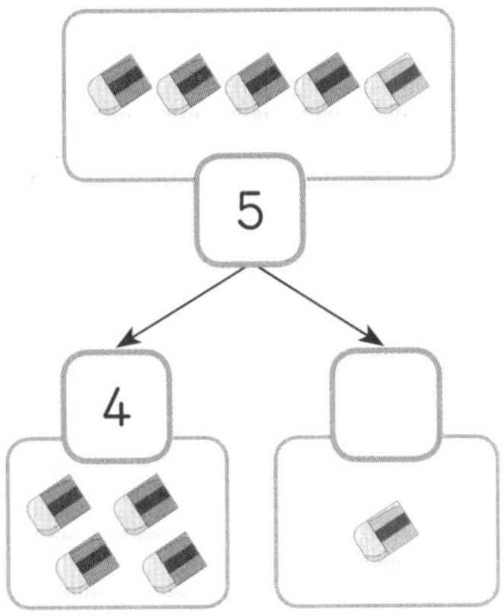

개념 따라쓰기

물건을 모으기

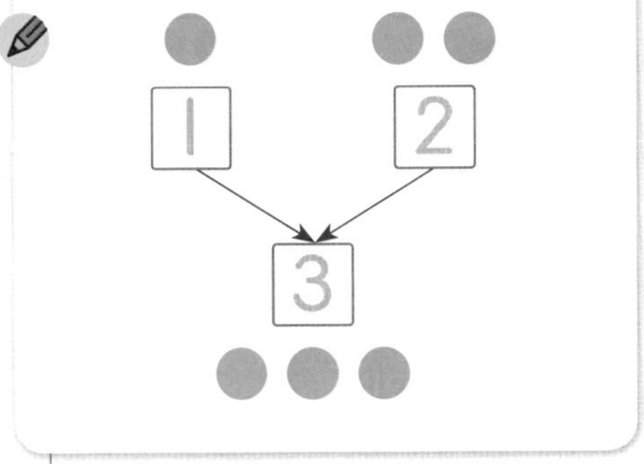

3 단원

2 모으기와 가르기를 해 보세요.

(1)

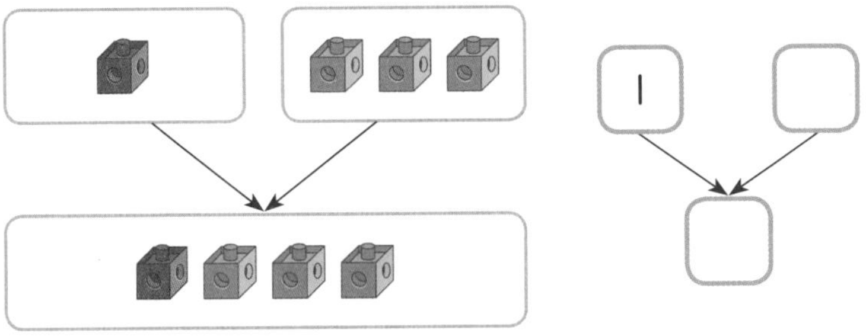

(2)

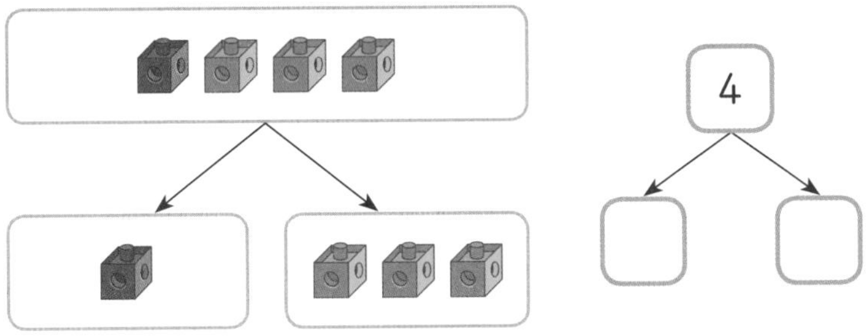

물건을 가르기

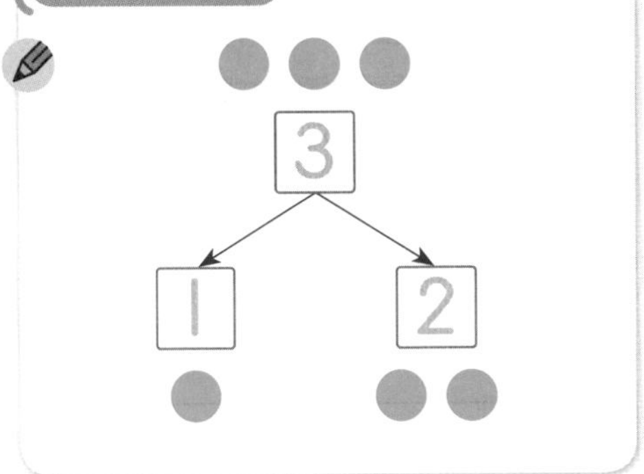

3 모으기와 가르기를 해 보세요.

(1)

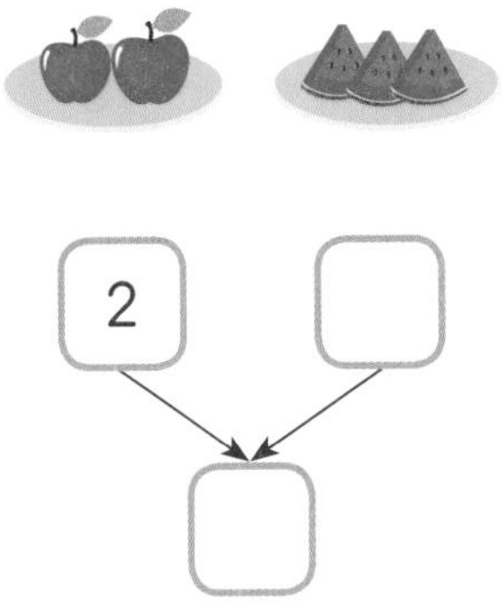

(2)

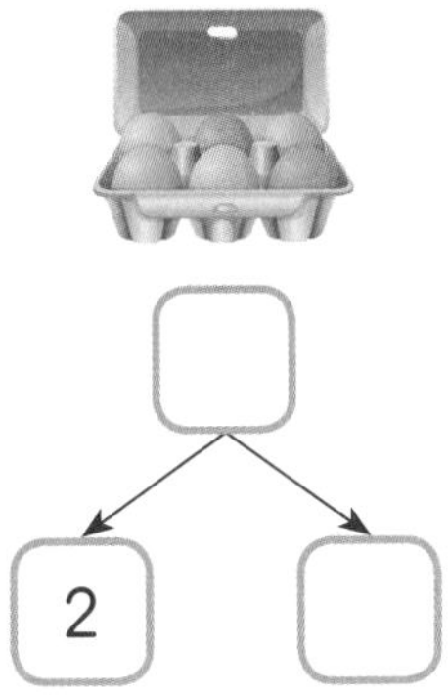

스스로 풀어내는 도전 10 문제

막힐 때 힌트북

1

이해

모으기를 해 보세요.

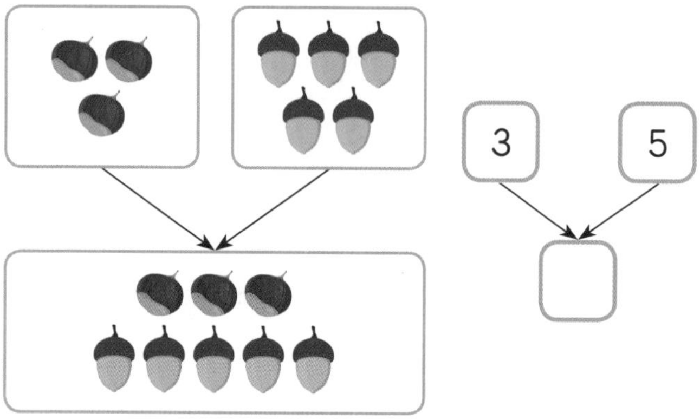

2

이해

가르기를 해 보세요.

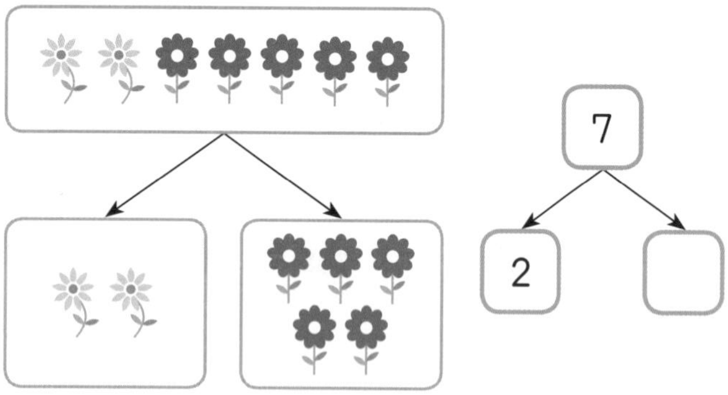

3 20쪽

적용

모으기를 해 보세요.

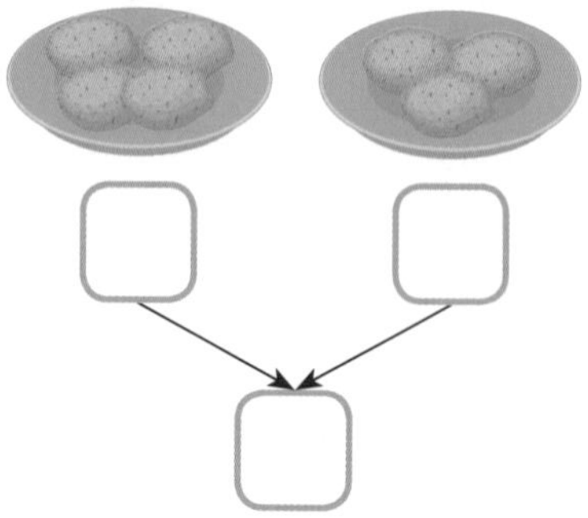

4 20쪽

적용

가르기를 해 보세요.

5 20쪽

적용

모으기를 해 보세요.

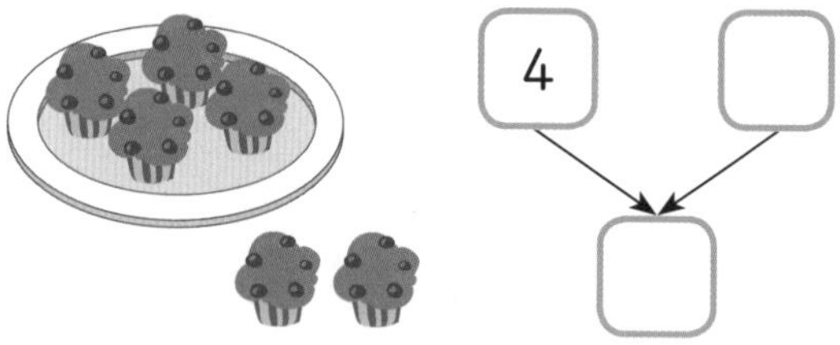

6 20쪽

적용

가르기를 해 보세요.

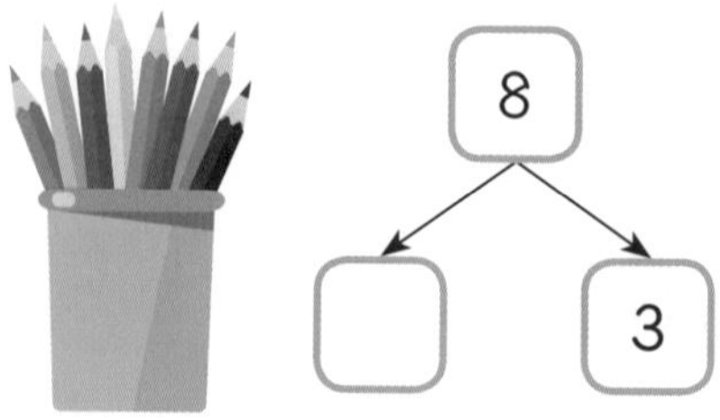

7 21쪽

문제 해결

모으기를 하여 7이 되는 것끼리 선으로 이어 보세요.

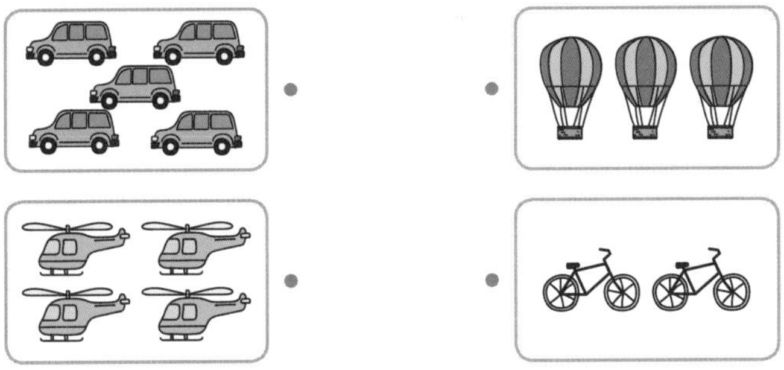

8 21쪽

추론

빈 곳에 알맞은 모양을 그려 넣고, 가르기를 해 보세요.

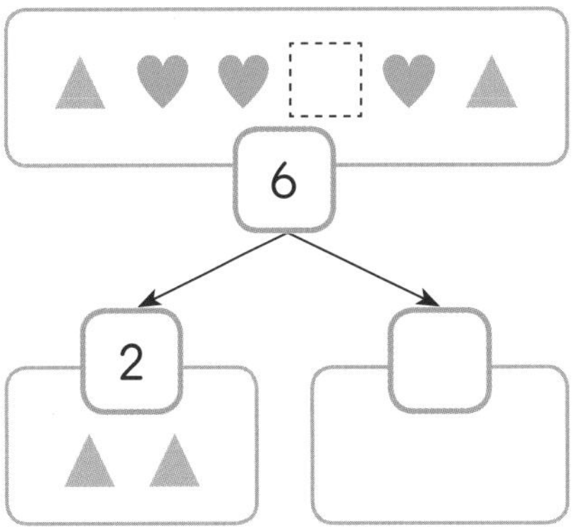

+9 21쪽

수학적 독해력

물고기 5마리를 보다 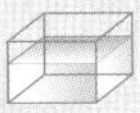에 더 많게 가르기를 해 보세요.

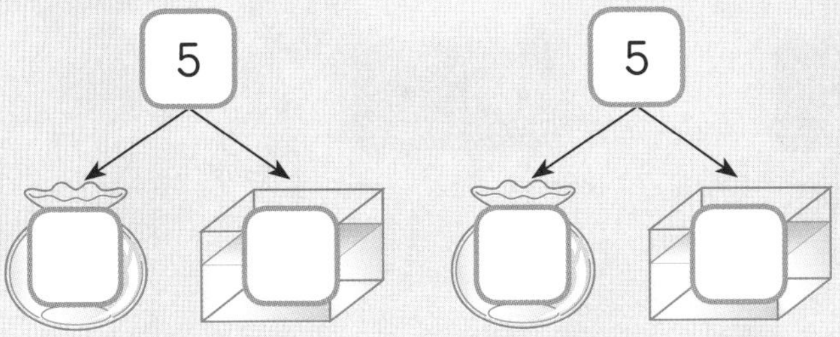

독해 포인트 '보다 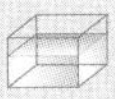에 더 많게' → 보다 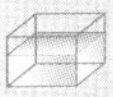가 더 큰 수가 되게 가르기 합니다.

+10 21쪽

수학적 표현력

만두 7개를 가르기 하려고 합니다. 〈보기〉와 다른 방법으로 가르기를 해 보세요.

〈보기〉

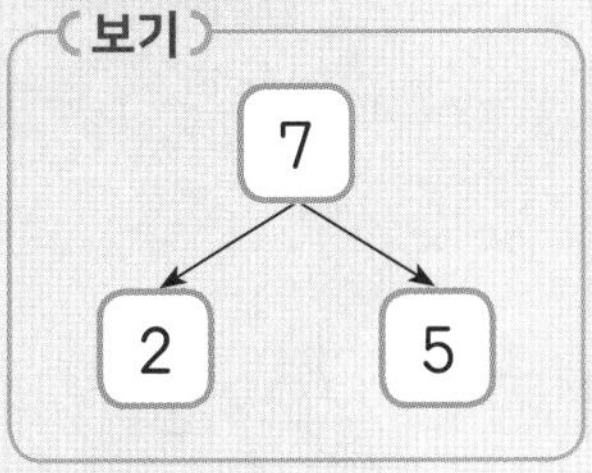

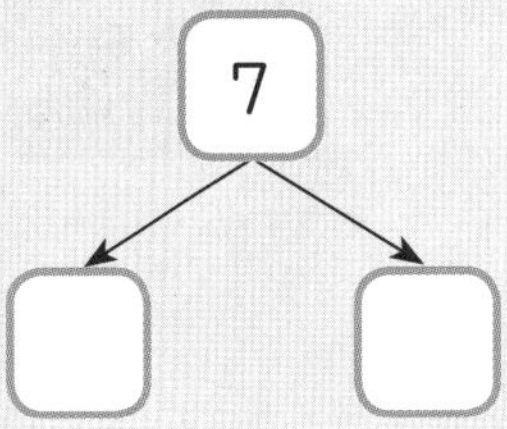

오늘 공부 어땠나요? 10개 중 맞힌 문제 ☐ 개 > **틀린 문제**는 힌트를 보고 다시 도전해 보세요. > **맞힌 문제**는 힌트를 보고 자신의 생각과 비교해 보세요.

공부한 날 월 일

11일 모으기와 가르기 (2)

① 수를 모으기와 가르기

(1) 모으기

2, 3 → 5

→ 2와 3을 모으기 하면 5가 됩니다.

(2) 가르기

5 → 2, 3

→ 5는 2와 3으로 가르기 할 수 있습니다.

② 수를 가능한 모든 경우로 가르기

- 수를 가르기 할 때 한쪽의 수를 하나씩 늘리면 나머지 수는 하나씩 줄어듭니다.

→ 5는 1과 4, 2와 3, 3과 2, 4와 1로 가르기 할 수 있습니다.

확인 1 모으기를 해 보세요.

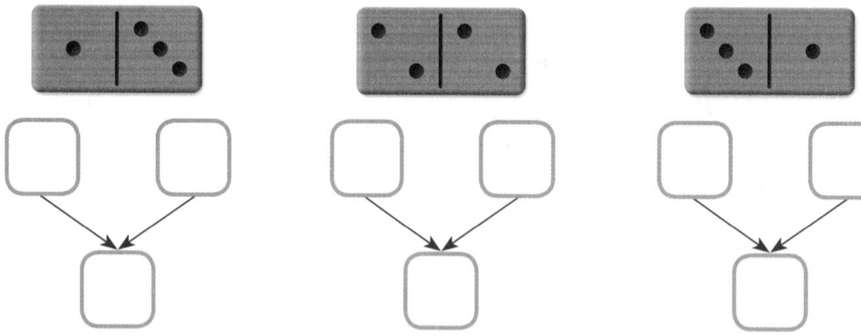

확인 2 가르기를 해 보세요.

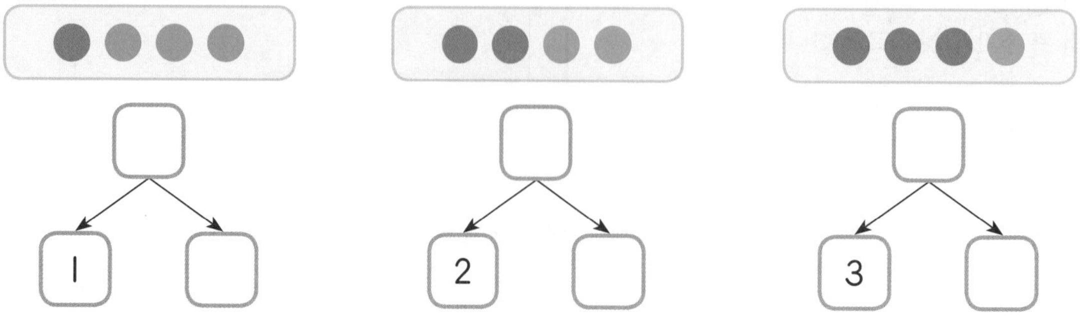

기본기 다지는 교과서 문제

» 정답 · 풀이 13쪽

1 알맞은 수를 써넣으세요.

(1)

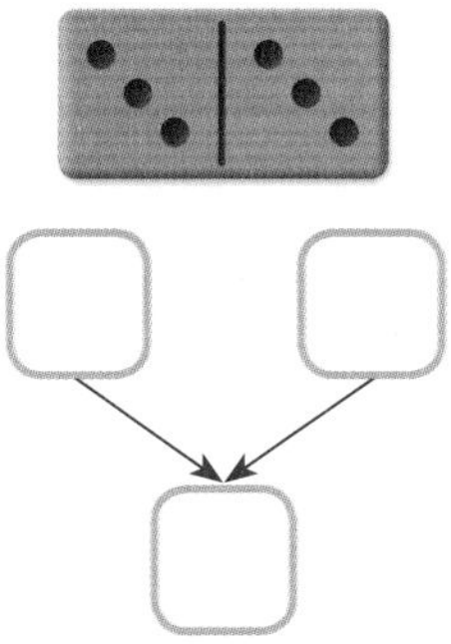

(2)

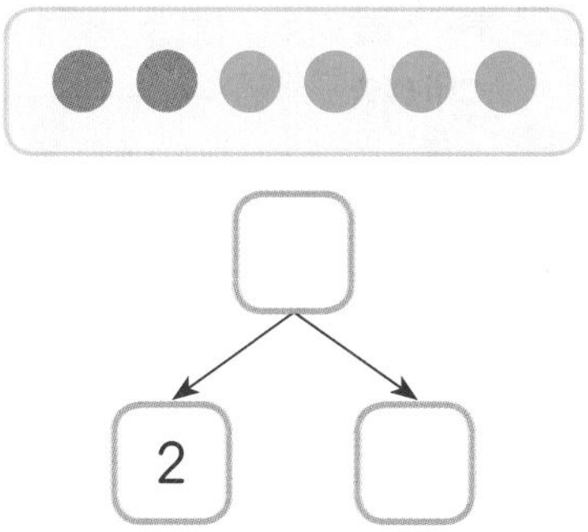

2 6을 여러 가지 방법으로 가르기 하려고 합니다. ○를 색칠하고 □ 안에 알맞은 수를 써넣으세요.

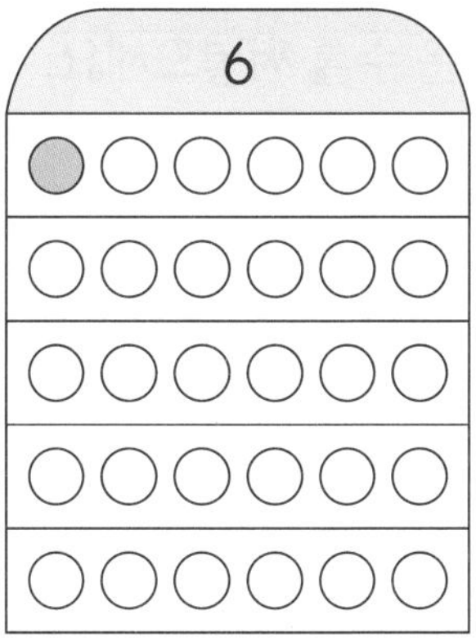

6	
1	5
2	

3 모으기와 가르기를 해 보세요.

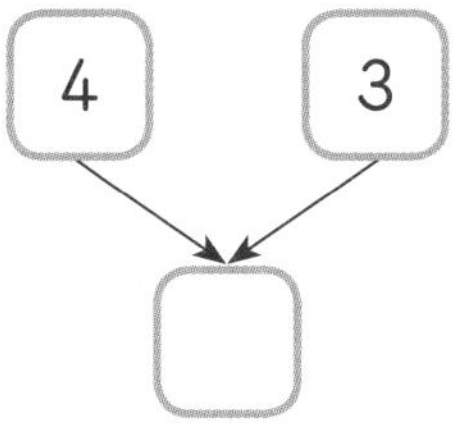

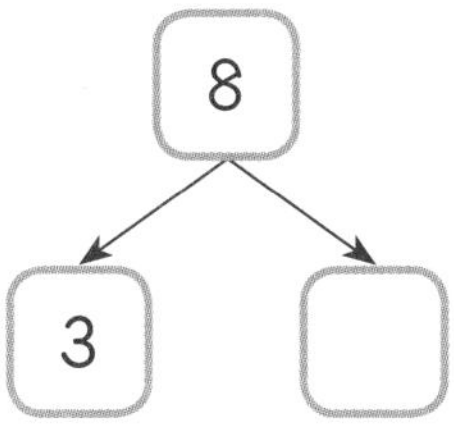

개념 따라쓰기

수를 모으기

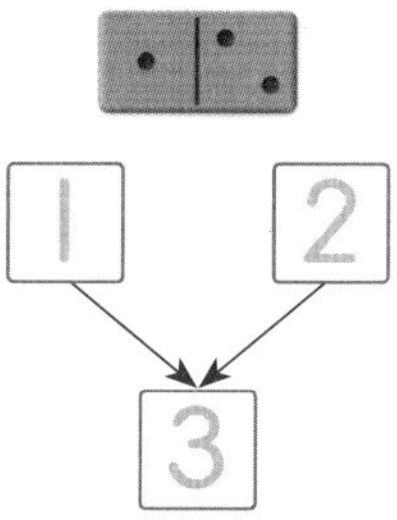

수를 가르기

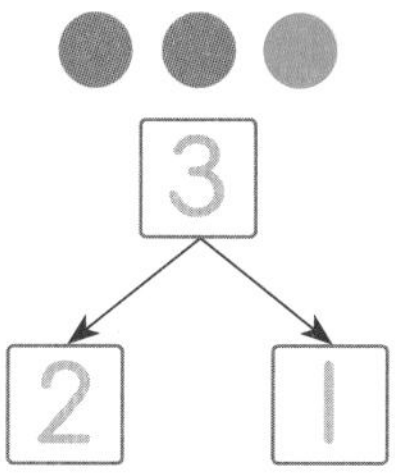

수를 가능한 모든 경우로 가르기

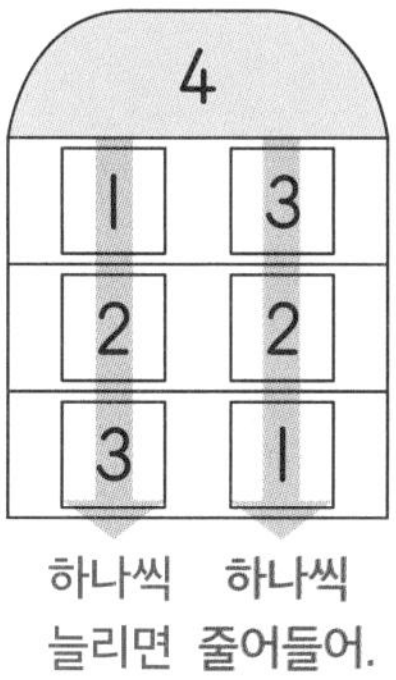

4	
1	3
2	2
3	1

수를 가르기 할 때 한쪽의 수를 하나씩 늘리면 나머지 수는 하나씩 줄어듭니다.

3 단원

1

이해

모으기와 가르기를 해 보세요.

(1)

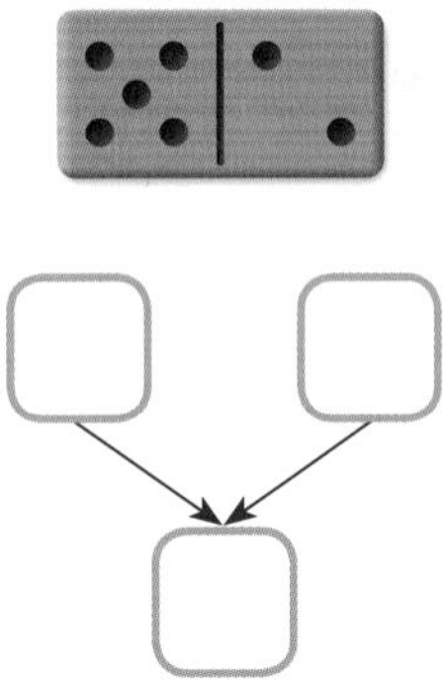

(2)

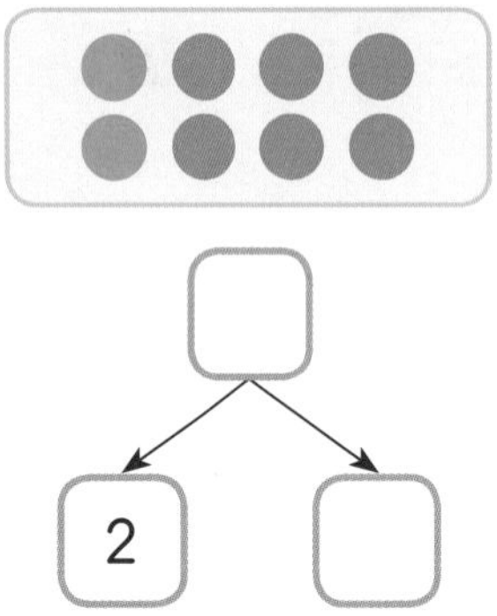

2

이해

모으기와 가르기를 해 보세요.

(1)

(2)

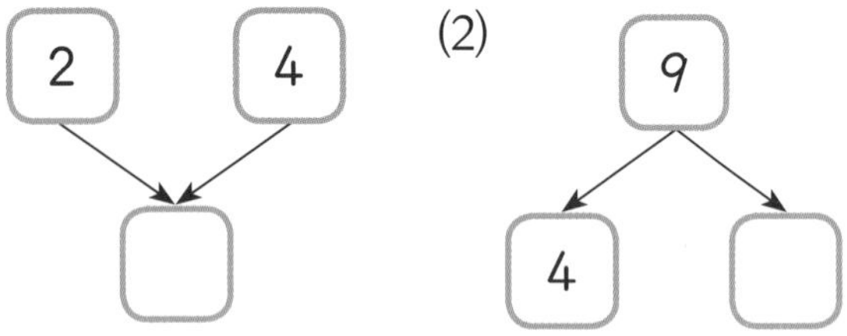

3

22쪽

적용

모으기와 가르기를 한 것입니다. 빈칸에 알맞은 수를 써넣으세요.

(1)

1	5

(2)

8	
	4

4

22쪽

문제 해결

7을 여러 가지 방법으로 가르기 해 보세요.

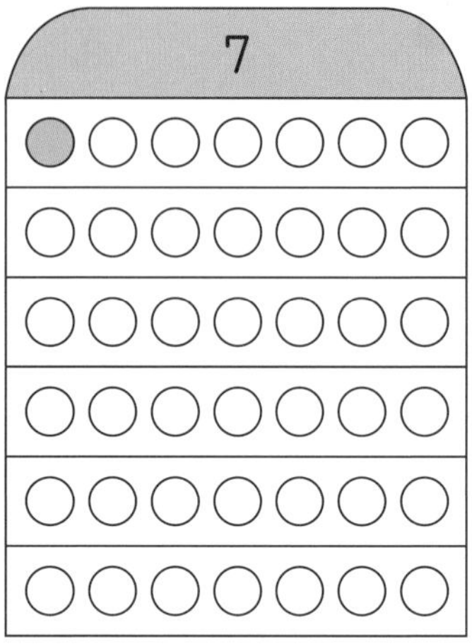

7	
1	6

5

22쪽

적용

빈칸에 알맞은 수를 써넣으세요.

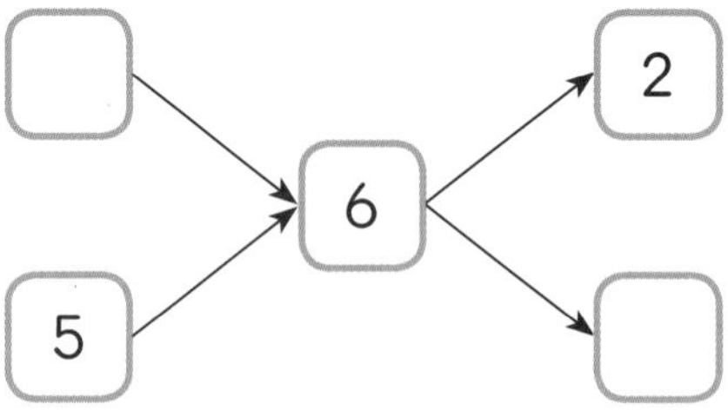

6

22쪽

문제 해결

□ 안에 알맞은 수를 써넣으세요.

4와 3을 모으기 한 수는 3과 □를 모으기 한 수와 같습니다.

» 정답 · 풀이 13쪽

7 23쪽 적용

㉠과 ㉡에 들어갈 수를 각각 구하세요.

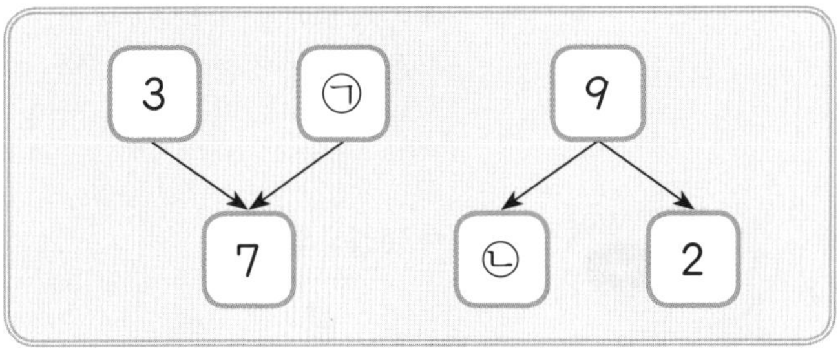

㉠ (　　　　　　)
㉡ (　　　　　　)

8 23쪽 창의 융합

모으기 하여 6이 되는 가까운 두 수를 모두 찾아 묶어 보세요.

4	3	5
2	1	2
1	3	3

+9 23쪽 수학적 독해력

7을 위쪽과 아래쪽의 두 수로 가르기 한 것입니다. 빈칸에 알맞은 수를 써넣으세요.

7

1	2		4		6
6		4		2	

독해 포인트 '가르기 한 두 수'를 모으기 하면 7이 되어야 합니다.

+10 23쪽 수학적 표현력

잘못 가르기 한 사람의 이름을 쓰고, 바르게 고쳐 보세요.

[이름] ______________________

[바르게 고치기] ______________________

____

오늘 공부 어땠나요? 10개 중 맞힌 문제 [　] 개 › **틀린 문제**는 힌트를 보고 다시 도전해 보세요. › **맞힌 문제**는 힌트를 보고 자신의 생각과 비교해 보세요.

12일 더하기 나타내기

① 그림을 보고 덧셈식 쓰고 읽기

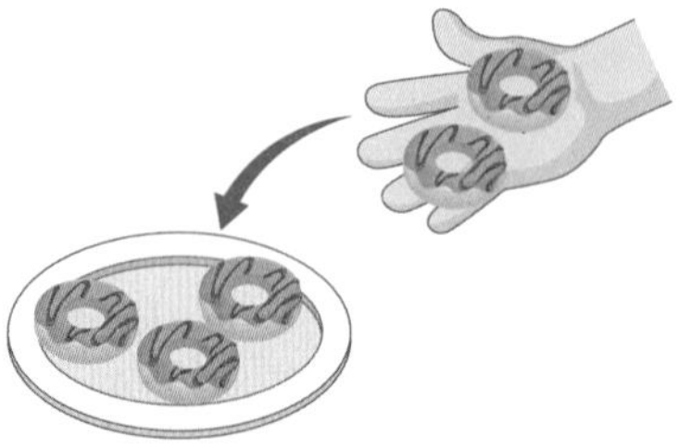

도넛 3개에 2개를 더하면 모두 5개입니다.

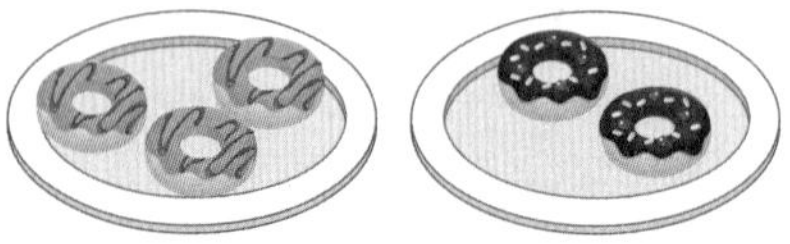

도넛 3개와 도넛 2개를 합하면 모두 5개입니다.

◐ 수가 늘어날 때나 모아서 합할 때에는 덧셈식으로 나타냅니다.

◐ 덧셈식 읽기

■+▲=●

- ■ 더하기 ▲는 ●와 같습니다.
- ■와 ▲의 합은 ●입니다.

[쓰기] 3+2=5

[읽기] 3 더하기 2는 5와 같습니다.
3과 2의 합은 5입니다.

개념+
- '+'는 앞의 수와 뒤의 수를 더하는 기호이고, '더하기'라고 읽습니다.
- '='은 양쪽이 같음을 나타내는 기호입니다.

확인 1 어린이가 모두 몇 명인지 알아보려고 합니다. □ 안에 알맞은 수를 써넣으세요.

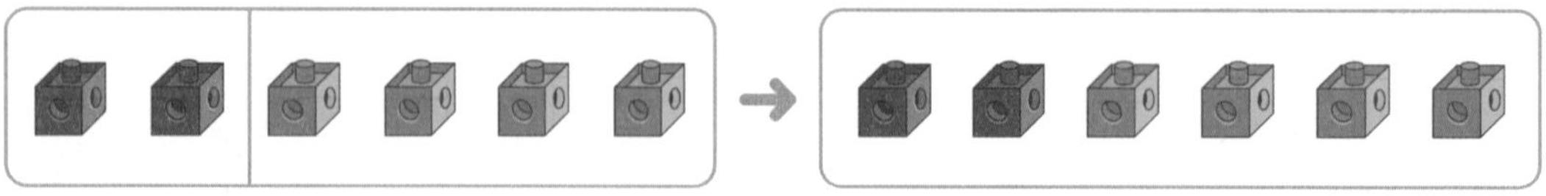

줄넘기를 하는 어린이 2명과 자전거를 타는 어린이 4명을 합하면 모두 □명입니다.

[쓰기] 2+4=□

[읽기] 2 더하기 4는 □과 같습니다.

2와 4의 합은 □입니다.

기본기 다지는 교과서 문제

» 정답 · 풀이 14쪽

1 그림에 알맞은 덧셈식을 쓰고 읽어 보세요.

〔쓰기〕 3+1=☐

〔읽기〕 3 더하기 1은 ☐와 같습니다.

3과 1의 합은 ☐입니다.

2 알맞은 것끼리 선으로 이어 보세요.

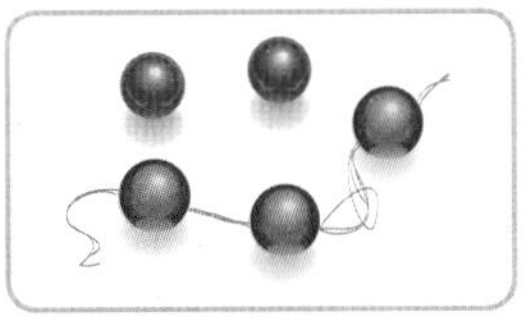 • • 4+2=6

 • • 2+3=5

3 그림에 알맞은 덧셈식을 쓰고 읽어 보세요.

〔쓰기〕 ☐+☐=☐

〔읽기〕 ____________________

____

개념 따라쓰기

덧셈식으로 나타내기

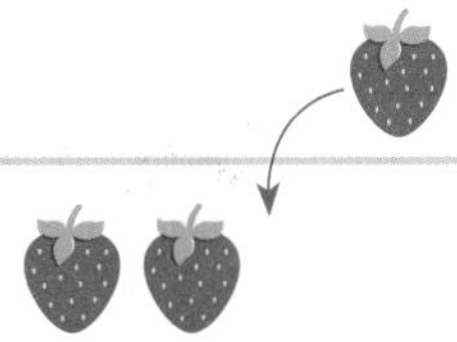

2+1=3

2+1=3

수가 늘어날 때나 모아서 합할 때에는 덧셈식으로 나타냅니다.

덧셈식 읽기

2+1=3

• 2 더하기 1은 3과 같습니다.

• 2와 1의 합은 3입니다.

3 단원

스스로 풀어내는 도전 10 문제

막힐 때 힌트북

1

이해

그림을 보고 덧셈식을 바르게 나타낸 것에 ○표 하세요.

4+2=6	5+1=6	1+6=7
(　　)	(　　)	(　　)

2 24쪽

이해

그림을 보고 알맞은 덧셈식을 쓰고 읽어 보세요.

쓰기 5+□=□

읽기 5 더하기 □는 □과 같습니다.

3 24쪽

이해

그림을 보고 알맞은 덧셈식을 쓰고 읽어 보세요.

쓰기 2+□=□

읽기 2와 □의 합은 □입니다.

4

적용

알맞은 것끼리 선으로 이어 보세요.

- 3+2=5
- 3+3=6
- 4+2=6

5 24쪽

적용

알맞은 덧셈식을 쓰세요.

(1)

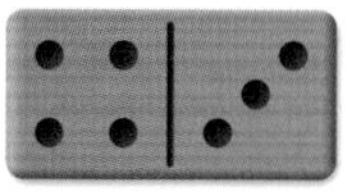

4+□=□

(2)

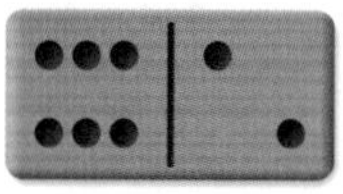

□+□=□

6 24쪽

적용

다음을 읽고 알맞은 덧셈식을 쓰세요.

5와 4의 합은 9입니다.

(　　　　　　　　)

» 정답 · 풀이 14쪽

조금 더 어려운 문제에 도전해 볼까요?

7 25쪽 의사 소통

그림을 보고 잘못 나타낸 것을 찾아 기호를 쓰세요.

㉠ 2+7=9
㉡ 2 더하기 9는 7과 같습니다.
㉢ 2와 7의 합은 9입니다.

(　　　　　　)

8 25쪽 이해

그림에 알맞은 덧셈식을 쓰고 읽어 보세요.

쓰기 □+□=□

읽기 ____________

+9 25쪽 수학적 독해력

□ 모양과 □ 모양은 모두 몇 개인지 구하는 덧셈식을 쓰세요.

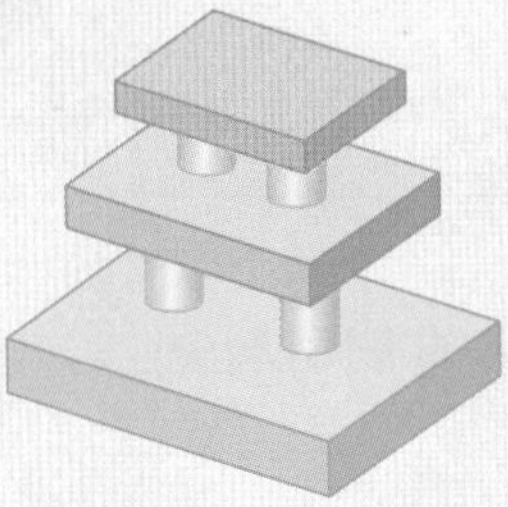

덧셈식 ____________

독해 포인트 '모두 몇 개'인지는 두 수의 합을 말합니다.

+10 25쪽 수학적 표현력

덧셈식을 쓰고, 이야기를 만들어 보세요.

덧셈식 ____________

이야기 그림을 그리는 어린이 □명과 노트북으로 동영상을 보는 어린이 □명을 합하면 모두 □명입니다.

오늘 공부 어땠나요? 10개 중 맞힌 문제 □개 〉 틀린 문제는 힌트를 보고 다시 도전해 보세요. 〉 맞힌 문제는 힌트를 보고 자신의 생각과 비교해 보세요.

13일

덧셈하기 (1)

○를 그려 덧셈하기

① ○를 그려 덧셈하기

장난감 오토바이를 탄 어린이가 2명, 장난감 버스를 탄 어린이가 3명입니다.

↓

●	●	○	○	○
1	2	3	4	5

●를 2개 그리고 이어서 ○를 3개 더 그리면 모두 5개입니다.
→ 어린이가 모두 5명입니다.

↓

2+3=[5]

○의 수를 세는 방법

●	●	○	○	○
1	2	3	4	5

- 하나씩 차례로 세기
  1, 2, 3, 4, 5이므로 모두 5입니다.
- 이어 세기
  2 다음에 3, 4, 5로 세면 모두 5입니다.

확인 1 ○를 그려 참새는 모두 몇 마리인지 구하려고 합니다. 물음에 답하세요.

(1) 둥지에 앉아 있는 참새가 [ ]마리, 날고 있는 참새가 [ ]마리입니다.

(2) 참새의 수만큼 ○를 이어서 그리고, 수를 세어 보세요.

●	●	●	●	

●를 4개 그리고 이어서 [ ]개 더 그리면

모두 [ ]개이므로, 참새는 모두 [ ]마리입니다.

(3) 4+3=[ ]

» 정답 · 풀이 15쪽

기본기 다지는 교과서 문제

1 그림에 알맞게 ○를 이어서 그리고 덧셈을 해 보세요.

(1)

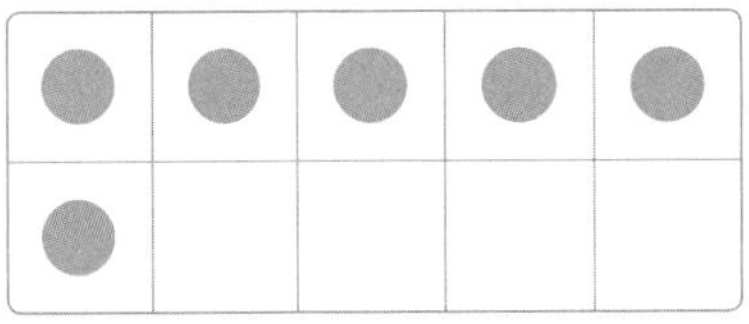

6+☐=☐

(2)

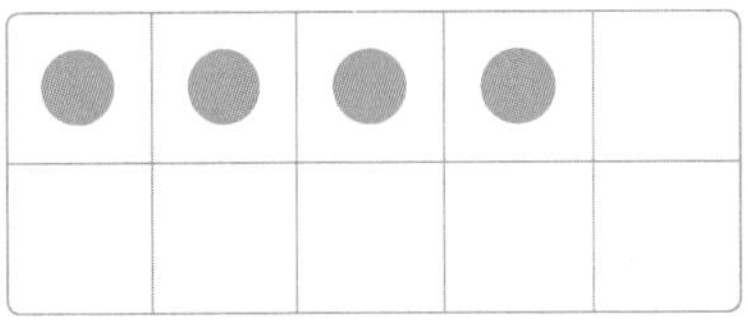

☐+☐=☐

2 그림을 보고 알맞은 덧셈식을 써 보세요.

(1)

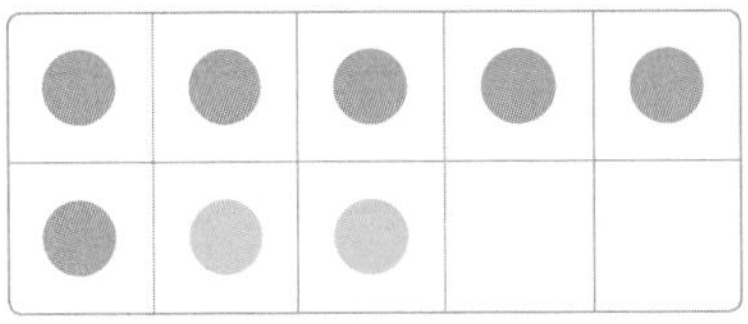

6+☐=☐

(2)

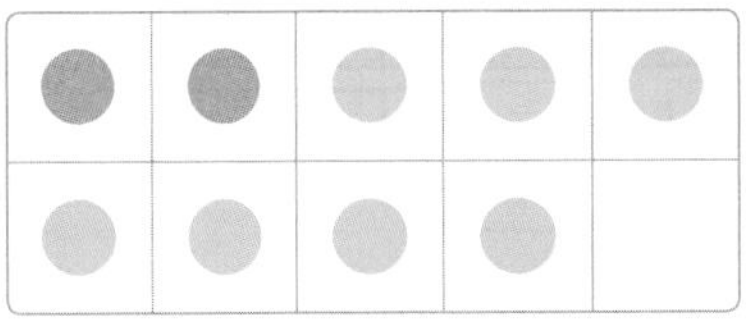

☐+☐=☐

개념 따라쓰기

○를 그려 덧셈하기

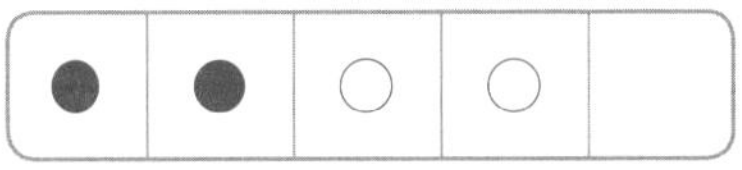

2+2=4

그림의 수만큼 ○를 그리고 수를 세어 덧셈을 할 수 있습니다.

○의 수를 세는 방법

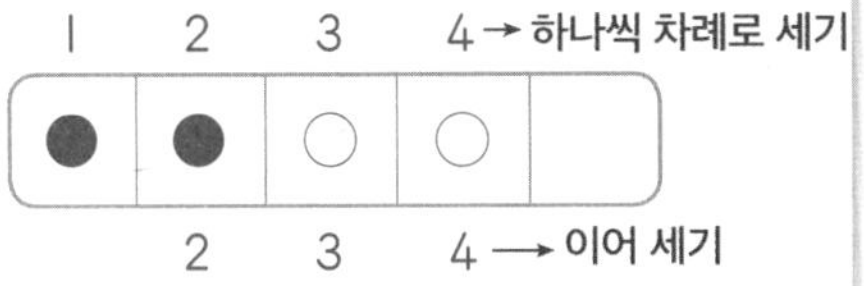

○의 수를 셀 때에는 하나씩 차례로 세거나 이어 셉니다.

1 이해

우유의 수만큼 ○를 그린 것입니다. 덧셈을 해 보세요.

○	○	○	○	○
○				

3+3=□

2 이해

책은 모두 몇 권인지 ○를 이어서 그리고 덧셈을 해 보세요.

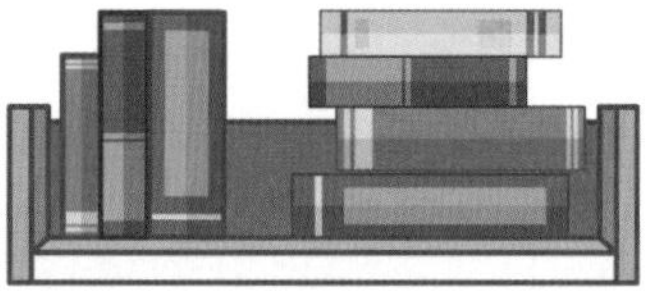

○	○	○		

3+□=□

3 26쪽 적용

나무는 모두 몇 그루인지 ○를 그리고 덧셈을 해 보세요.

2+□=□

4 26쪽 적용

물고기는 모두 몇 마리인지 ○를 그리고 덧셈을 해 보세요.

□+□=□

5 26쪽 문제 해결

그림을 보고 알맞은 덧셈식을 써 보세요.

●	●	●	●	●
●				

□+□=□

6 26쪽 적용

○를 그려 덧셈을 해 보세요.

2+6=□

» 정답 · 풀이 15쪽

조금 더 어려운 문제에 도전해 볼까요?

7 27쪽 추론

그림을 보고 덧셈식을 2개 써 보세요.

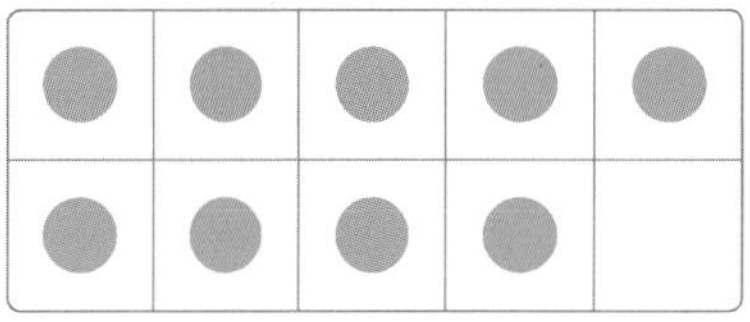

☐+☐=9

☐+☐=9

8 27쪽 창의 융합

그림을 보고 덧셈식을 2개 써 보세요.

☐+☐=☐

☐+☐=☐

+9 27쪽 수학적 독해력

민호는 빨간색 풍선 4개, 파란색 풍선 3개를 가지고 있습니다. 민호가 가지고 있는 풍선은 모두 몇 개인지 ○를 그리고 덧셈식을 써 보세요.

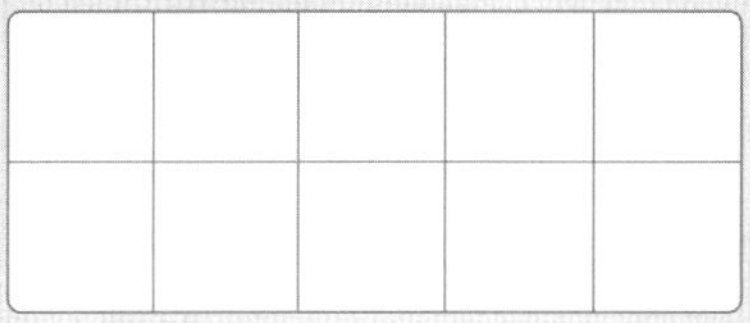

☐+☐=☐

독해 포인트 '민호가 가지고 있는 풍선의 수'=○의 수

+10 27쪽 수학적 표현력

그림을 보고 잘못 말한 사람은 누구인지 말해 보세요.

지혜: 2 다음에 3, 4, 5, 6이니까 어린이는 모두 5명이야.

영민: 어린이를 한 명씩 차례로 세면 1, 2, 3, 4, 5, 6이니까 모두 6명이야.

2 다음에 3, 4, 5, ☐이니까 어린이는 모두 ☐명이므로 ☐가 잘못 말하였습니다.

오늘 공부 어땠나요? 10개 중 맞힌 문제 ☐개 > **틀린 문제**는 힌트를 보고 다시 도전해 보세요. > **맞힌 문제**는 힌트를 보고 자신의 생각과 비교해 보세요.

14일 덧셈하기 (2)

모으기를 이용하여 덧셈하기

① 모으기를 이용하여 덧셈하기

필통 안에 연필이 4자루, 손에 쥔 연필이 3자루입니다.

↓

4, 3 → 7

4와 3을 모으기 하면 7이 됩니다.
➔ 연필은 모두 7자루입니다.

↓

4+3=7

4와 3을 모으기 한 결과와 3과 4를 모으기 한 결과는 서로 같습니다.

4, 3 → 7 → 4+3=7

3, 4 → 7 → 3+4=7

확인 1 하마가 모두 몇 마리인지 구하려고 합니다. □ 안에 알맞은 수를 써넣으세요.

(1) 물 속에 있는 하마가 □마리, 밖에 있는 하마가 □마리입니다.

(2) 1, 5 → □

1과 5를 모으기 하면 □이 되므로

하마는 모두 □마리입니다.

(3) 1+5=□

기본기 다지는 교과서 문제

» 정답 · 풀이 16쪽

1 그림을 보고 모으기를 이용하여 덧셈을 해 보세요.

(1)

2　2 → □

2+□=□

(2)

3　2 → □

3+□=□

2 모으기를 이용하여 덧셈을 해 보세요.

(1) 3　4 → □

3+□=□

(2) 2　6 → □

2+□=□

3 알맞은 것끼리 선으로 이어 보고, 덧셈을 해 보세요.

• 5+3=□

• 4+2=□

개념 따라쓰기

모으기를 이용하여 덧셈하기

2　3 → 5

2+3=5

두 수를 모으기 한 것은 두 수의 합과 같습니다.

1
이해

그림을 보고 모으기를 하여 덧셈식을 써 보세요.

3 3

□

□+□=□

2
이해

모으기를 하여 덧셈식을 써 보세요.

2 5

□

□+□=□

3
28쪽

적용

알맞은 것끼리 선으로 이어 보고, 덧셈을 해 보세요.

 • • 4+5=□

 • • 6+2=□

4
28쪽

이해

그림을 보고 덧셈식을 써 보세요.

□+□=□

5
28쪽

문제 해결

모으기를 하여 덧셈식을 써 보세요.

3 6 → □

6 3 → □

□+□=□

□+□=□

6
28쪽

적용

합이 7이 되는 칸에 모두 ○표 하세요.

1+6	2+3	5+2
5+1	4+3	3+3
4+2	2+5	3+5

» 정답 · 풀이 16쪽

7 12쪽 문제 해결

합이 같은 덧셈식을 써 보세요.

1+7	3+5	4+4

□+□=□

8 12쪽 추론

수 카드를 이용하여 합이 6이 되는 덧셈식을 3개 만들어 보세요. (한 장의 수 카드를 여러 번 사용할 수 있습니다.)

1 2 3 4 5

□+□=6

□+□=6

□+□=6

+9 03쪽 수학적 독해력

연필을 지혜는 4자루 가지고 있고, 윤하는 지혜보다 5자루 더 많이 가지고 있습니다. 윤하가 가지고 있는 연필은 몇 자루인지 덧셈식을 써 보세요.

□+□=□

독해 포인트 연필을 윤하는 '지혜보다 5자루 더 많이' 가지고 있습니다.

+10 03쪽 수학적 표현력

슬기는 사과주스 5개와 포도주스 1개를 사고, 민호는 사과주스 3개와 포도주스 4개를 샀습니다. 슬기와 민호 중 주스를 더 많이 산 사람은 누구인지 말해 보세요.

슬기가 산 주스는 5+1=□(개)입니다. 민호가 산 주스는 3+□=□(개)입니다. 따라서 주스를 더 많이 산 사람은 □입니다.

오늘 공부 어땠나요? 10개 중 맞힌 문제 □개 > **틀린 문제**는 힌트를 보고 다시 도전해 보세요. > **맞힌 문제**는 힌트를 보고 자신의 생각과 비교해 보세요.

15일 빼기 나타내기

① 그림을 보고 뺄셈식 쓰고 읽기

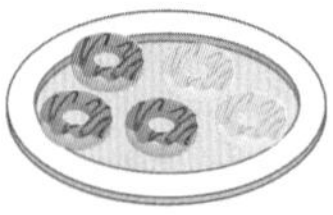

도넛 5개 중에서 2개를 먹고 3개가 남았습니다.

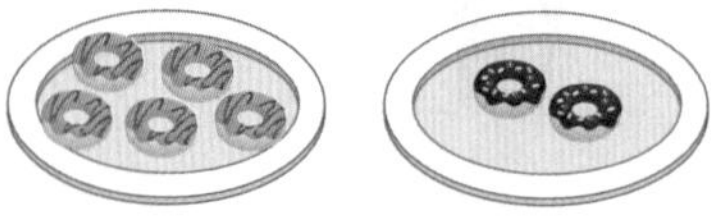

딸기 도넛 5개와 초코 도넛 2개를 비교하면 딸기 도넛이 3개 더 많습니다.

〔쓰기〕 5－2＝3

〔읽기〕 5 빼기 2는 3과 같습니다.
5와 2의 차는 3입니다.

◐ 덜어낼 때나 수의 차이를 비교할 때에는 뺄셈식으로 나타냅니다.

◐ **뺄셈식 읽기**

■－▲＝●

- ■ 빼기 ▲는 ●와 같습니다.
- ■와 ▲의 차는 ●입니다.

개념+
- '－'는 앞의 수에서 뒤의 수를 빼는 기호이고, '빼기'라고 읽습니다.
- '＝'은 양쪽이 같음을 나타내는 기호입니다.

확인 1 남은 피자 조각은 모두 몇 개인지 알아보려고 합니다. □ 안에 알맞은 수를 써넣으세요.

피자 6조각 중에서 1조각을 먹으면 남은 조각은 □개입니다.

〔쓰기〕 6－1＝□

〔읽기〕 6 빼기 1은 □와 같습니다.
6과 1의 차는 □입니다.

» 정답 · 풀이 17쪽

1 그림에 알맞은 뺄셈식을 쓰고 읽어 보세요.

〔쓰기〕 4－3＝☐

〔읽기〕 4 빼기 3은 ☐과 같습니다.

4와 3의 차는 ☐입니다.

2 알맞은 것끼리 선으로 이어 보세요.

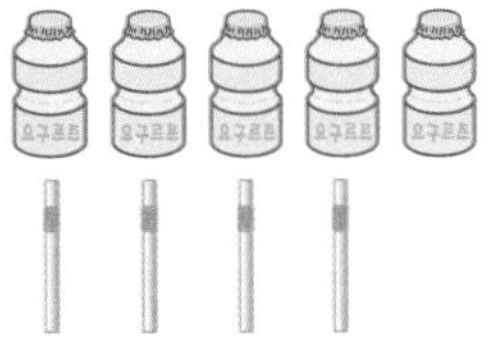 •　　　　• 5－4＝1

 •　　　　• 5－2＝3

3 그림에 알맞은 뺄셈식을 쓰고 읽어 보세요.

〔쓰기〕 ☐－☐＝☐

〔읽기〕 ______________________

____

개념 따라쓰기

뺄셈식으로 나타내기

3－2＝1

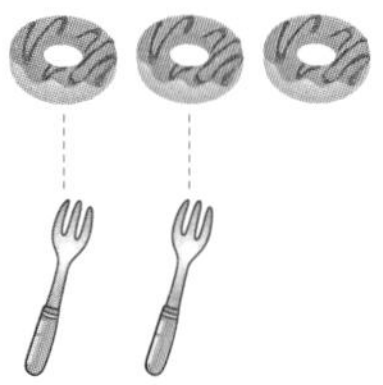

3－2＝1

덜어낼 때나 수의 차이를 비교할 때에는 뺄셈식으로 나타냅니다.

뺄셈식 읽기

3－2＝1

- 3 빼기 2는 1과 같습니다.
- 3과 2의 차는 1입니다.

1

이해

그림을 보고 뺄셈식을 바르게 나타낸 것에 ○표 하세요.

3－1＝2	5－1＝4	4－1＝3
(　　　)	(　　　)	(　　　)

4

적용

알맞은 것끼리 선으로 이어 보세요.

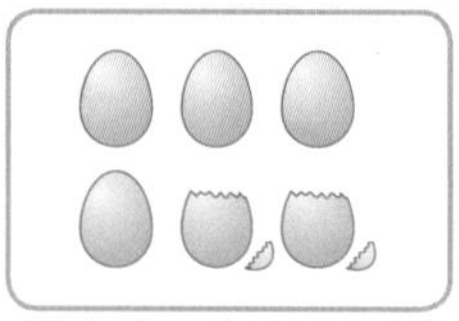

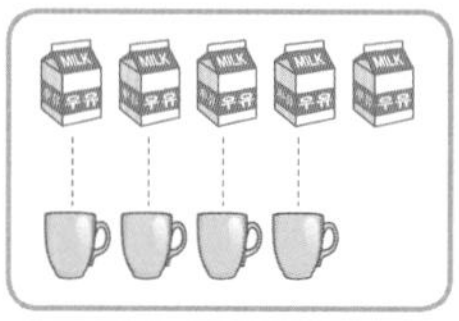

• 5－4＝1

• 6－3＝3

• 6－2＝4

2

30쪽

이해

그림을 보고 알맞은 뺄셈식을 쓰고 읽어 보세요.

[쓰기] 6－☐＝☐

[읽기] 6 빼기 ☐는 ☐와 같습니다.

5

30쪽

적용

다음을 읽고 알맞은 뺄셈식을 쓰세요.

9와 4의 차는 5입니다.

(　　　　　　　　　　)

3

30쪽

이해

그림을 보고 알맞은 뺄셈식을 쓰고 읽어 보세요.

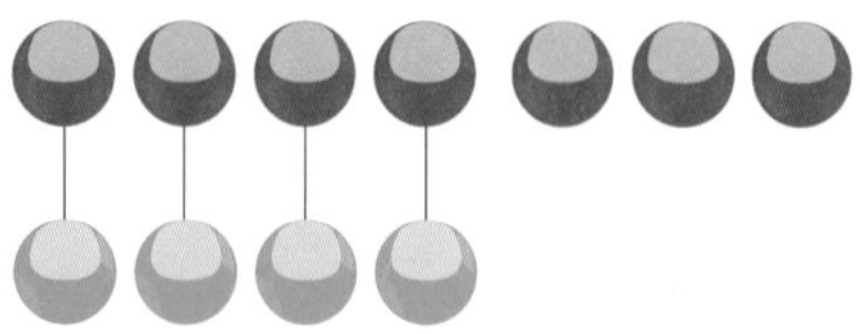

[쓰기] 7－☐＝☐

[읽기] 7과 ☐의 차는 ☐입니다.

6

30쪽

추론

그림에 알맞은 뺄셈식을 쓰세요.

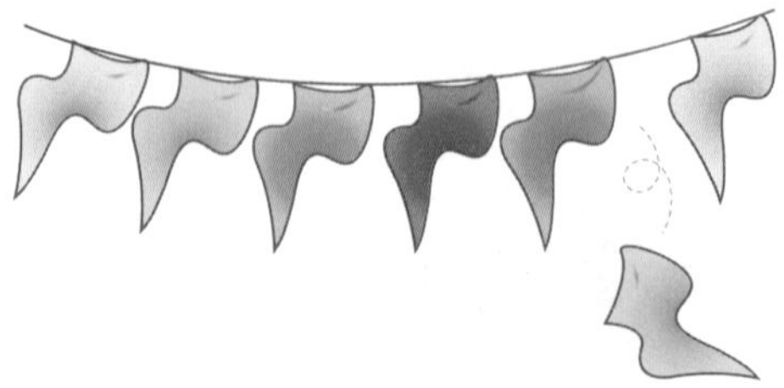

(　　　　　　　　　　)

7 31쪽 문제 해결

나머지 셋과 다른 하나를 찾아 기호를 쓰세요.

㉠ 9−2=7
㉡ 9와 2의 차는 7입니다.
㉢ 9 빼기 2는 7과 같습니다.
㉣ 9와 7의 차는 2입니다.

(   )

8 31쪽 적용

남은 풍선의 수를 구하는 뺄셈식을 쓰고 읽어 보세요.

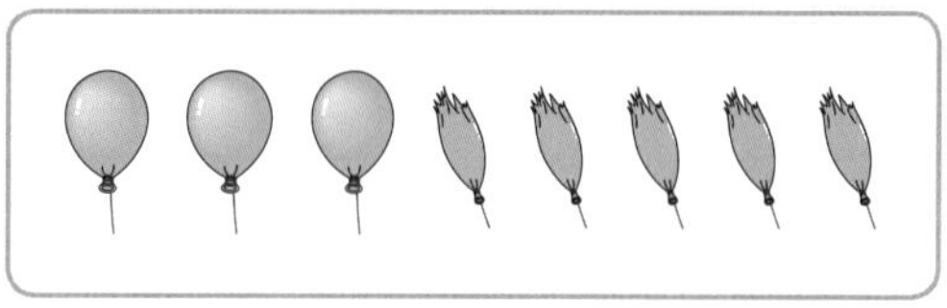

쓰기 □−□=□

읽기 ____________________

+9 31쪽 수학적 독해력

(원기둥) 모양은 (상자) 모양보다 몇 개 더 많은지 구하는 뺄셈식을 쓰세요.

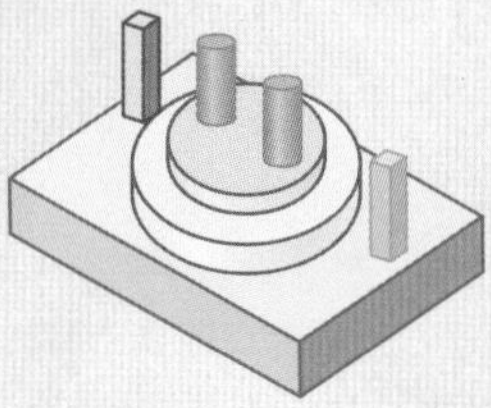

□−□=□

독해 포인트 '몇 개 더 많은지' → 두 수의 차이를 뺄셈식으로 나타냅니다.

+10 31쪽 수학적 표현력

뺄셈식을 쓰고, 이야기를 만들어 보세요.

뺄셈식 ____________________

이야기 어린이 □명 중에서 □명이 나가고 □명이 남았습니다.

오늘 공부 어땠나요?

10개 중 맞힌 문제 □개 › 틀린 문제는 힌트를 보고 다시 도전해 보세요. › 맞힌 문제는 힌트를 보고 자신의 생각과 비교해 보세요.

16일 뺄셈하기 (1)

그림을 그려 뺄셈하기

❶ 그림을 그려 뺄셈하기

풍선이 7개였는데 2개를 놓쳤습니다.

↓

○○○○○∅∅

○를 7개 그리고 2개를 지우면 5개가 남습니다.

➔ 남은 풍선은 5개입니다.

파란 풍선이 7개, 빨간 풍선이 2개 있습니다.

↓

●와 ●를 그려 짝지어 보면 ●가 5개 남습니다.

➔ 파란 풍선이 5개 더 많습니다.

7−2=[5]

확인 1 그림을 보고 □ 안에 알맞은 수를 써넣으세요.

↓

○○∅∅∅∅

(1) ○를 □개 그리고 □개를 지우면 □개가 남습니다.

(2) 6−4=□

확인 2 그림을 보고 □ 안에 알맞은 수를 써넣으세요.

↓

(1) ●와 ●를 짝지어 보면 ●가 □개 남습니다. ➔ 초록 사과가 □개 더 많습니다.

(2) 6−4=□

기본기 다지는 교과서 문제

» 정답 · 풀이 18쪽

1 가져간 의자의 수만큼 ○를 /으로 지우고 뺄셈을 해 보세요.

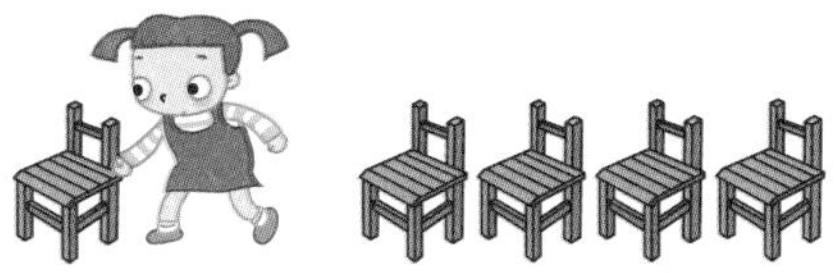

○○○○○

5 − □ = □

2 ○를 짝지어 보고 남은 케이크가 그릇에 담긴 케이크보다 몇 개 더 많은지 구하는 뺄셈식을 써 보세요.

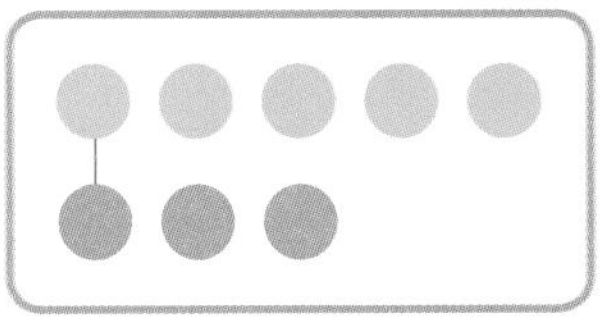

5 − □ = □

3 그림을 보고 알맞은 뺄셈식을 써 보세요.

(1) ○○○∅∅∅∅

□ − □ = □

(2)

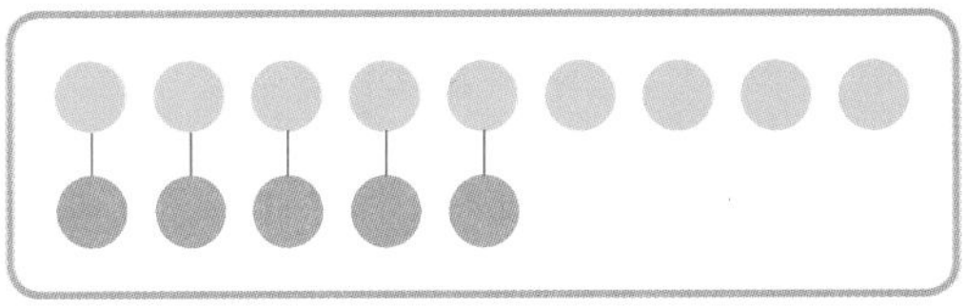

□ − □ = □

개념 따라쓰기

그림을 그려 뺄셈하기 ①

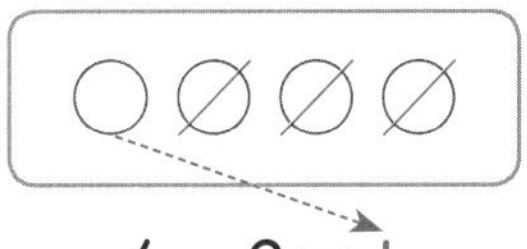

4 − 3 = 1

지우고 남은 ○의 수를 세어 뺄셈을 할 수 있습니다.

그림을 그려 뺄셈하기 ②

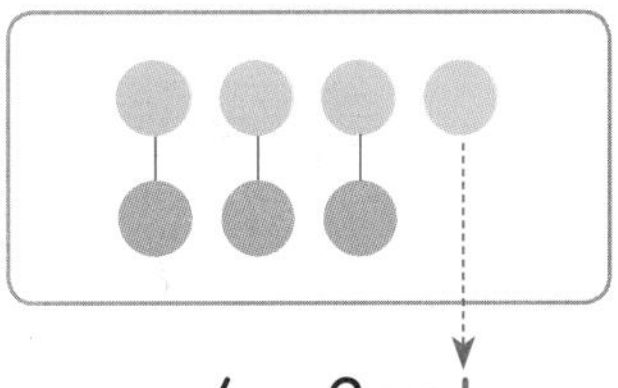

4 − 3 = 1

짝짓고 남은 ○의 수를 세어 뺄셈을 할 수 있습니다.

3단원

스스로 풀어내는 도전 10 문제

막힐 땐 힌트북

1 32쪽 이해

건져낸 물고기 수만큼 ○를 /으로 지우고 뺄셈식을 써 보세요.

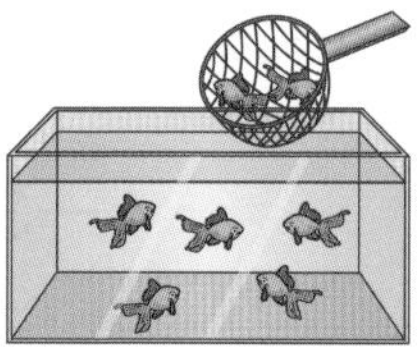

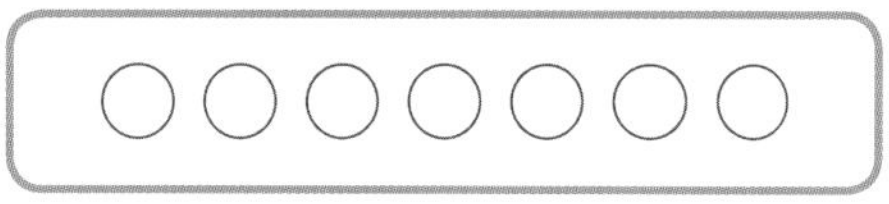

□−□=□

2 32쪽 이해

초록색 블록은 주황색 블록보다 몇 개 더 많은지 그림을 그려 뺄셈식을 써 보세요.

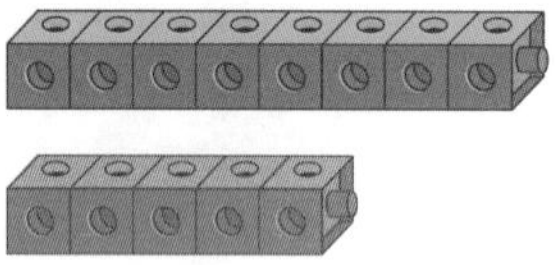

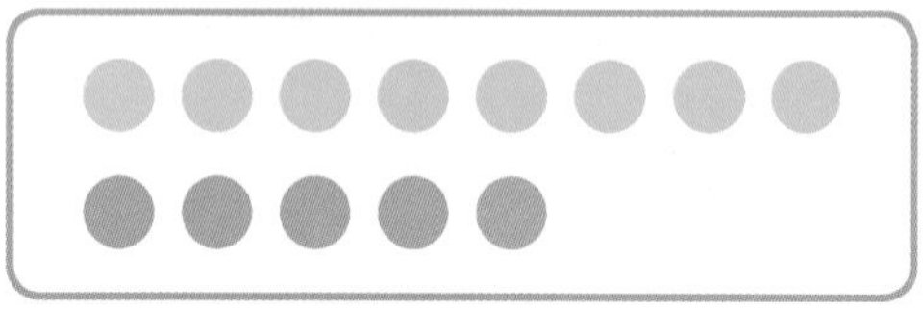

□−□=□

3 32쪽 적용

그림을 보고 뺄셈식을 써 보세요.

□−□=□

4 적용

그림을 보고 알맞은 뺄셈식을 써 보세요.

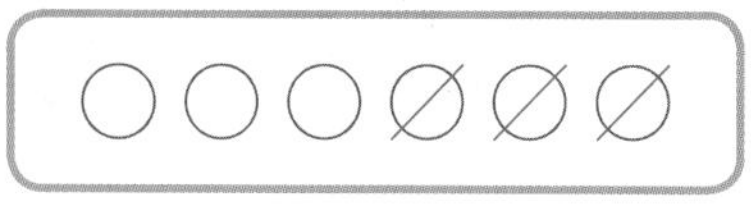

□−□=□

5 적용

그림을 보고 알맞은 뺄셈식을 써 보세요.

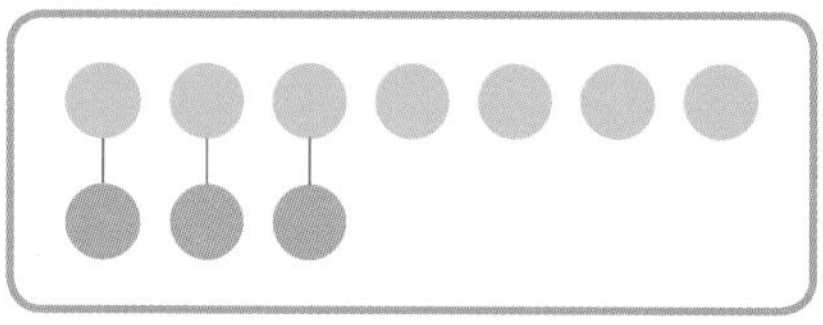

□−□=□

6 32쪽 문제 해결

식에 알맞게 그림을 그려 뺄셈을 해 보세요.

(1) $7-5=$□

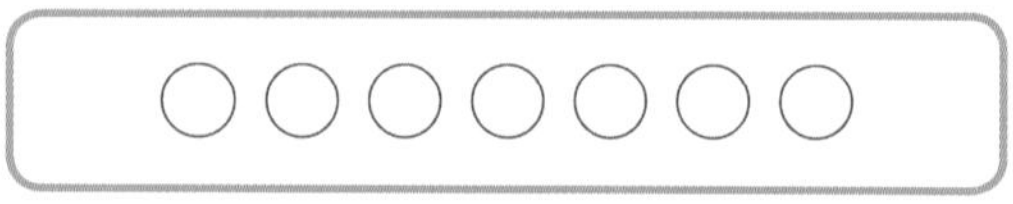

(2) $9-4=$□

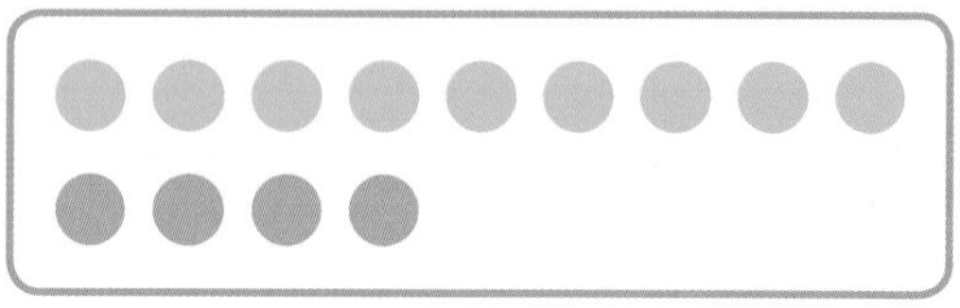

조금 더 **어려운 문제**에 도전해 볼까요?

7 33쪽 창의 융합

그릇에 방울토마토가 9개 있었는데 지혜가 6개를 먹었습니다. 남은 방울토마토는 몇 개인지 그림을 그려 뺄셈식을 써 보세요.

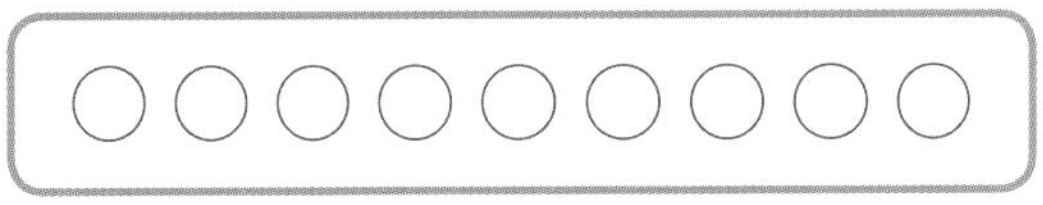

□ − □ = □

8 33쪽 추론

그림을 보고 뺄셈식을 2개 써 보세요.

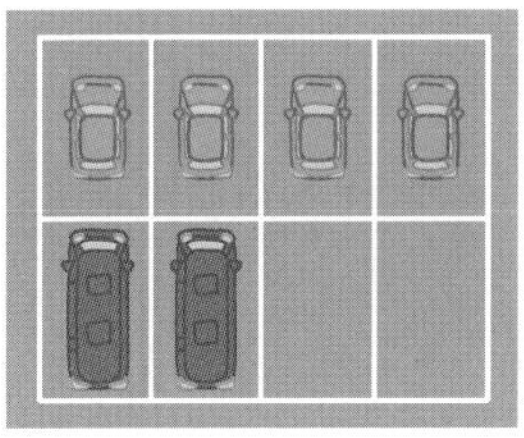

□ − □ = □

□ − □ = □

+9 33쪽 수학적 독해력

슬기는 사탕을 8개, 로운이는 사탕을 6개 가지고 있습니다. 슬기는 로운이보다 사탕을 몇 개 더 많이 가지고 있는지 그림을 그려 뺄셈식을 써 보세요.

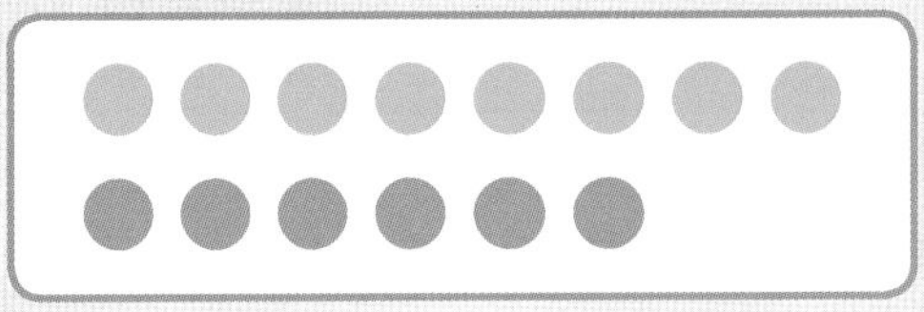

□ − □ = □

독해 포인트 짝지어 보면 '몇 개 더' 많은지 알 수 있습니다.

+10 33쪽 수학적 표현력

버스에 9명이 타고 있었는데 정류장에서 2명이 내렸습니다. 버스에 남은 사람은 몇 명인지 그림을 그려 설명해 보세요.

○를 □개 그리고 □개를 지우면 □개가 남습니다. 따라서 9−2=□입니다.

오늘 공부 어땠나요? 10개 중 맞힌 문제 □개 › **틀린 문제**는 힌트를 보고 다시 도전해 보세요. › **맞힌 문제**는 힌트를 보고 자신의 생각과 비교해 보세요.

17일 뺄셈하기 (2)

가르기를 이용하여 뺄셈하기

❶ 가르기를 이용하여 뺄셈하기

나무에 사과가 5개 있었는데 2개가 땅에 떨어졌습니다.

↓

5 → 2, 3

5는 2와 3으로 가르기 할 수 있습니다.
➜ 나무에 남은 사과는 3개입니다.

↓

5−2=3

◐ 5 빼기 2와 5 빼기 3의 결과는 다릅니다.

5 → 2, 3 ➜ 5−2=3

5 → 3, 2 ➜ 5−3=2

확인 1 남은 킥보드는 몇 대인지 구하려고 합니다. □ 안에 알맞은 수를 써넣으세요.

킥보드 6대 중 2대를 민석이와 윤지가 타고 갔습니다.

(1) 6 → 2, □

6은 □와 □로 가르기 할 수 있으므로

남은 킥보드는 □대입니다.

(2) 6−2=□

» 정답 · 풀이 19쪽

기본기 다지는 교과서 문제

1 그림을 보고 가르기를 이용하여 뺄셈을 해 보세요.

(1)

4 → 1, □

4－1＝□

(2)

7 → 3, □

7－3＝□

2 가르기를 이용하여 뺄셈을 해 보세요.

(1) 6 → 5, □

6－5＝□

(2) 8 → 2, □

8－2＝□

3 알맞은 것끼리 선으로 이어 보고, 뺄셈을 해 보세요.

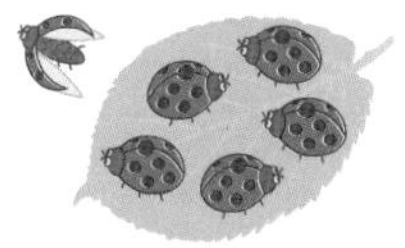

• 5－2＝□

• 6－1＝□

개념 따라쓰기

가르기를 이용하여 뺄셈하기

3 → 2, 1

3－2＝1

가르기를 이용하여 뺄셈을 할 수 있습니다.

3단원

1 34쪽 이해

그림을 보고 가르기를 하여 뺄셈식을 써 보세요.

8 → 3, □

□ − 3 = □

2 이해

가르기를 하여 뺄셈식을 써 보세요.

6 → 3, □

□ − □ = 3

3 34쪽 적용

알맞은 것끼리 선으로 이어 보고, 뺄셈을 해 보세요.

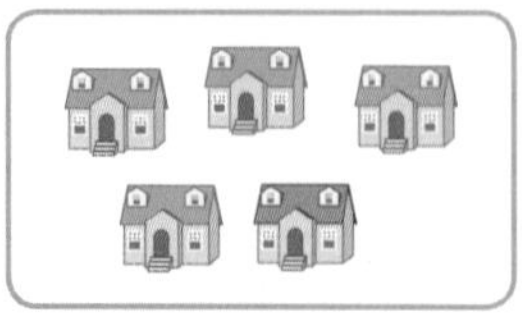

• 6 − 2 = □

• 5 − 1 = □

4 34쪽 창의 융합

그림을 보고 서 있는 사람이 몇 명인지를 구하는 뺄셈식을 써 보세요.

□ − □ = □

5 34쪽 이해

가르기를 하여 뺄셈식을 써 보세요.

9 → 4, □

□ − 4 = □

9 → 5, □

□ − 5 = □

6 문제 해결

차가 같은 것끼리 선으로 이어 보세요.

6 − 3 •	• 8 − 6
9 − 7 •	• 7 − 4
8 − 4 •	• 5 − 1

» 정답 · 풀이 19쪽

7 35쪽 문제 해결

빈 곳에 차가 같은 뺄셈식을 써넣으세요.

6－2	7－3
8－4	□－□

8 35쪽 추론

★, ♣, ♥ 중에서 가장 큰 수와 가장 작은 수로 뺄셈식을 만들어 보세요.

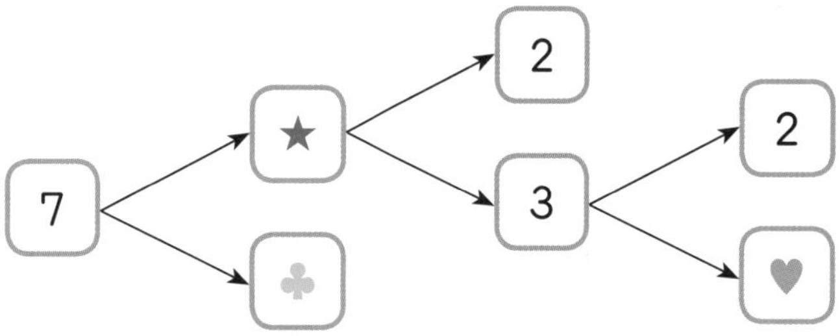

□－□＝□

+9 35쪽 수학적 독해력

민호가 오늘 본 수학 시험에서 9문제 중 6문제를 맞혔습니다. 민호가 틀린 문제는 몇 문제인지 뺄셈식을 써 보세요.

□－□＝□

독해 포인트 '9문제'를 '맞힌 문제'와 '틀린 문제'로 가르기 해 보세요.

+10 35쪽 수학적 표현력

공깃돌 5개를 양손으로 갈랐습니다. 왼손에 있는 공깃돌이 3개라면 오른손에 있는 공깃돌은 몇 개인지 말해 보세요.

5는 3과 □로 가르기 할 수 있습니다. 따라서 오른손에 있는 공깃돌은 □개입니다.

오늘 공부 어땠나요? 10개 중 맞힌 문제 □개 > **틀린 문제**는 힌트를 보고 다시 도전해 보세요. > **맞힌 문제**는 힌트를 보고 자신의 생각과 비교해 보세요.

18일 0을 더하거나 빼기

① 0이 있는 덧셈

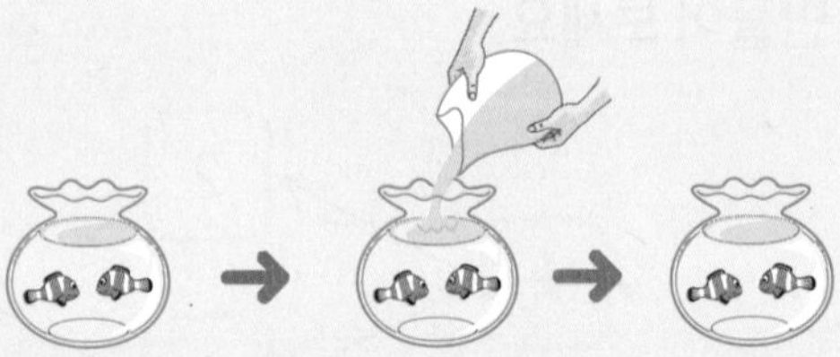

물고기 2마리에 0마리를 더하면 2마리입니다.

$$2 + 0 = 2$$

어떤 수에 0을 더하면 어떤 수가 됩니다.

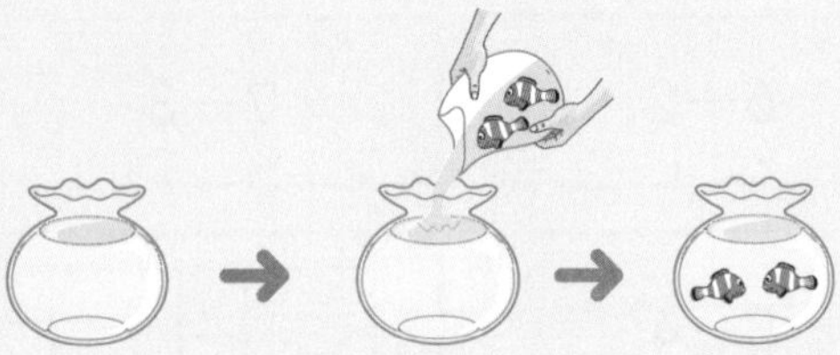

물고기 0마리에 2마리를 더하면 2마리입니다.

$$0 + 2 = 2$$

0에 어떤 수를 더하면 어떤 수가 됩니다.

② 0이 있는 뺄셈

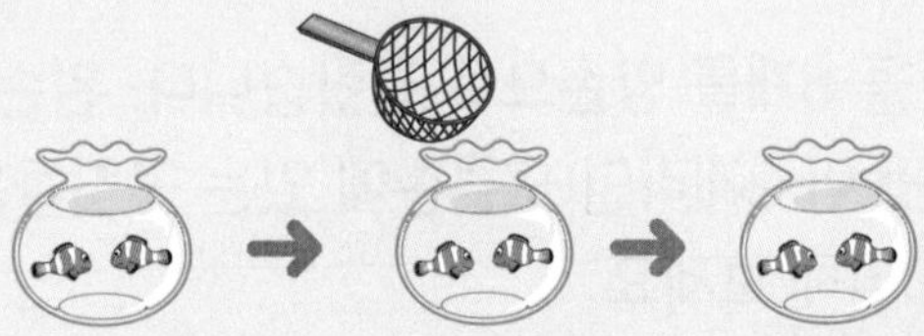

물고기 2마리에서 0마리를 빼면 2마리입니다.

$$2 - 0 = 2$$

어떤 수에서 0을 빼면 어떤 수가 됩니다.

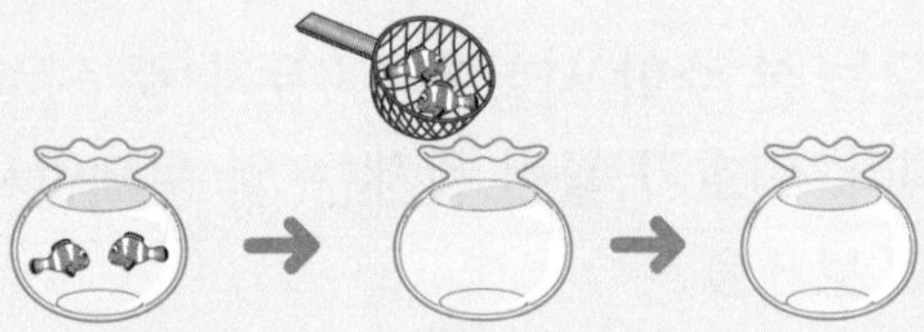

물고기 2마리에서 2마리를 빼면 0마리입니다.

$$2 - 2 = 0$$

어떤 수에서 그 수 전체를 빼면 0이 됩니다.

확인 1 그림을 보고 □ 안에 알맞은 수를 써넣으세요.

(1)

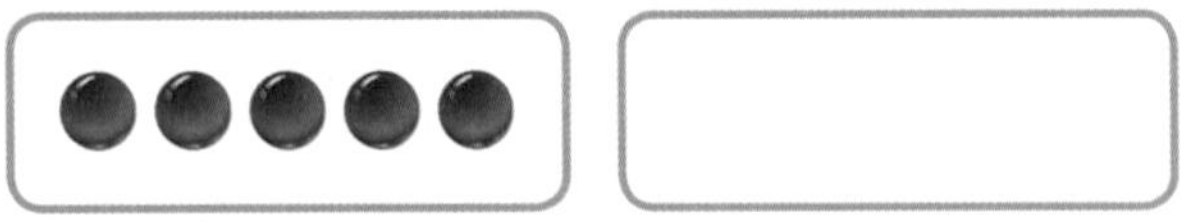

$5+0=$□

→ 구슬 5개에 □개를 더했으므로 구슬은 모두 □개입니다.

(2)

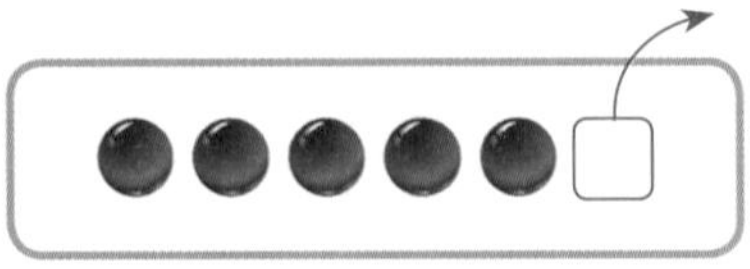

$5-0=$□

→ 구슬 5개에서 □개를 덜어냈으므로 남은 구슬은 모두 □개입니다.

기본기 다지는 교과서 문제

» 정답 · 풀이 20쪽

1 그림을 보고 덧셈을 해 보세요.

(1)  6+□=□

(2) 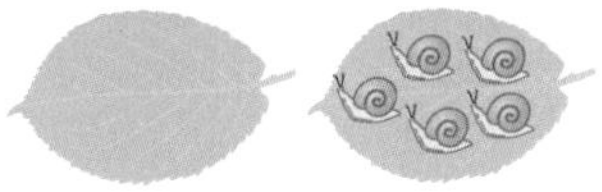 □+5=□

2 그림을 보고 뺄셈을 해 보세요.

(1)  4−□=□

(2) 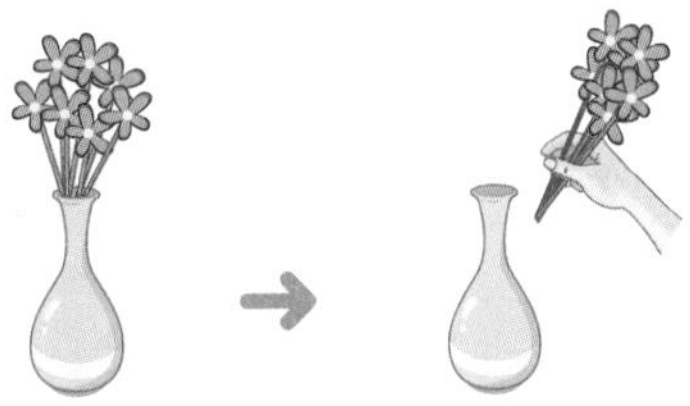 7−□=□

3 덧셈을 해 보세요.

(1) 0+7=□　　(2) 8+0=□

4 뺄셈을 해 보세요.

(1) 5−0=□　　(2) 4−4=□

개념 따라쓰기

(어떤 수)+0, 0+(어떤 수)

★+0=★

0+★=★

어떤 수와 0을 더하면 어떤 수가 됩니다.

(어떤 수)−0

★−0=★

어떤 수에서 0을 빼면 어떤 수가 됩니다.

(어떤 수)−(어떤 수)

★−★=0

어떤 수에서 그 수 전체를 빼면 0이 됩니다.

1 36쪽 이해

그림을 보고 덧셈식을 써 보세요.

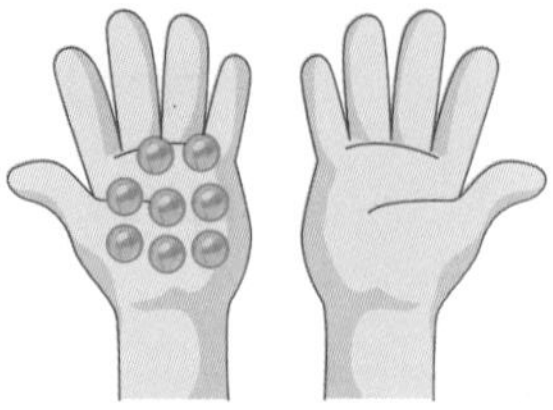

□+□=□

2 이해

그림을 보고 뺄셈식을 써 보세요.

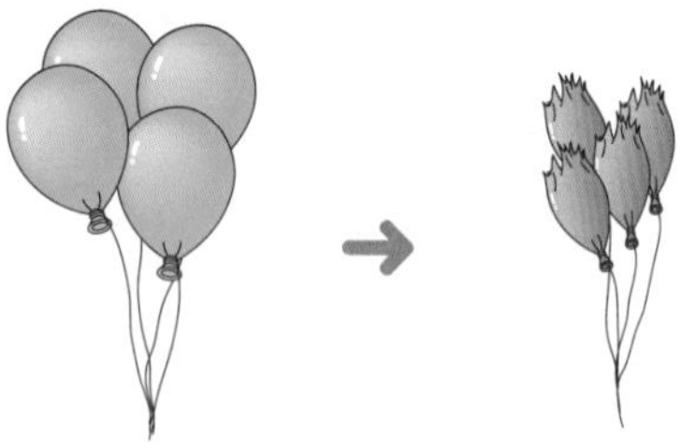

□−□=□

3 36쪽 계산

덧셈과 뺄셈을 해 보세요.

(1) 0+2=□

(2) 7+0=□

(3) 4−0=□

(4) 0−0=□

4 36쪽 적용

그림을 보고 덧셈식을 써 보세요.

(1)

□+□=□

(2)

□+□=□

5 적용

계산 결과가 같은 것끼리 선으로 이어 보세요.

0+5 •	• 6−6
6−0 •	• 5+0
5−5 •	• 6+0

6 36쪽 문제 해결

□ 안에 알맞은 수를 써넣으세요.

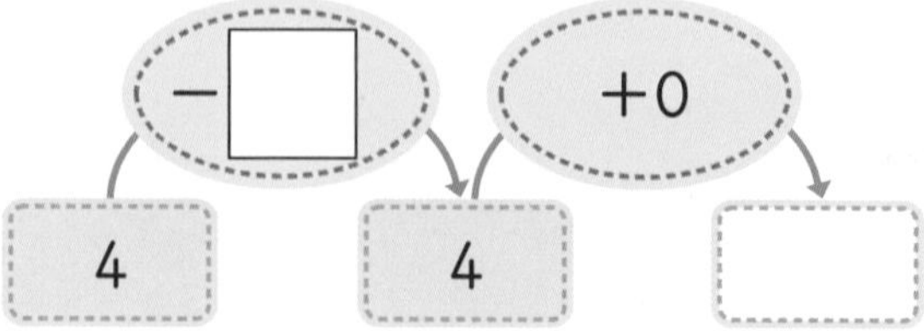

7 (37쪽) 적용

계산 결과가 다른 하나를 찾아 ○표 하세요.

0+4	4−0
4+0	4−4

8 (37쪽) 추론

□ 안에 +와 −를 모두 넣을 수 있는 것에 ○표 하세요.

3 □ 0=3	5 □ 5=0
( )	( )

3단원

+9 (37쪽) 수학적 독해력

에 알맞은 수를 구하세요.

( )

독해 포인트 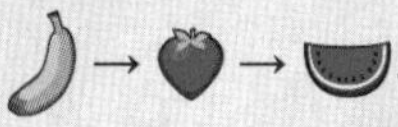의 순서대로 구해 보세요.

+10 (37쪽) 수학적 표현력

상자에 있는 사탕 8개 중에서 8개를 모두 먹었습니다. 상자에 남은 사탕은 몇 개인지 구해 보세요.

상자에 있는 사탕 8개 중에서 8개를 모두 먹었으므로 식으로 나타내면 □−□=□입니다.

따라서 상자에 남은 사탕은 □개입니다.

오늘 공부 어땠나요? 10개 중 맞힌 문제 □ 개 › **틀린 문제**는 힌트를 보고 다시 도전해 보세요. › **맞힌 문제**는 힌트를 보고 자신의 생각과 비교해 보세요.

19일 덧셈과 뺄셈하기

① 덧셈식과 뺄셈식에서 규칙 찾기

(1) 덧셈식에서 규칙 찾기

예
4 + 1 = 5
4 + 2 = 6
4 + 3 = 7
4 + 4 = 8

→ 같은 수에 1씩 커지는 수를 더하면 결과도 1씩 커집니다.

(2) 뺄셈식에서 규칙 찾기

예
4 − 1 = 3
4 − 2 = 2
4 − 3 = 1
4 − 4 = 0

→ 같은 수에서 1씩 커지는 수를 빼면 결과는 1씩 작아집니다.

◐ 뺄셈식의 다른 규칙

9−6=3
8−5=3
7−4=3
6−3=3
5−2=3

→ 빼어지는 수가 1씩 작아지고 빼는 수가 1씩 작아지면 차는 항상 같습니다.

② 식을 보고 덧셈과 뺄셈 기호 중 알맞은 기호 써넣기

• 덧셈 기호는 왼쪽 두 개의 수보다 결과가 클 경우에 씁니다.

5 [+] 2 = 7 (가장 큰 수: 7)　　1 [+] 4 = 5 (가장 큰 수: 5)

• 뺄셈 기호는 가장 왼쪽의 수보다 결과가 작은 경우에 씁니다.

5 [−] 2 = 3 (가장 큰 수: 5)　　6 [−] 1 = 5 (가장 큰 수: 6)

◐ ★□▲=●에서
●가 가장 큰 수이면 → 덧셈
★이 가장 큰 수이면 → 뺄셈

확인 1 덧셈을 해 보세요.

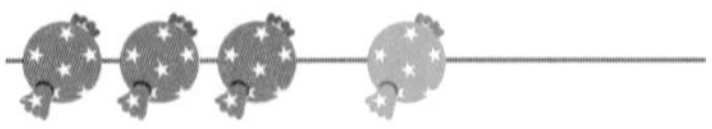
3+1=□

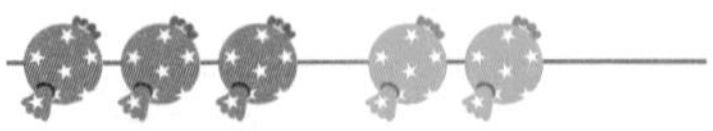
3+2=□

3+3=□

확인 2 뺄셈을 해 보세요.

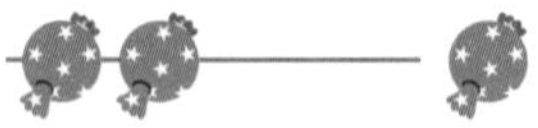
3−1=□

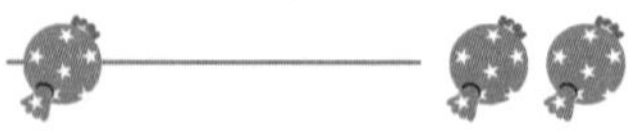
3−2=□

3−3=□

기본기 다지는 교과서 문제

» 정답 · 풀이 21쪽

1 덧셈과 뺄셈을 해 보세요.

(1) 4+3=☐
4+4=☐
4+5=☐

(2) 8−4=☐
8−5=☐
8−6=☐

2 덧셈과 뺄셈을 해 보세요.

(1) 0+3=☐
1+2=☐
2+1=☐
3+0=☐

(2) 6−1=☐
7−2=☐
8−3=☐
9−4=☐

3 +와 − 중 알맞은 것에 ○표 해 보세요.

(1) 5(+ , −)3=8

(2) 6(+ , −)2=4

(3) 9(+ , −)2=7

(4) 1(+ , −)7=8

개념 따라쓰기

덧셈식에서 규칙 찾기

3 + 1 = 4
3 + 2 = 5
3 + 3 = 6

같은 수에 1씩 커지는 수를 더하면 결과도 1씩 커집니다.

뺄셈식에서 규칙 찾기

3 − 1 = 2
3 − 2 = 1
3 − 3 = 0

같은 수에 1씩 커지는 수를 빼면 결과는 1씩 작아집니다.

알맞은 기호 써넣기

●가 가장 큰 수이면 → 덧셈

★ ☐+☐ ▲ = ●
★ ☐−☐ ▲ = ●

★이 가장 큰 수이면 → 뺄셈

왼쪽 두 개의 수보다 결과가 크면 덧셈 기호를, 가장 왼쪽의 수보다 결과가 작으면 뺄셈 기호를 씁니다.

1 38쪽 계산

덧셈과 뺄셈을 해 보세요.

(1) 5+1=☐
5+2=☐
5+3=☐
5+4=☐

(2) 5−1=☐
5−2=☐
5−3=☐
5−4=☐

2 38쪽 이해

그림에 알맞은 식을 쓰세요.

필통 안에 연필이 6자루 있습니다.

☐+☐=☐

3 이해

그림에 알맞은 식을 쓰세요.

사탕 3개를 먹었습니다.

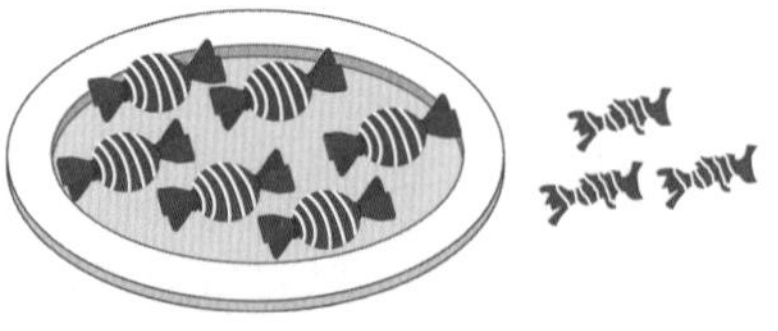

☐−☐=☐

4 38쪽 적용

빈 곳에 알맞은 수를 써넣으세요.

7 → −5 → ☐
7 → −6 → ☐
7 → −7 → ☐

5 38쪽 추론

☐ 안에 +, −를 알맞게 써넣으세요.

(1) 5☐2=7

(2) 7☐5=2

(3) 7☐2=5

6 적용

계산 결과가 같은 것끼리 선으로 이어 보세요.

3+3 •	• 8−3
5+0 •	• 9−1
2+6 •	• 6−0

조금 더 **어려운 문제**에 도전해 볼까요?

7 (39쪽) 문제 해결

계산 결과가 모두 같을 때 □의 값이 큰 것부터 차례로 기호를 쓰세요.

㉠ 9+□	㉡ 8+□
㉢ 7+□	㉣ 6+□

□ — □ — □ — □

8 (39쪽) 추론

세 수를 모두 이용하여 덧셈식과 뺄셈식을 만들어 보세요.

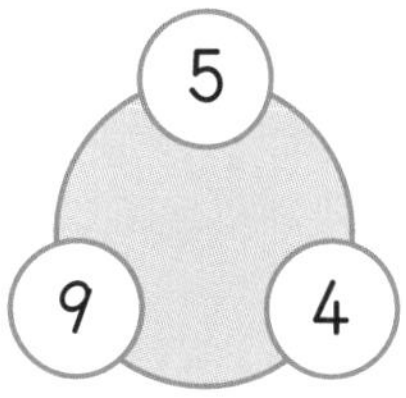

□ + □ = □

□ − □ = □

+9 (39쪽) 수학적 독해력

사탕과 초콜릿을 합하면 6개이고, 사탕은 초콜릿보다 2개 더 많습니다. 사탕과 초콜릿은 각각 몇 개일까요?

사탕 (　　　　　)
초콜릿 (　　　　　)

독해 포인트 사탕은 '초콜릿보다 2개 더' 많습니다.

+10 (39쪽) 수학적 표현력

각각 같은 줄에 있는 수의 합이 같도록 빈 곳에 알맞은 수를 써넣으세요.

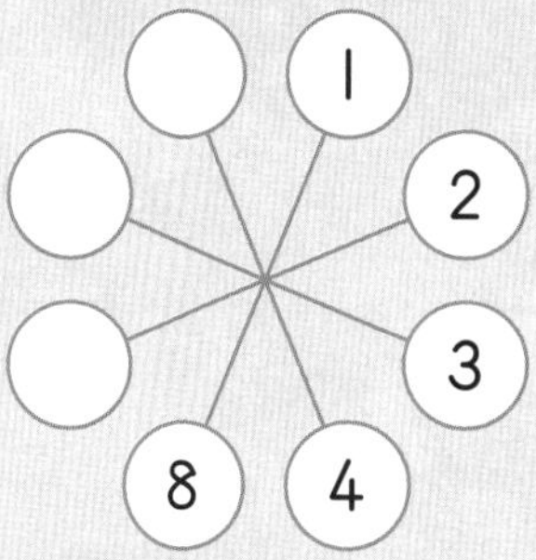

오늘 공부 어땠나요? 10개 중 맞힌 문제 □ 개 > **틀린 문제**는 힌트를 보고 다시 도전해 보세요. > **맞힌 문제**는 힌트를 보고 자신의 생각과 비교해 보세요.

01 가르기를 해 보세요.

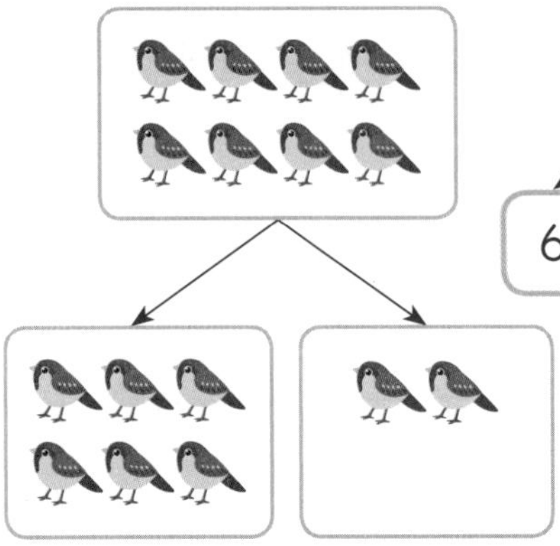

8 → 6, □

02 빈 곳에 알맞은 수를 써넣으세요.

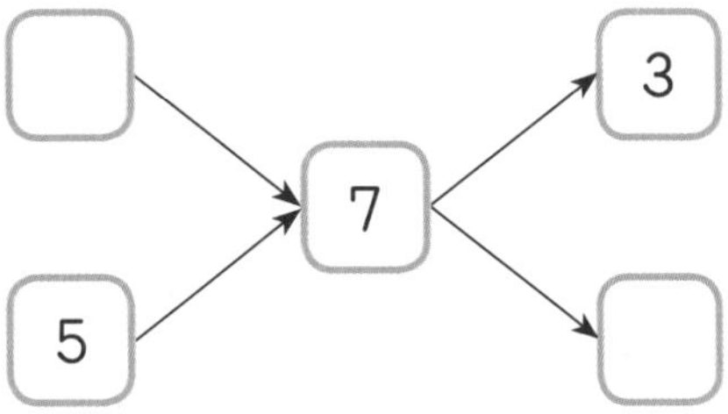

03 그림을 보고 알맞은 덧셈식을 쓰고 읽어 보세요.

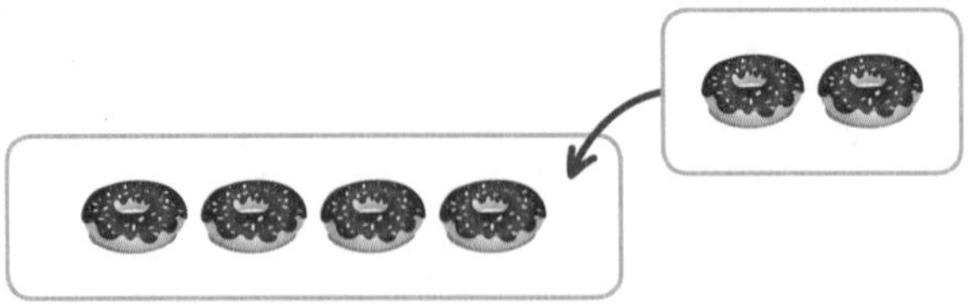

(쓰기) □ + □ = □

(읽기) ________________

04 그림을 보고 덧셈식을 쓰세요.

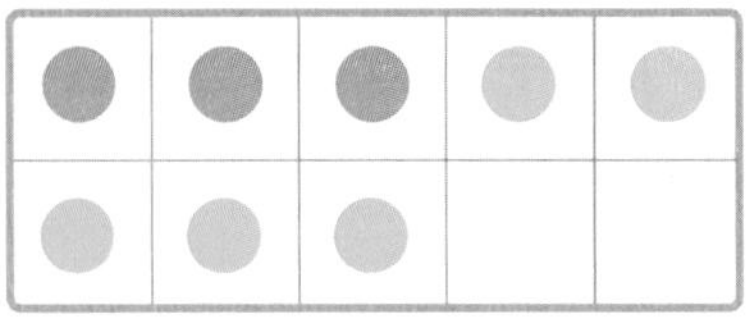

3 + □ = □

05 합이 같은 덧셈식을 써 보세요.

3+6 　 2+7 　 4+5

□ + □ = □

06 가르기를 하여 뺄셈식을 써 보세요.

9 → 4, □

9 − □ = □

07 계산 결과가 같은 것끼리 선으로 이어 보세요.

2+3 •	• 9−3
4+2 •	• 8−3
4+0 •	• 5−1

08 귤을 5개 사서 5개 모두 먹었습니다. 남은 귤은 몇 개일까요?

( )

09 □ 안에 +, −를 알맞게 써넣으세요.

(1) 7 □ 2=9

(2) 8 □ 3=5

3단원

서술형

10 종욱이는 빨간색 구슬 2개와 파란색 구슬 3개를 가지고 있습니다. 서준이는 구슬을 7개 가지고 있습니다. 종욱이와 서준이 중에서 구슬을 더 많이 가지고 있는 사람은 누구인지 풀이 과정을 쓰고, 답을 구하세요.

[풀이] ______

[답] ______

20일

길이 비교하기

길이를 비교하려면 물건의 한쪽 끝을 맞추고 다른 쪽 끝을 살펴봅니다.

① 두 가지 물건의 길이 비교하기

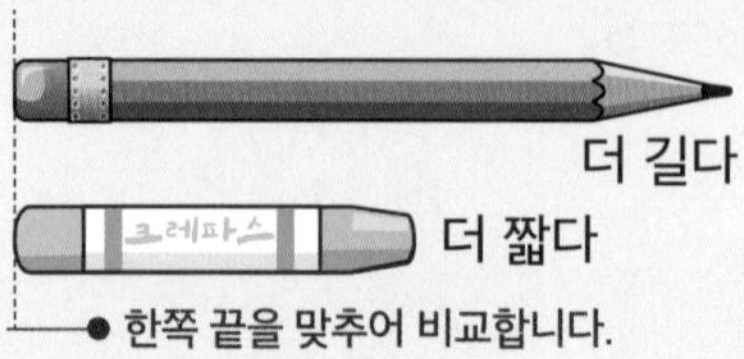

• 연필은 크레파스보다 **더 깁니다.**

• 크레파스는 연필보다 **더 짧습니다.**

◐ 두 가지 물건의 길이를 비교하는 말에는 '더 길다, 더 짧다' 등이 있습니다.

② 세 가지 물건의 길이 비교하기

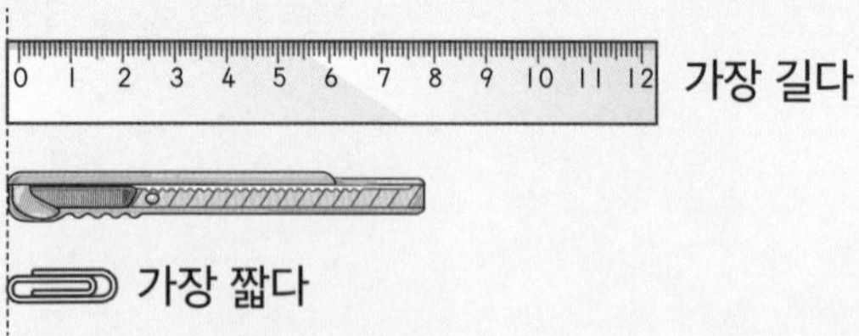

• 자가 **가장 깁니다.**

• 클립이 **가장 짧습니다.**

◐ 세 가지 물건의 길이를 비교하는 말에는 '가장 길다, 가장 짧다' 등이 있습니다.

개념+ 여러 가지 길이 비교하기

① 키 비교

② 높이 비교

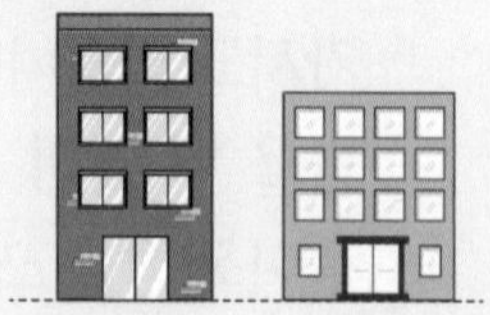

③ 구부러진 길이 비교

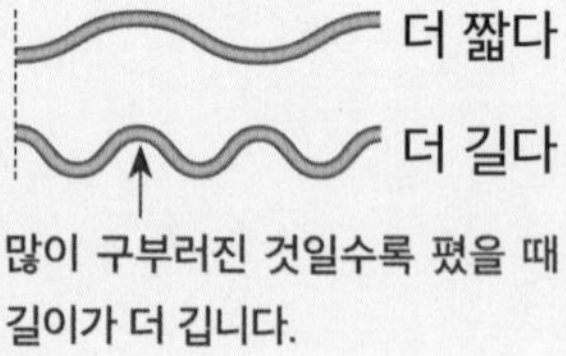

확인 1 색연필과 형광펜의 길이를 비교하려고 합니다. 알맞은 것에 ○표 하세요.

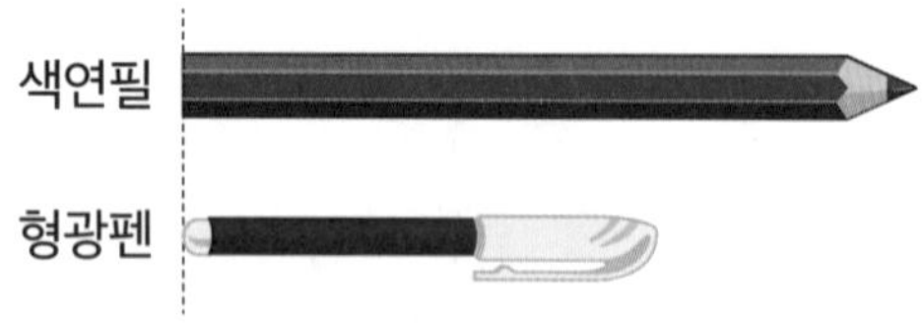

(1) 색연필과 형광펜의 왼쪽 끝을 맞추었을 때 오른쪽 끝이 더 많이 나온 것은 (색연필 , 형광펜) 입니다.

(2) 색연필이 형광펜보다 더 (깁니다 , 짧습니다).
형광펜이 색연필보다 더 (깁니다 , 짧습니다).

기본기 다지는 교과서 문제

» 정답 · 풀이 22쪽

1 더 긴 것에 ○표 하세요.

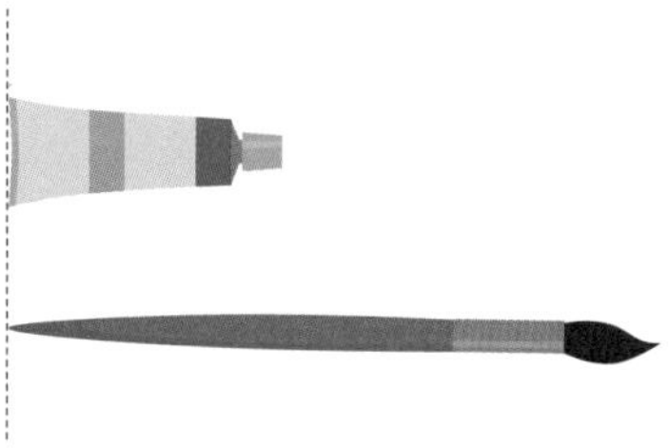

(　　　)

(　　　)

2 더 짧은 것에 △ 표 하세요.

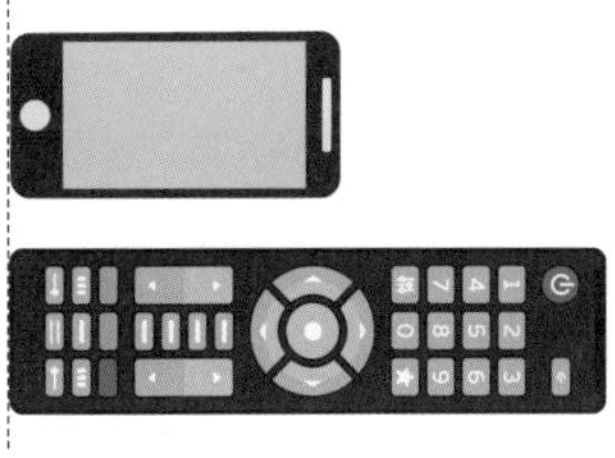

(　　　)

(　　　)

3 가장 긴 것에 ○표, 가장 짧은 것에 △표 하세요.

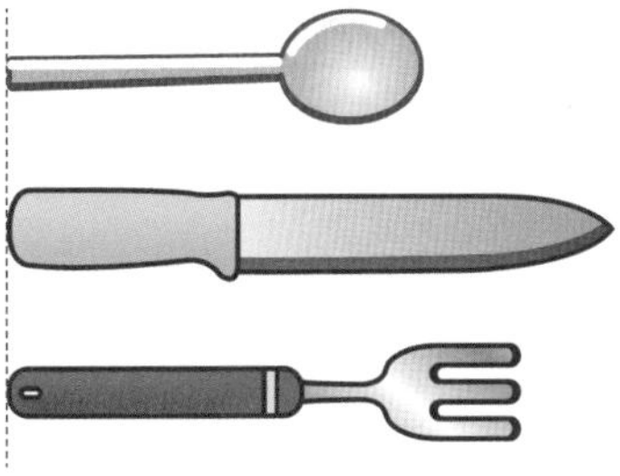

(　　　)

(　　　)

(　　　)

4 가장 짧은 것에 △표 하세요.

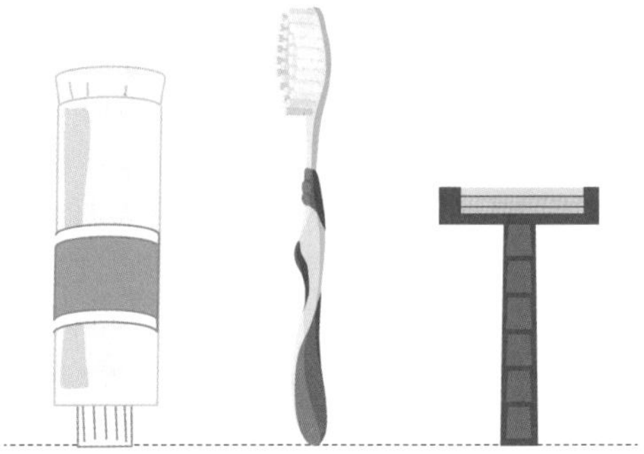

(　　　) (　　　) (　　　)

개념 따라쓰기

길이 비교하기

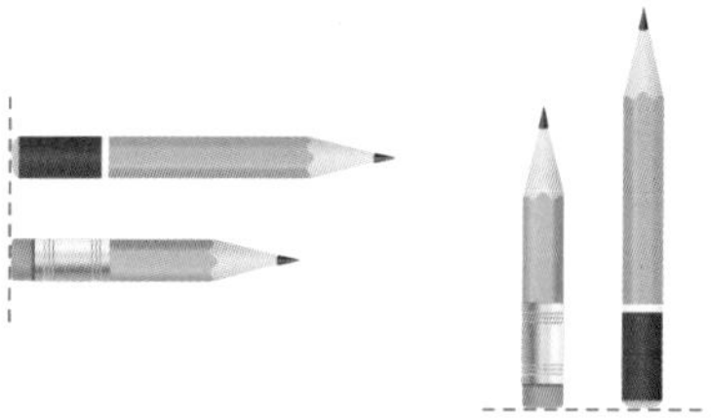

길이를 비교하려면 한쪽 끝을 맞추고 다른 쪽 끝을 살펴봅니다.

두 가지 물건의 길이 비교하기

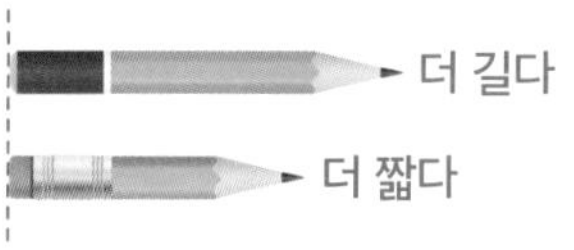

두 물건의 길이를 비교하는 말에는 '더 길다, 더 짧다' 등이 있습니다.

세 가지 물건의 길이 비교하기

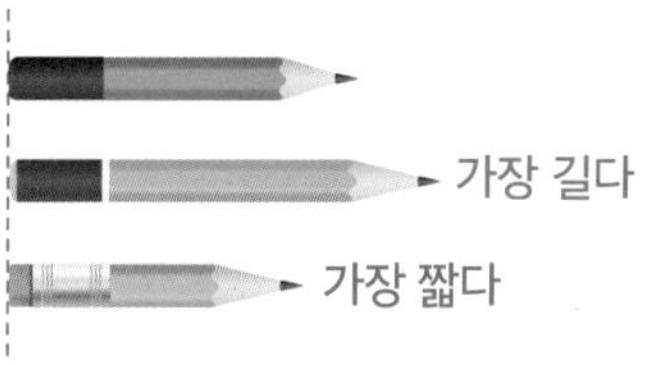

세 물건의 길이를 비교하는 말에는 '가장 길다, 가장 짧다' 등이 있습니다.

4단원

1

이해

길이를 맞대어 비교하려고 합니다. 가장 바르게 비교한 것을 찾아 ○표 하세요.

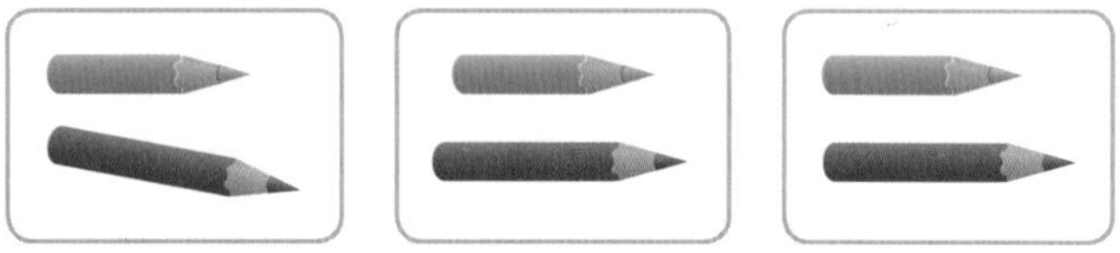

(   ) (   ) (   )

2

40쪽

적용

우산과 피리의 길이를 비교하여 □ 안에 알맞은 말을 써넣으세요.

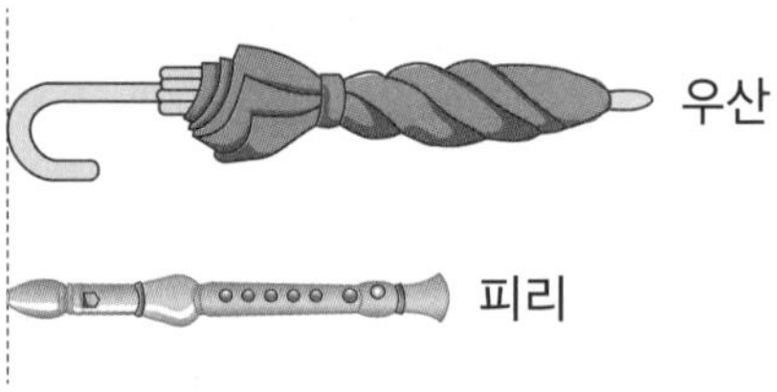

우산은 피리보다 더 □.

3

이해

긴 것부터 차례로 (   ) 안에 1, 2, 3을 쓰세요.

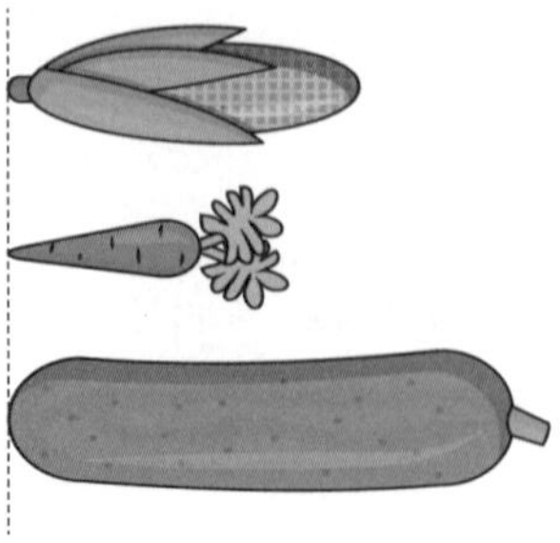

(   )

(   )

(   )

4

40쪽

적용

딱풀보다 더 긴 것에 모두 ○표 하세요.

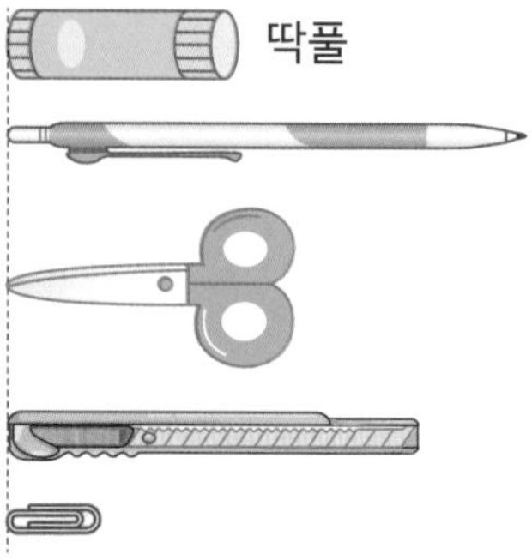

(   )

(   )

(   )

(   )

5

40쪽

추론

고무장갑보다 더 짧은 물건은 모두 몇 개일까요?

(   )

6

40쪽

의사 소통

요리 도구에 대한 설명이 잘못된 것을 찾아 기호를 쓰세요.

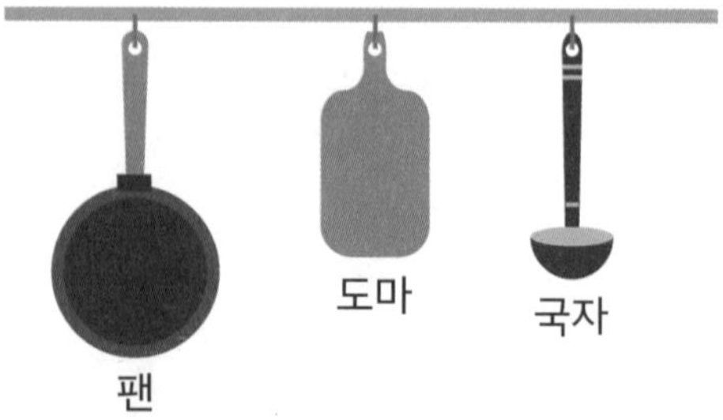

㉠ 팬이 가장 길고 도마가 가장 짧습니다.

㉡ 국자는 팬보다 더 길고 도마보다 더 짧습니다.

(   )

» 정답 · 풀이 22쪽

7 41쪽 문제 해결

세 사람이 계단에 서 있습니다. 키가 가장 큰 사람은 누구일까요?

(　　　　　　　)

8 41쪽 추론

곧게 폈을 때 가장 긴 것의 기호를 쓰세요.

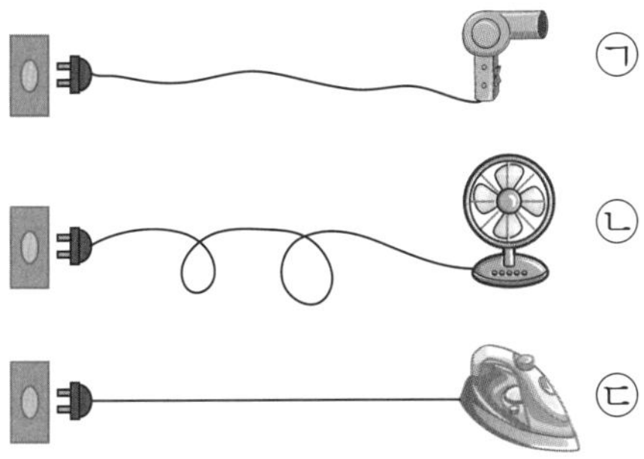

(　　　　　　　)

+9 41쪽 수학적 독해력

키가 가장 큰 사람부터 차례로 이름을 쓰세요.

- 종욱이는 민호보다 큽니다.
- 영민이는 민호보다 작습니다.

[　　]—[　　]—[　　]

🔍 **독해 포인트** 종욱이와 영민이 모두 민호와 키를 비교하고 있습니다.

+10 41쪽 수학적 표현력

한 칸의 크기가 모두 같을 때, 더 긴 연필의 기호를 말해 보세요.

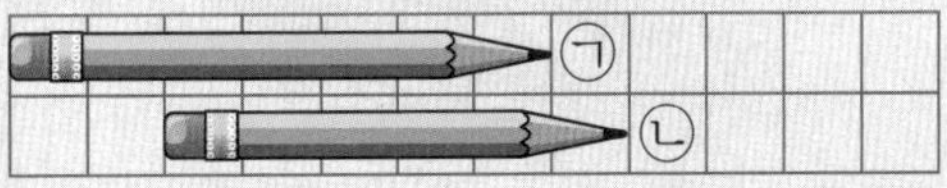

㉠은 [　] 칸, ㉡은 [　] 칸이므로 더 긴 것은 [　] 입니다.

오늘 공부 어땠나요? 10개 중 맞힌 문제 [　] 개 › **틀린 문제**는 힌트를 보고 다시 도전해 보세요. › **맞힌 문제**는 힌트를 보고 자신의 생각과 비교해 보세요.

21일 무게 비교하기

무게를 비교하려면 손으로 들어 보거나 양팔저울에 물건을 올려놓고 비교합니다.
↳ 힘이 더 많이 드는 쪽이 더 무겁습니다.
↳ 아래로 내려가는 쪽이 더 무겁습니다.

① 두 가지 물건의 무게 비교하기

더 무겁다 더 가볍다

- 농구공이 풍선보다 **더 무겁습니다.**
- 풍선이 농구공보다 **더 가볍습니다.**

② 세 가지 물건의 무게 비교하기

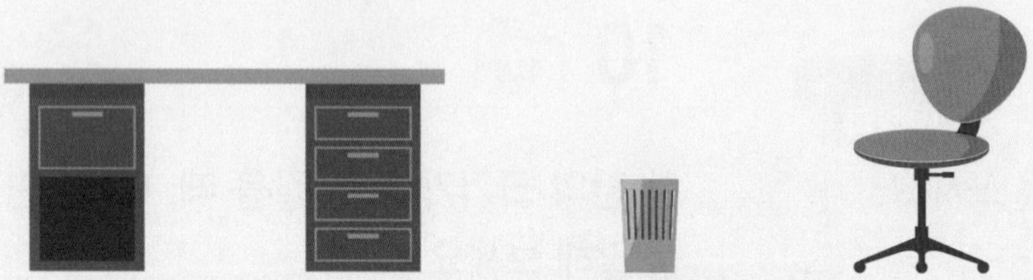

가장 무겁다 가장 가볍다

- 책상이 **가장 무겁습니다.**
- 휴지통이 **가장 가볍습니다.**

- 양팔저울이나 시소에서는 아래로 내려가는 쪽이 더 무겁습니다.
- 두 가지 물건의 무게를 비교하는 말에는 '더 무겁다, 더 가볍다' 등이 있습니다.
- 세 가지 물건의 무게를 비교하는 말에는 '가장 무겁다, 가장 가볍다' 등이 있습니다.

확인 1 딸기와 오렌지의 무게를 비교하려고 합니다. 알맞은 것에 ○표 하세요.

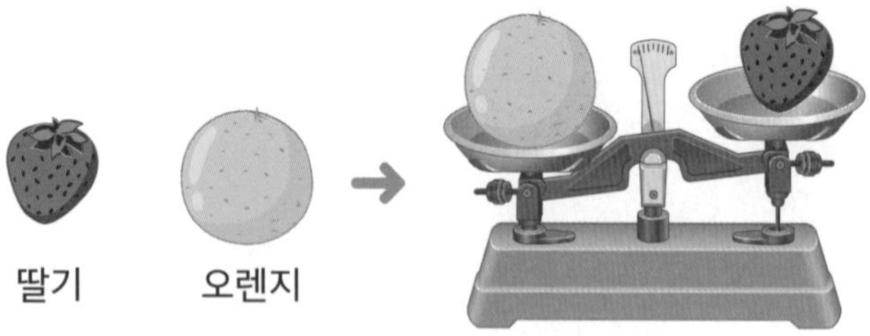

(1) 양팔저울에서 아래로 내려간 것은 (딸기 , 오렌지)입니다.

(2) 오렌지는 딸기보다 더 (무겁습니다 , 가볍습니다).
딸기는 오렌지보다 더 (무겁습니다 , 가볍습니다).

» 정답 · 풀이 23쪽

1 더 무거운 것에 ○표 하세요.

(　　　) (　　　)

2 더 가벼운 것에 △표 하세요.

(　　　) (　　　)

3 가장 무거운 것에 ○표, 가장 가벼운 것에 △표 하세요.

(　　　) (　　　) (　　　)

4 더 무거운 사람을 찾아 ○표 하세요.

(　　　) (　　　)

개념 따라쓰기

무게 비교하기

무게를 비교하려면 손으로 들어 보거나 양팔저울에 올려놓고 비교합니다.

두 가지 물건의 무게 비교하기

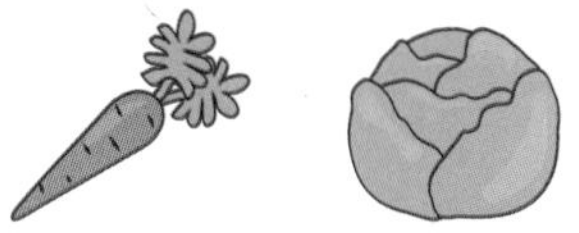

더 가볍다　더 무겁다

두 물건의 무게를 비교하는 말에는 '더 무겁다, 더 가볍다' 등이 있습니다.

세 가지 물건의 무게 비교하기

가장 가볍다　가장 무겁다

세 물건의 무게를 비교하는 말에는 '가장 무겁다, 가장 가볍다' 등이 있습니다.

1 이해

알맞은 말에 ○표 하세요.

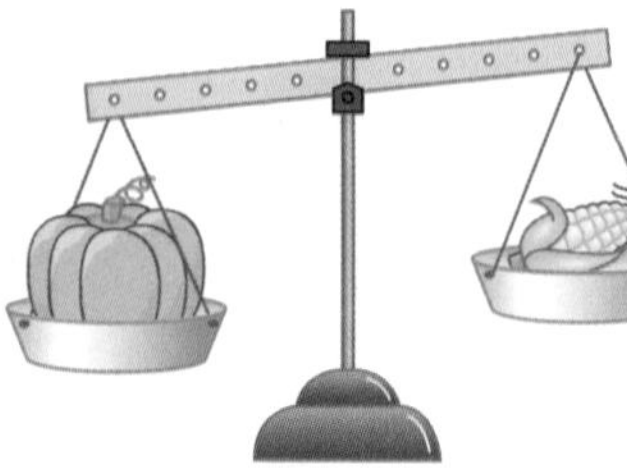

호박은 옥수수보다 더
(무겁습니다 , 가볍습니다).

2 이해

알맞은 것끼리 선으로 이어 보세요.

 •

• 가장 가볍다

 •

• 가장 무겁다

 •

3 42쪽 이해

가벼운 것부터 차례로 (　　) 안에 1, 2, 3을 쓰세요.

(　　) (　　) (　　)

4 42쪽 적용

무거운 것부터 차례로 기호를 쓰세요.

가　　나　　다

□—□—□

5 42쪽 적용

파인애플보다 더 가벼운 것은 모두 몇 개일까요?

(　　　　)

6 42쪽 창의 융합

상자 안에 어떤 물건이 들어 있을지 선으로 이어 보세요.

 •　　　　• 

 •　　　　• 

» 정답 · 풀이 23쪽

조금 더 어려운 문제에 도전해 볼까요?

7 43쪽 문제 해결

윤서, 인아, 지수가 시소를 타고 있습니다. 가장 가벼운 사람은 누구일까요?

(　　　　　　　)

8 43쪽 추론

상자 위에 앉았던 동물은 무엇일지 선으로 이어 보세요.

+9 43쪽 수학적 독해력

똑같은 용수철을 이용해 장난감을 매달았습니다. 가장 무거운 것을 찾아 기호를 쓰세요.

(　　　　　　　)

독해 포인트 장난감의 무게가 무거울수록 용수철의 길이는 어떻게 될지 생각해 보세요.

+10 43쪽 수학적 표현력

무게를 비교하여 나타내는 말이 잘못되었습니다. 바르게 고쳐 쓰세요.

책상의 무게는 의자보다 더 크다.

[바르게 고치기] '　　　'는 높이를 비교하는 말이므로 잘못되었습니다.

바르게 고치면 '　　　　　'입니다.

오늘 공부 어땠나요? 10개 중 맞힌 문제 　　개 > 틀린 문제는 힌트를 보고 다시 도전해 보세요. > 맞힌 문제는 힌트를 보고 자신의 생각과 비교해 보세요.

22일 넓이 비교하기

넓이를 비교하려면 눈으로 확인하거나 서로 겹쳐서 살펴봅니다.

① 두 가지 물건의 넓이 비교하기

더 넓다 더 좁다

- 스케치북이 공책보다 **더 넓습니다.**
- 공책이 스케치북보다 **더 좁습니다.**

◐ 서로 겹쳤을 때 남는 쪽이 더 넓습니다.

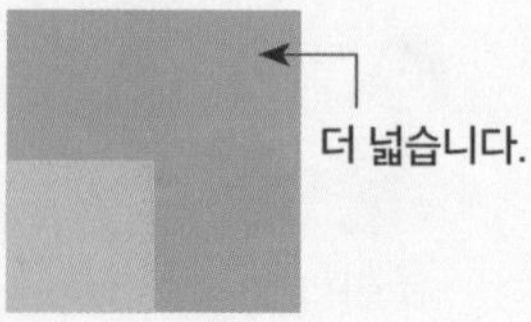

② 세 가지 물건의 넓이 비교하기

가장 넓다 가장 좁다

- 스케치북이 **가장 넓습니다.**
- 수첩이 **가장 좁습니다.**

◐ 두 가지 물건의 넓이를 비교하는 말에는 '더 넓다, 더 좁다' 등이 있습니다.

◐ 세 가지 물건의 넓이를 비교하는 말에는 '가장 넓다, 가장 좁다' 등이 있습니다.

개념+ 칸의 수로 넓이 비교하기

똑같은 크기의 칸으로 이루어진 모양에서는 칸 수가 많을수록 넓습니다.

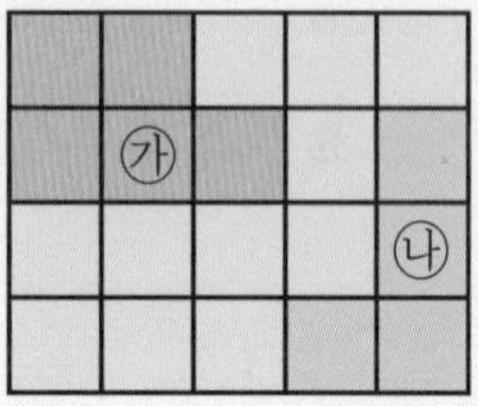

→ ㉮는 5칸, ㉯는 4칸입니다.
- ㉮는 ㉯보다 더 넓습니다.
- ㉯는 ㉮보다 더 좁습니다.

확인 1 이불과 베개의 넓이를 비교하려고 합니다. 알맞은 것에 ○표 하세요.

(1) 이불과 베개를 서로 겹쳤을 때 남는 부분이 있는 것은 (이불 , 베개)입니다.

(2) 이불은 베개보다 더 (넓습니다 , 좁습니다).
베개는 이불보다 더 (넓습니다 , 좁습니다).

» 정답 · 풀이 24쪽

1 더 넓은 것에 ○표 하세요.

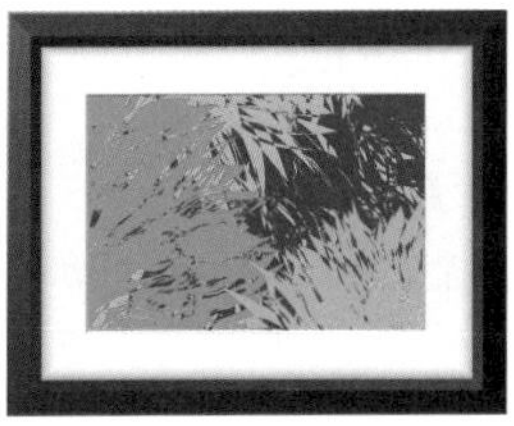

(　　　)　　　(　　　)

2 더 좁은 것에 △표 하세요.

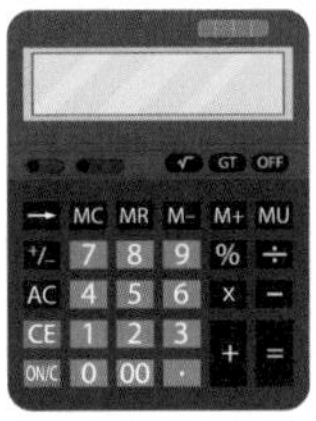

(　　　)　　　(　　　)

3 가장 넓은 것에 ○표, 가장 좁은 것에 △표 하세요.

(　　　)　　　(　　　)　　　(　　　)

4 수를 순서대로 잇고, 더 넓은 쪽에 ○표 하세요.

1 ●　　●4　　　1 ●　　●4

2 ●　　● 3　　　2 ●　　● 3

(　　　)　　　(　　　)

개념 따라쓰기

넓이 비교하기

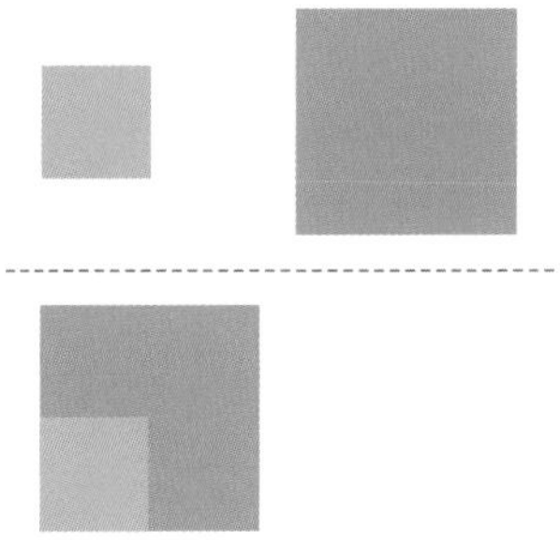

넓이를 비교하려면 눈으로 확인하거나 서로 겹쳐서 살펴봅니다.

두 가지 물건의 넓이 비교하기

더 좁다　　더 넓다

두 물건의 넓이를 비교하는 말에는 '더 넓다, 더 좁다' 등이 있습니다.

세 가지 물건의 넓이 비교하기

가장 좁다　　가장 넓다

세 물건의 넓이를 비교하는 말에는 '가장 넓다, 가장 좁다' 등이 있습니다.

스스로 풀어내는 도전 10 문제

막힐 때 힌트북

1 44쪽 이해

색종이의 넓이를 비교하려고 합니다. 가장 바르게 비교한 것을 찾아 ○표 하세요.

(　　　) (　　　) (　　　)

2 이해

왼쪽 동전보다 더 좁은 것에 △표 하세요.

(　　　) (　　　)

3 44쪽 이해

가장 넓은 것에 ○표, 가장 좁은 것에 △표 하세요.

(　　　) (　　　) (　　　)

4 추론

알맞은 것에 ○표 하세요.

(1) 수학책보다 더 넓은 것은
(텔레비전 , 휴대폰)입니다.

(2) 학교 운동장보다 더 좁은 곳은
(교실 , 축구 경기장)입니다.

5 44쪽 창의 융합

넓은 것부터 차례로 기호를 쓰세요.

가　　　나　　　다

□—□—□

6 44쪽 추론

한 칸의 넓이는 모두 같습니다. 색칠한 부분이 더 좁은 것에 △표 하세요.

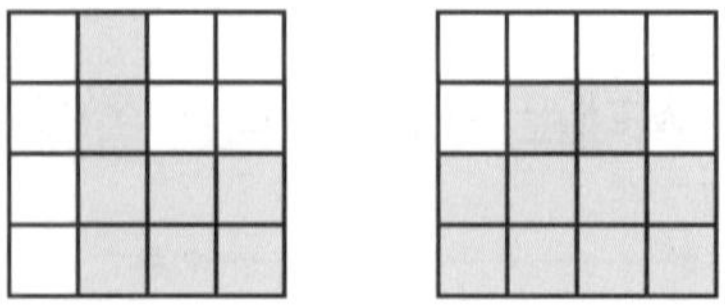

(　　　) (　　　)

7 45쪽

의사 소통

다음 대화를 완성하세요.

토끼는 곰보다 발바닥이 좁아.

코끼리는 곰보다 발바닥이 넓어.

그럼 가장 발바닥이 넓은 동물은 [ ] 이겠네!

8 45쪽

문제 해결

수미와 승찬이는 각각 다음과 같은 종이를 가지고 있습니다. 같은 크기의 벽을 종이로 붙이려고 할 때, 누가 더 빨리 붙일 수 있을까요? (단, 한 장을 붙이는 데 걸리는 시간은 서로 같고, 종이는 충분히 있습니다.)

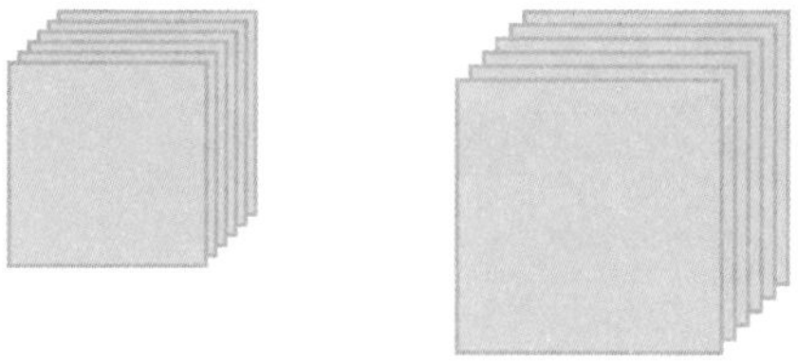

수미　　승찬

(　　　　　　)

+9 45쪽

수학적 독해력

지우, 예서, 유영이가 각각 6조각짜리 초콜릿을 먹고 남긴 것입니다. 가장 많이 먹은 사람부터 차례로 쓰세요.

지우　　예서　　유영

[ ] — [ ] — [ ]

독해 포인트 '남긴 것'이 많은 사람일수록 적게 먹었습니다.

+10 45쪽

수학적 표현력

한 칸의 넓이는 모두 같습니다. ㉮, ㉯, ㉰ 중 가장 넓은 것은 무엇인지 말해 보세요.

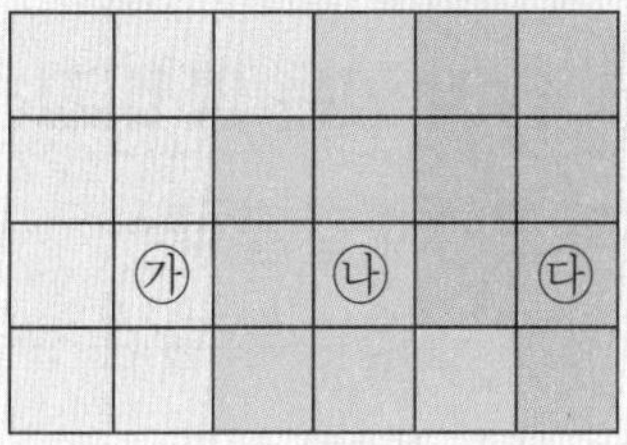

㉮는 [ ]칸, ㉯는 [ ]칸, ㉰는 [ ]칸입니다. 칸 수가 많을수록 넓으므로, 가장 넓은 것은 [ ]입니다.

오늘 공부 어땠나요?

10개 중 맞힌 문제 [ ] 개

틀린 문제는 힌트를 보고 다시 도전해 보세요.

맞힌 문제는 힌트를 보고 자신의 생각과 비교해 보세요.

23일 담을 수 있는 양 비교하기

담을 수 있는 양을 비교하려면 눈으로 확인하거나 그릇에 직접 물을 담아 비교합니다.

◐ 그릇이 클수록 담을 수 있는 양이 더 많습니다.

① 두 그릇에 담을 수 있는 양 비교하기

더 많다

더 적다

- 양동이는 주전자보다 담을 수 있는 양이 **더 많습니다.**
- 주전자는 양동이보다 담을 수 있는 양이 **더 적습니다.**

◐ 두 그릇에 담을 수 있는 양을 비교하는 말에는 '더 많다, 더 적다' 등이 있습니다.

◐ 세 그릇에 담을 수 있는 양을 비교하는 말에는 '가장 많다, 가장 적다' 등이 있습니다.

② 세 그릇에 담을 수 있는 양 비교하기

가장 많다

가장 적다

- 주스 병에 담을 수 있는 양이 **가장 많습니다.**
- 요구르트 병에 담을 수 있는 양이 **가장 적습니다.**

개념+ 담겨 있는 양 비교하기

① 그릇의 크기가 같을 때
물의 높이가 높을수록 담긴 물의 양이 많습니다.

② 물의 높이가 같을 때
그릇의 크기가 클수록 담긴 물의 양이 많습니다.

확인 1 머그컵과 유리컵에 담을 수 있는 양을 비교하려고 합니다. 알맞은 것에 ○표 하세요.

머그컵

유리컵

(1) 머그컵과 유리컵에 각각 물을 담을 때 물을 더 많이 담을 수 있는 것은 (머그컵 , 유리컵)입니다.

(2) 머그컵은 유리컵보다 담을 수 있는 물의 양이 더 (많습니다 , 적습니다).
유리컵은 머그컵보다 담을 수 있는 물의 양이 더 (많습니다 , 적습니다).

기본기 다지는 교과서 문제

» 정답 · 풀이 25쪽

1 담을 수 있는 양이 더 많은 것에 ○표 하세요.

(　　　) (　　　)

2 담은 수 있는 양이 더 적은 것에 △표 하세요.

(　　　) (　　　)

3 담을 수 있는 양이 가장 많은 것에 ○표, 가장 적은 것에 △표 하세요.

(　　　) (　　　) (　　　)

4 물이 많이 담긴 것부터 차례로 (　　) 안에 1, 2, 3을 쓰세요.

(　　　) (　　　) (　　　)

개념 따라쓰기

담을 수 있는 양 비교하기

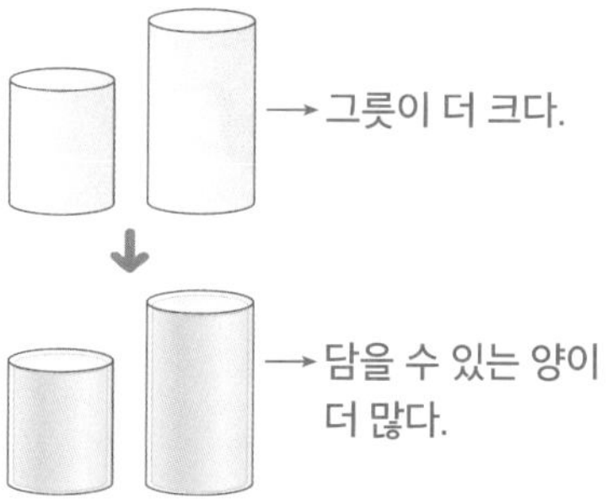

그릇이 클수록 담을 수 있는 양이 더 많습니다.

두 그릇에 담을 수 있는 양 비교하기

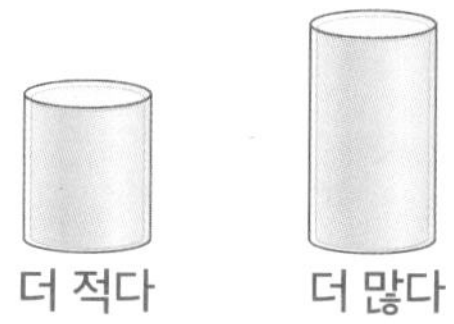

두 그릇에 담을 수 있는 양을 비교하는 말에는 '더 많다, 더 적다' 등이 있습니다.

세 그릇에 담을 수 있는 양 비교하기

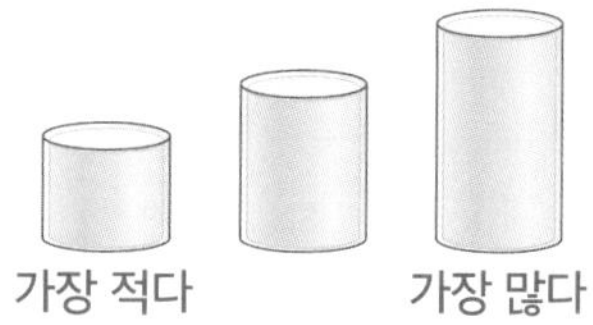

세 그릇에 담을 수 있는 양을 비교하는 말에는 '가장 많다, 가장 적다' 등이 있습니다.

스스로 풀어내는 도전 10 문제

1 이해

담을 수 있는 양이 더 많은 것에 ○표 하세요.

(　　　) (　　　)

2 이해

담을 수 있는 양이 많은 것부터 차례로 (　　) 안에 1, 2, 3을 쓰세요.

(　　　) (　　　) (　　　)

3 46쪽 적용

담을 수 있는 양이 적은 것부터 차례로 기호를 써 보세요.

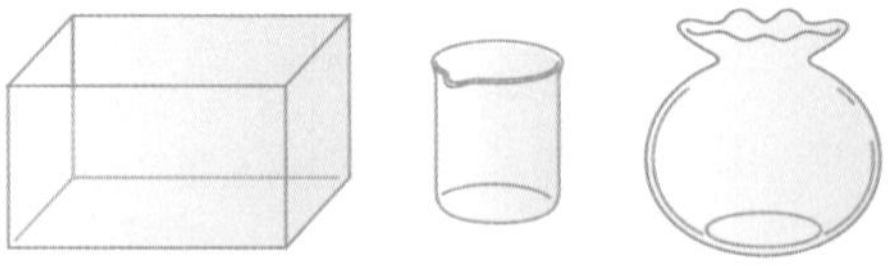

가 나 다

□ – □ – □

4 46쪽 추론

〈보기〉의 비커보다 물이 더 많이 담긴 것에 ○표 하세요.

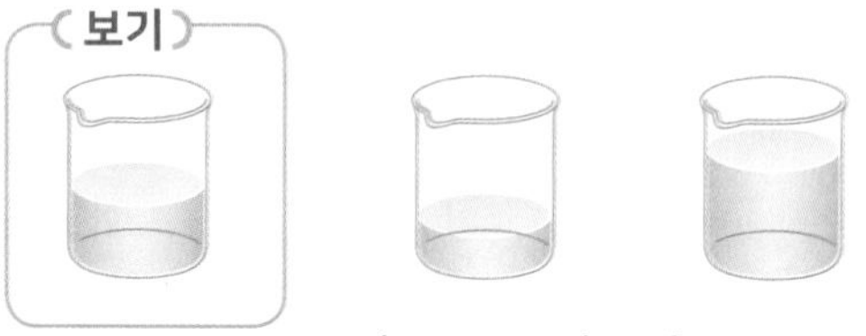

(　　　) (　　　)

5 46쪽 적용

물이 가장 많이 담긴 것부터 차례로 기호를 쓰세요.

가 나 다

□ – □ – □

6 46쪽 문제 해결

〈보기〉의 병에 가득 담긴 물을 모두 옮겨 담으려고 합니다. ㉮와 ㉯ 중에서 어느 병에 담을 수 있을까요?

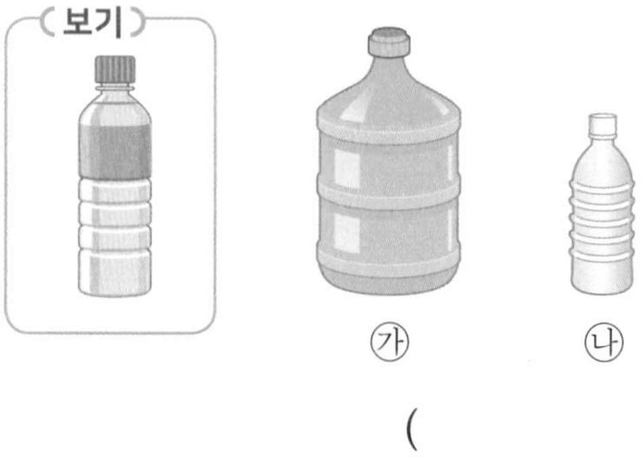

㉮ ㉯

(　　　　　)

» 정답 · 풀이 25쪽

조금 더 어려운 문제에 도전해 볼까요?

7 47쪽 추론

슬기와 로운이가 컵에 주스를 가득 따라 마시고 남긴 것입니다. 누가 주스를 더 많이 마셨을까요?

( )

8 47쪽 의사 소통

그릇에 들어 있는 물의 양을 바르게 비교한 사람은 누구일까요?

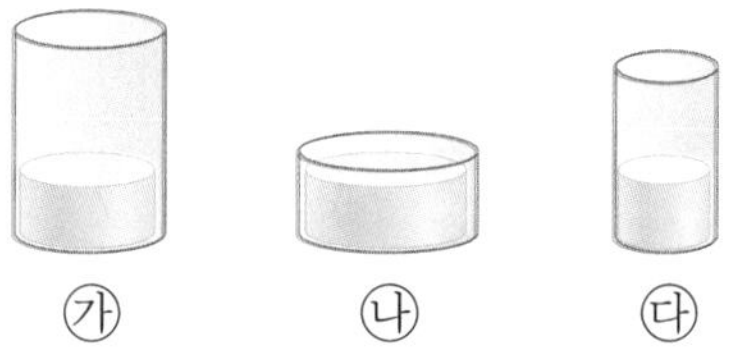

> 지혜: 물의 높이가 모두 같으니까 물의 양도 모두 같아.
> 민호: 물의 높이가 모두 같으니까 가장 작은 ㉰ 그릇의 물이 가장 적어.

( )

+9 47쪽 수학적 독해력

㉮에 물을 가득 채워 ㉯에 부었더니 그림과 같이 흘러넘쳤습니다. ㉮와 ㉯ 중에서 더 많은 양을 담을 수 있는 것의 기호를 쓰세요.

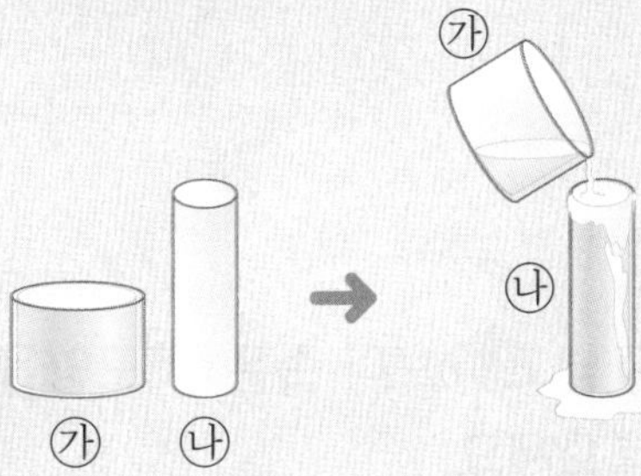

( )

독해 포인트 '흘러넘쳤다'는 것은 담을 수 있는 양보다 더 많은 양을 부은 것입니다.

+10 47쪽 수학적 표현력

㉮와 ㉯ 중에서 어디에 물을 더 빨리 채울 수 있을지 말해 보세요. (단, 호스에서 나오는 물의 빠르기는 일정합니다.)

> 호스 입구가 넓을수록 나오는 물의 양이 많으므로 ☐ 그릇이 빨리 채워집니다. 따라서 ☐ 그릇에 물을 더 빨리 채울 수 있습니다.

오늘 공부 어땠나요? 10개 중 맞힌 문제 ☐ 개 > **틀린 문제**는 힌트를 보고 다시 도전해 보세요. > **맞힌 문제**는 힌트를 보고 자신의 생각과 비교해 보세요.

01 더 짧은 것에 ○표 하세요.

( )
( )

02 긴 것부터 차례로 ( ) 안에 1, 2, 3을 쓰세요.

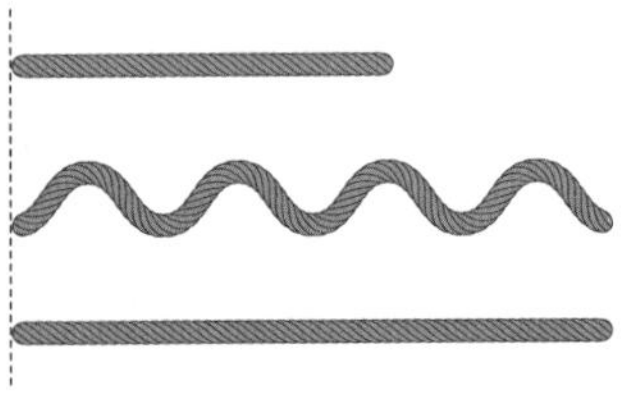

( )
( )
( )

03 더 무거운 것에 ○표 하세요.

( ) ( )

04 가장 가벼운 동물은 무엇일까요?

( )

05 길이가 같은 고무줄에 바구니를 매달았습니다. 가장 가벼운 것을 찾아 기호를 쓰세요.

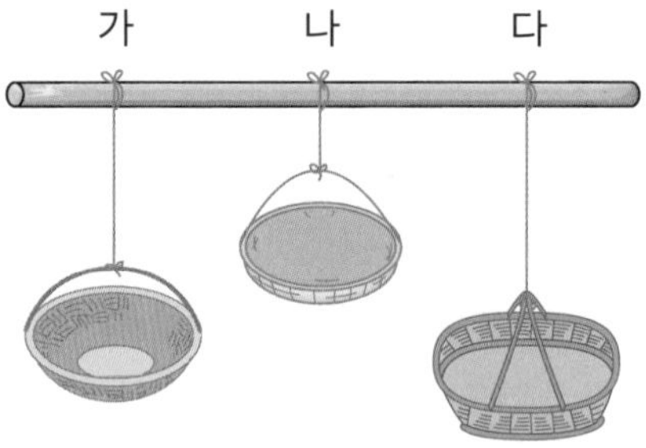

( )

06 ㉮보다 넓고 ㉯보다 좁은 □ 모양을 가운데에 그려 넣으세요.

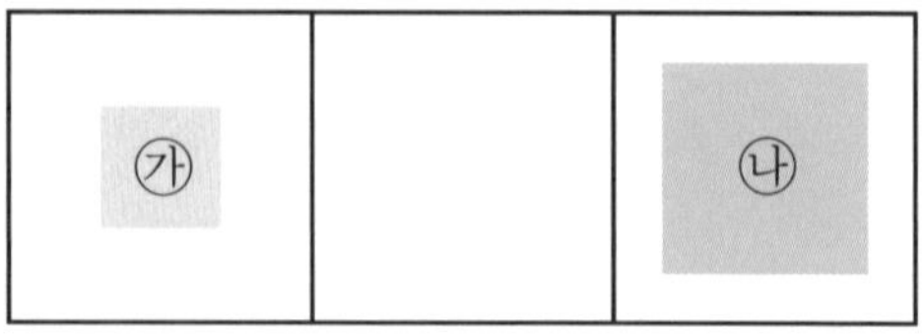

07 (보기)보다 더 넓은 것에 ○표 하세요.

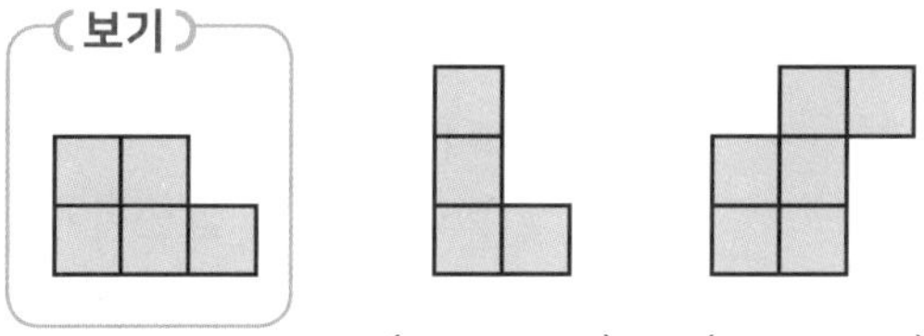

(　　　) (　　　)

08 담을 수 있는 양이 더 많은 것에 ○표 하세요.

(　　　) (　　　)

09 병에 담긴 주스를 페트병에 모두 옮겨 담으려고 합니다. ㉮와 ㉯ 중에서 어느 것에 담을 수 있을까요?

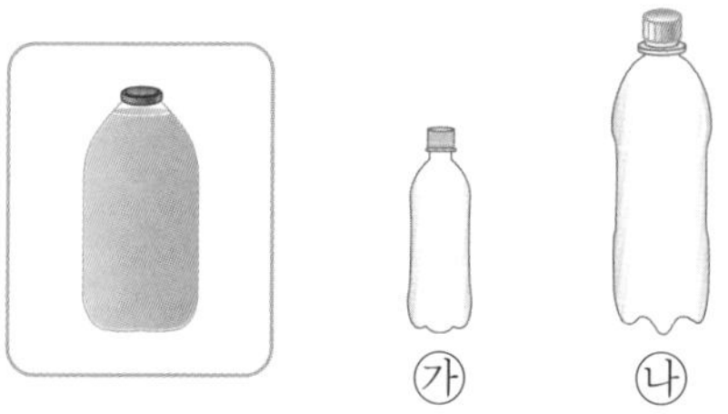

(　　　　　　　　)

서술형

10 네 명의 친구가 키가 큰 순서대로 차례로 설 때, 셋째에 오는 사람은 누구인지 풀이 과정을 쓰고, 답을 구하세요.

(풀이) ______________________

____

____

(답) ______________________

24일 10 알아보기

① 10 알아보기

9보다 1 큰 수를 **10**이라 쓰고, **십** 또는 **열**이라고 읽습니다.

10

십 열

◐ **10 읽기**
- 내 번호는 십 번이야.
- 나는 열 살이야.
- 딸기가 열 개 있어.

② 10 모으기와 가르기

9보다 1 큰 수를 **10**이라 쓰고, **십** 또는 **열**이라고 읽습니다.

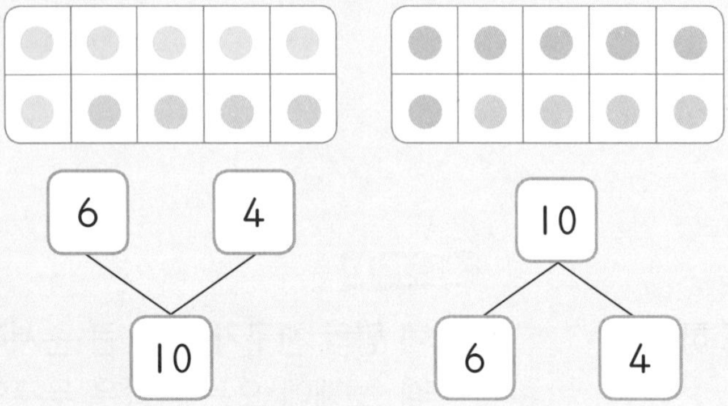

확인 1 그림을 보고 □ 안에 알맞은 수나 말을 써넣으세요.

(1) 딸기는 사과보다 □ 개 더 많습니다.

(2) 9보다 1 큰 수를 □ 이라고 합니다. 10은 □ 또는 □ 이라고 읽습니다.

확인 2 10이 되도록 색칠해 보세요.

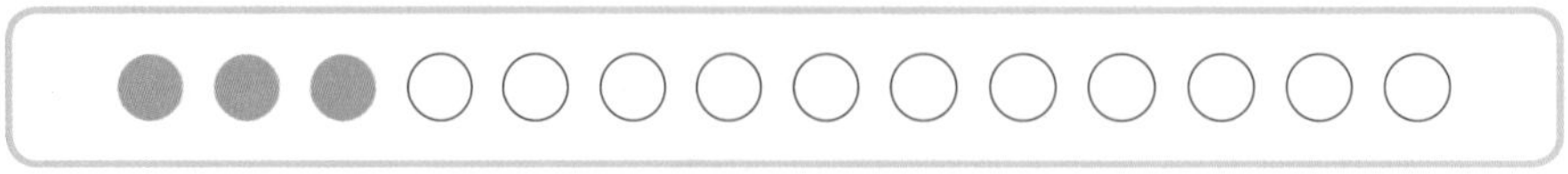

기본기 다지는 교과서 문제

» 정답 · 풀이 27쪽

1 10개인 것을 모두 찾아 ○표 하세요.

(　　) (　　) (　　)

2 모으기나 가르기를 해 보세요.

(1)

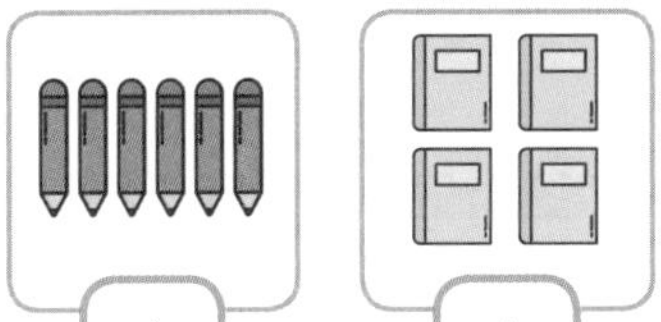

6　4

□

(2)

10

□　□

3 빈칸에 알맞은 수를 써넣으세요.

(1)

5　□

10

(2)

10

8　□

4 10이 되도록 ○를 그리고, □ 안에 알맞은 수를 써넣으세요.

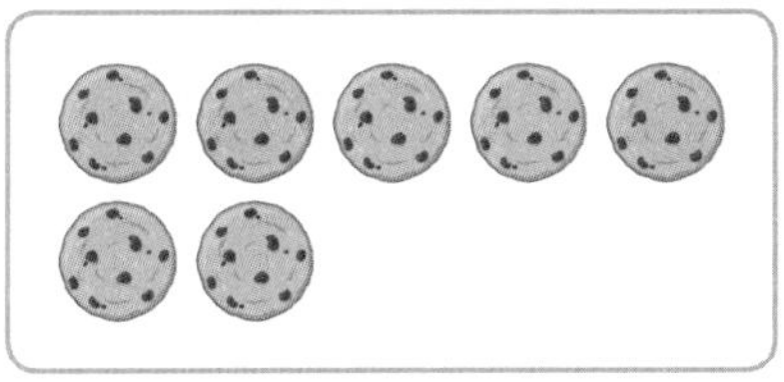

→ 7과 □ 을 모으면 10이 됩니다.

개념 따라쓰기

10 알아보기

1 큰 수

9 → 10

십, 열

9보다 1 큰 수를 10이라 쓰고,

십 또는 열이라고 읽습니다.

모으기 하여 10 만들기

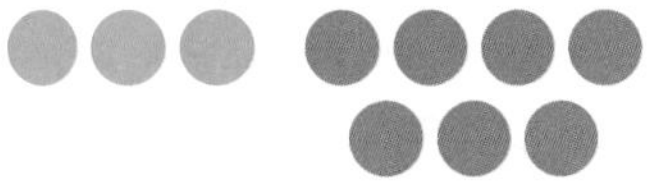

3　7

10

10을 두 수로 가르기

10

3　7

5단원

1

이해

모으기를 하세요.

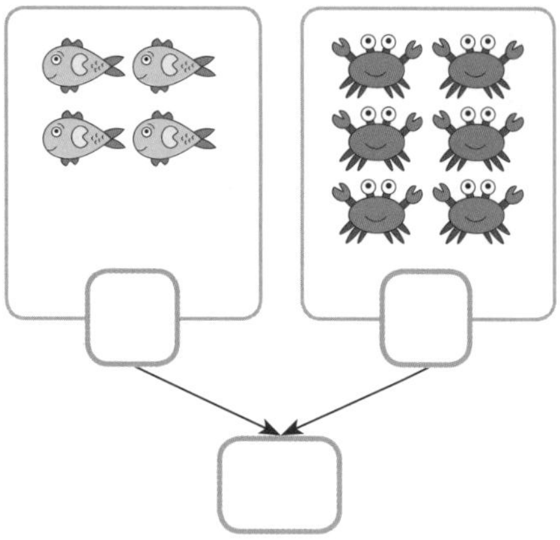

2

이해

가르기를 하세요.

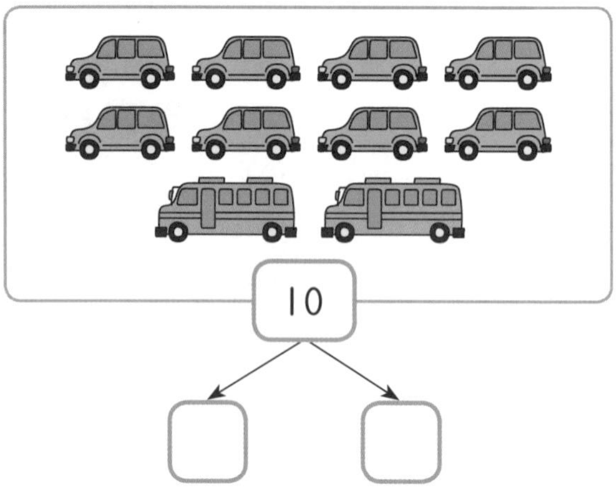

3 48쪽

적용

빈칸에 알맞은 수를 써넣으세요.

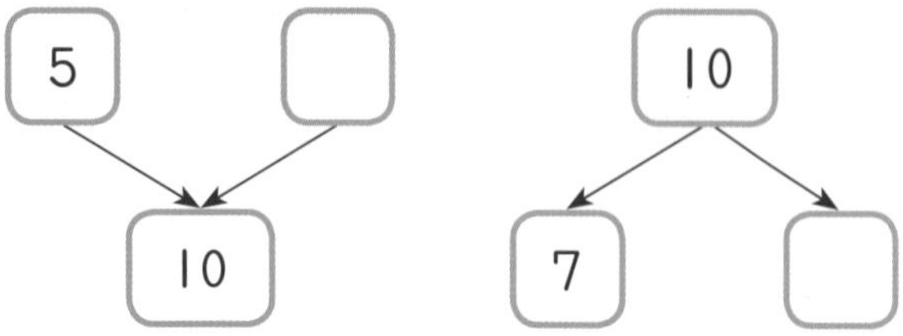

4 48쪽

적용

10이 되도록 ○를 그리고 □ 안에 알맞은 수를 써넣으세요.

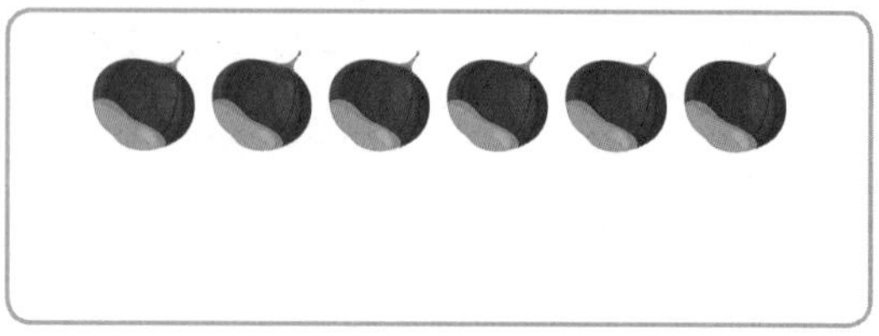

6과 □를 모으기 하면 10이 됩니다.

5 48쪽

적용

10이 되도록 ○를 그리고 □ 안에 알맞은 수를 써넣으세요.

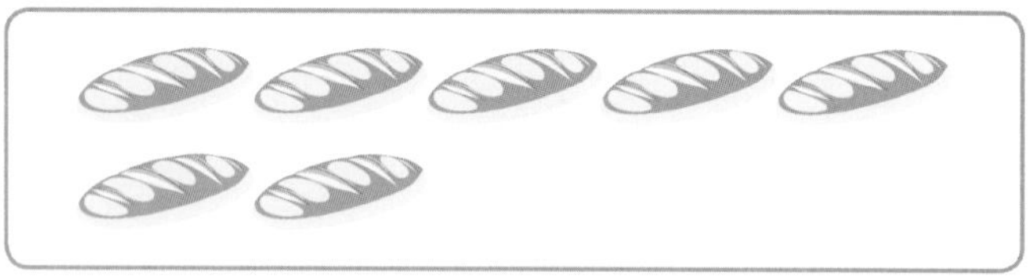

10은 7보다 □ 큽니다.

6 48쪽

의사 소통

수를 잘못 읽은 사람은 누구일까요?

(　　　　　　)

» 정답 · 풀이 27쪽

7 49쪽 추론

□ 안에 알맞은 수를 써넣으세요.

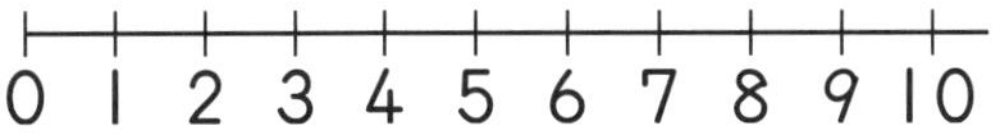

• 7보다 3 큰 수는 □ 입니다.

• 10은 6보다 □ 큽니다.

8 49쪽 문제 해결

모으기를 한 결과가 나머지와 다른 것을 찾아 기호를 쓰세요.

㉠ 2, 8　㉡ 3, 6　㉢ 1, 9

(　　　　　)

+9 49쪽 수학적 독해력

10에 대하여 바르게 말한 것의 기호를 모두 쓰세요.

㉠ 9보다 1 큰 수입니다.
㉡ 4와 6을 모으기 한 수입니다.
㉢ 1과 8로 가르기 할 수 있습니다.

(　　　　　)

독해 포인트 '가르기' 한 수를 모으면 10이 되어야 합니다.

+10 49쪽 수학적 표현력

영민이는 방학 중에 책을 7권 읽었습니다. 10권을 읽으려면 책을 몇 권 더 읽어야 하는지 말해 보세요.

10은 7보다 □ 큰 수이므로 10권을 읽으려면 □ 권을 더 읽어야 합니다.

오늘 공부 어땠나요? 10개 중 맞힌 문제 □ 개 › **틀린 문제**는 힌트를 보고 다시 도전해 보세요. › **맞힌 문제**는 힌트를 보고 자신의 생각과 비교해 보세요.

25일 십몇 알아보기

① 십몇 알아보기

10개씩 묶음 1개와 낱개 2개를 **12**라 쓰고, **십이** 또는 **열둘**이라고 읽습니다.

십몇은 10개씩 묶음 1개와 낱개로 나타낼 수 있습니다.

10개씩 묶음의 수 ↑ 12 ↓ 낱개의 수

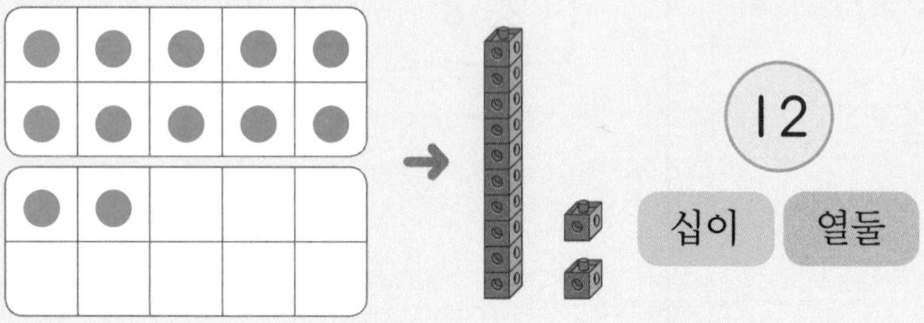

② 19까지의 수 쓰고 읽기

11	12	13	14	15	16	17	18	19
십일	십이	십삼	십사	십오	십육	십칠	십팔	십구
열하나	열둘	열셋	열넷	열다섯	열여섯	열일곱	열여덟	열아홉

→ 11부터 19까지의 수는 10개씩 묶음의 수는 모두 1이고, 낱개의 수는 1씩 커집니다.

확인 1 10개씩 묶고 □ 안에 알맞은 수를 써넣으세요.

10개씩 묶음 □개와 낱개 □개는 □입니다.

확인 2 □ 안에 알맞은 수를 써넣으세요.

(1) 14는 10개씩 묶음이 □개, 낱개가 □개입니다.

(2) 17은 10개씩 묶음이 □개, 낱개가 □개입니다.

기본기 다지는 교과서 문제

1 10개씩 묶고 수로 나타내어 보세요.

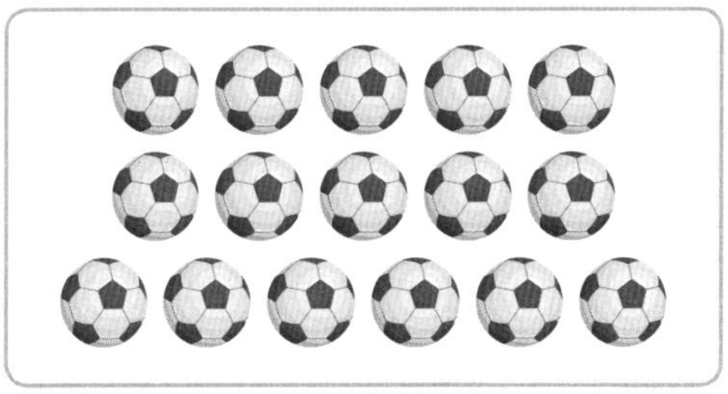

10개씩 묶음의 수	낱개의 수

→ ☐

개념 따라쓰기

십몇 알아보기

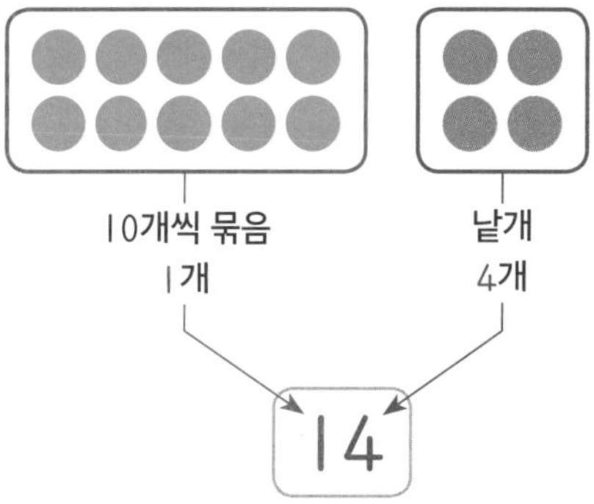

십몇은 10개씩 묶음 1개와 낱개로 나타낼 수 있습니다.

2 같은 수끼리 선으로 이어 보세요.

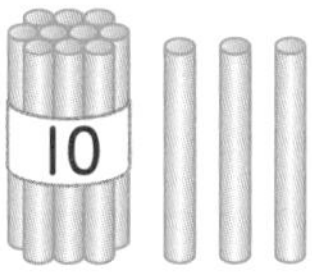

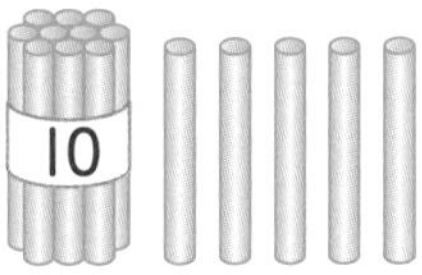

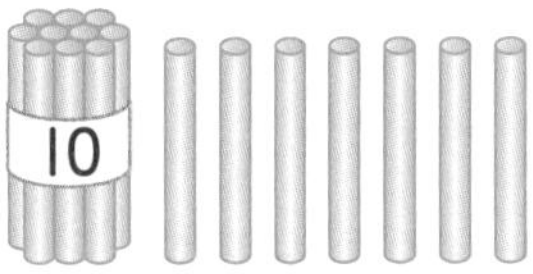

(그림)	17	열다섯
(그림)	13	열일곱
(그림)	15	열셋

19까지의 수 쓰고 읽기

쓰기	읽기	
11	십일	열하나
12	십이	열둘
13	십삼	열셋
14	십사	열넷
15	십오	열다섯
16	십육	열여섯
17	십칠	열일곱
18	십팔	열여덟
19	십구	열아홉

3 빈칸에 알맞은 수나 말을 써넣으세요.

11	12	13	☐	15	☐	17	18	19
십일	☐	십삼	십사	십오	☐	십칠	십팔	☐

스스로 풀어내는 도전 10 문제

1
이해

10개씩 묶고 수로 나타내어 보세요.

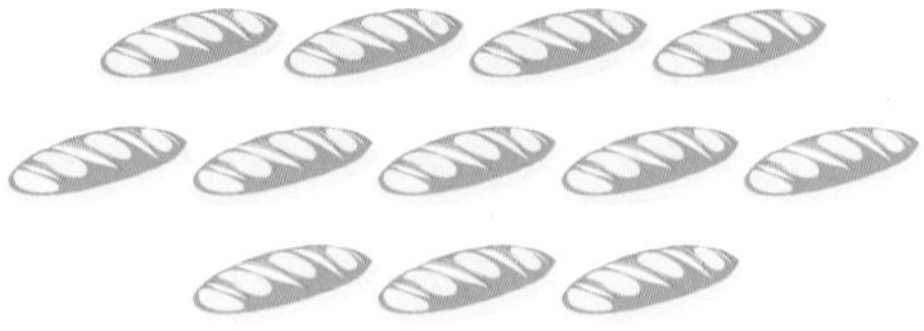

□

4
50쪽 적용

주어진 수보다 1 작은 수와 1 큰 수를 써넣으세요.

1 작은 수		1 큰 수
□	13	□
□	16	□

2
이해

그림이 나타내는 수를 두 가지로 읽어 보세요.

[읽기] (　　　　　　,　　　　　　)

5
50쪽 문제 해결

지우개의 수와 관계있는 것에 모두 ○표 하세요.

(열다섯　　16　　열여섯　　15)

3
50쪽 적용

같은 수끼리 선으로 이어 보세요.

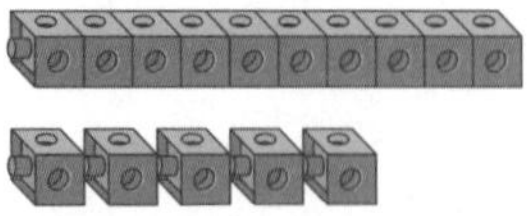 •　　• 열둘

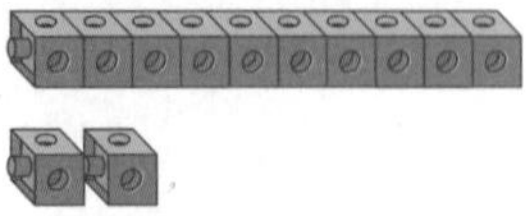 •　　• 십칠

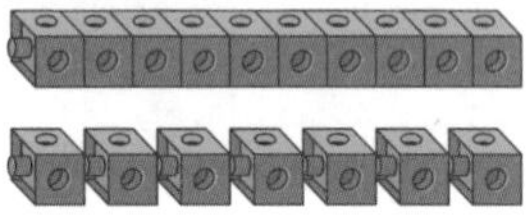 •　　• 열다섯

6
50쪽 적용

수를 잘못 읽은 것을 찾아 기호를 쓰세요.

㉠ 11 → 열하나　　㉡ 13 → 십삼
㉢ 14 → 열넷　　㉣ 19 → 십아홉

(　　　　　　)

» 정답 · 풀이 28쪽

조금 더 어려운 문제에 도전해 볼까요?

7 51쪽 창의 융합

사용한 블록은 모두 몇 개일까요?

(　　　　　　)

8 51쪽 적용

빈칸에 알맞은 수를 써넣으세요.

(1) 13 — 14 — □ — □

(2) 19 — □ — □ — 16

+9 51쪽 수학적 독해력

나타내는 수가 다른 하나를 찾아 기호를 쓰세요.

㉠ 열일곱
㉡ 십칠
㉢ 16 다음의 수
㉣ 10개씩 묶음 1개와 낱개 6개

(　　　　　　)

독해 포인트 '■ 다음의 수'는 '■보다 1 큰 수'입니다

+10 51쪽 수학적 표현력

진수네 형의 생일 케이크입니다. 큰 초 하나는 10살을 나타내고 작은 초 하나는 1살을 나타냅니다. 진수네 형의 나이는 몇 살인지 말해 보세요.

10살을 나타내는 초는 □개, 1살을 나타내는 초는 □개입니다. 따라서 진수네 형의 나이는 □살입니다.

오늘 공부 어땠나요?

10개 중 맞힌 문제 □ 개 > **틀린 문제**는 힌트를 보고 다시 도전해 보세요. > **맞힌 문제**는 힌트를 보고 자신의 생각과 비교해 보세요.

26일 십몇을 모으기와 가르기

① 십몇을 모으기

이어 세는 방법으로 두 수를 모으기 할 수 있습니다.

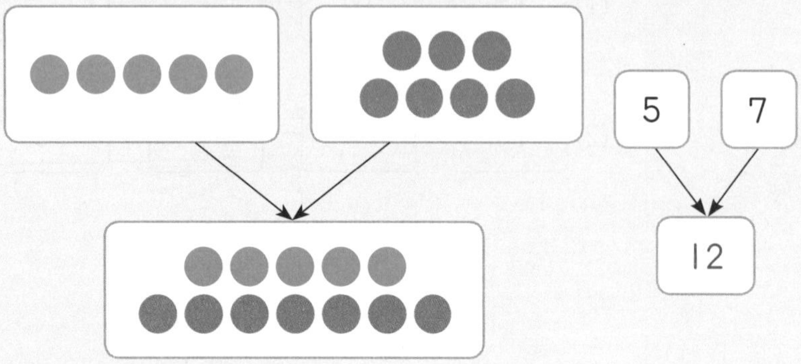

➜ 5부터 7만큼 이어 세면 6, 7, 8, 9, 10, 11, **12**이므로 5와 7을 모으기 하면 **12**입니다.

② 십몇을 가르기

거꾸로 세는 방법으로 두 수를 가르기 할 수 있습니다.

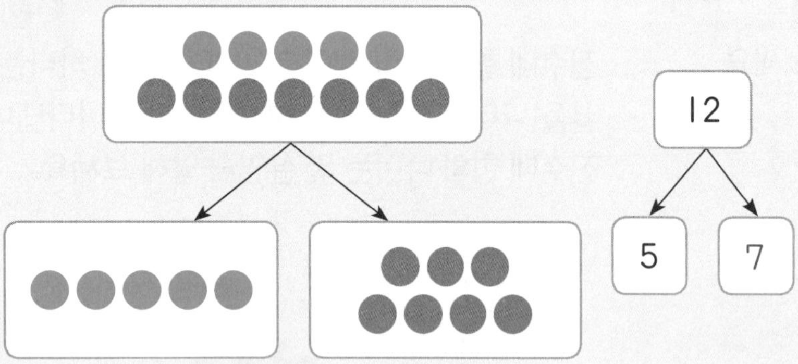

➜ 12부터 5만큼 거꾸로 세면 11, 10, 9, 8, **7**이므로 12는 5와 **7**로 가르기 할 수 있습니다.

확인 1 빈칸에 알맞은 수만큼 ○를 그리고, 모으기와 가르기를 해 보세요.

(1)

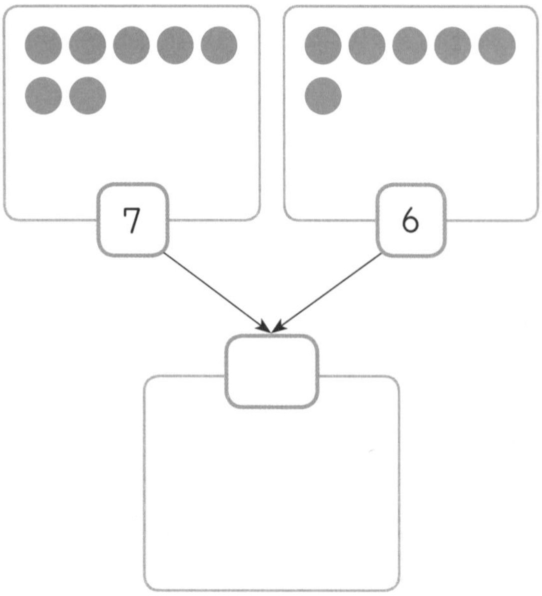

(2)

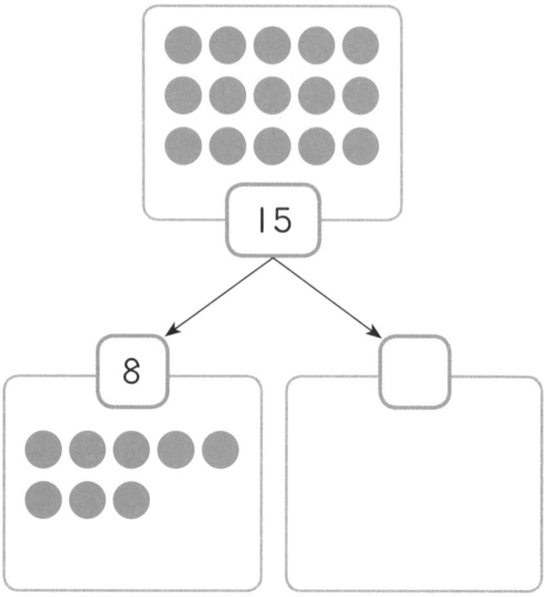

기본기 다지는 교과서 문제

» 정답 · 풀이 29쪽

1 빈칸에 알맞은 수를 써넣으세요.

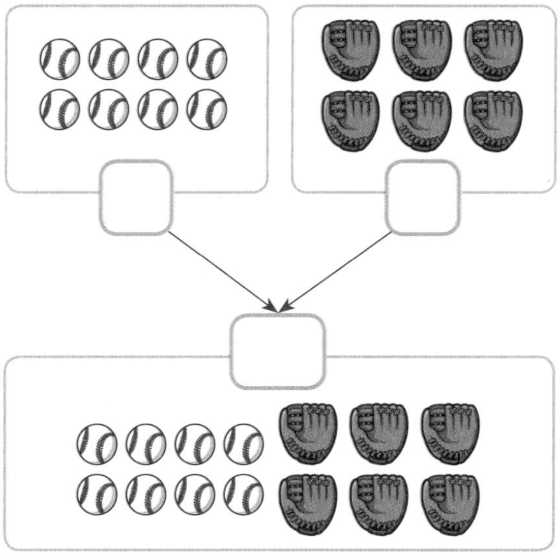

2 빈칸에 알맞은 수를 써넣으세요.

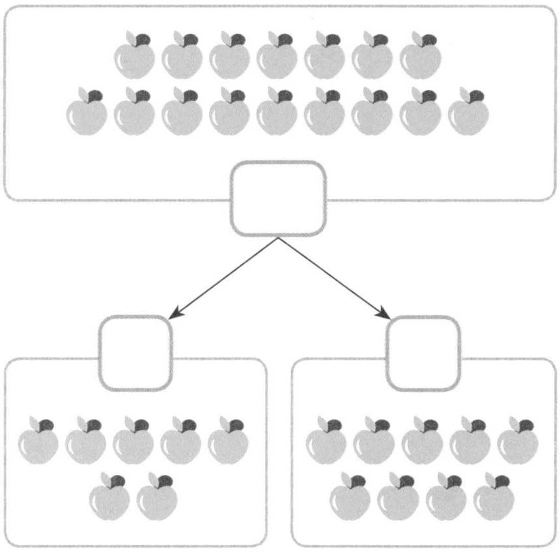

3 빈칸에 알맞은 수를 써넣으세요.

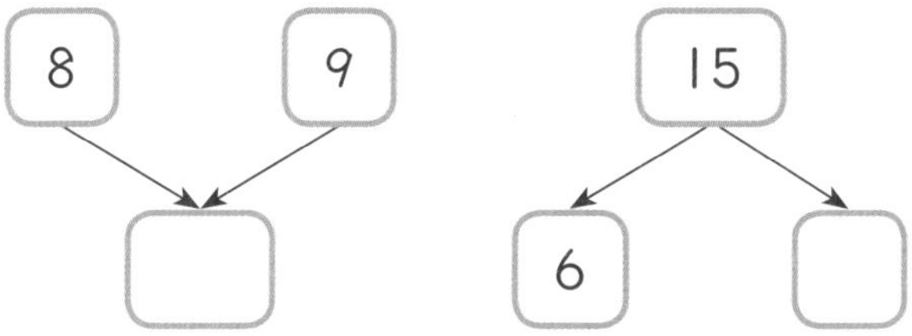

개념 따라쓰기

십몇을 모으기

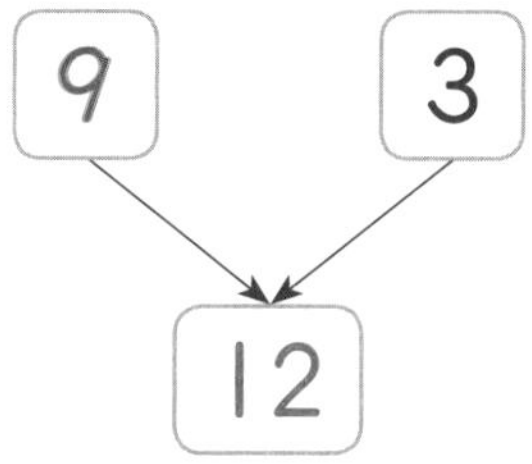

9부터 3만큼 이어 세면
→ 10, 11, 12

이어 세는 방법으로 두 수를 모으기 할 수 있습니다.

십몇을 가르기

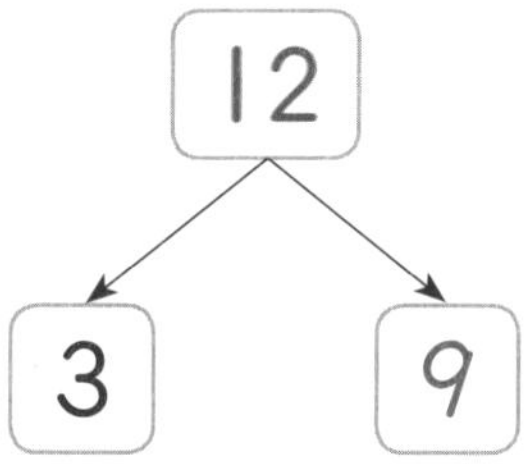

12부터 3만큼 거꾸로 세면
→ 11, 10, 9

거꾸로 세는 방법으로 두 수를 가르기 할 수 있습니다.

1 52쪽 이해

모으기를 하세요.

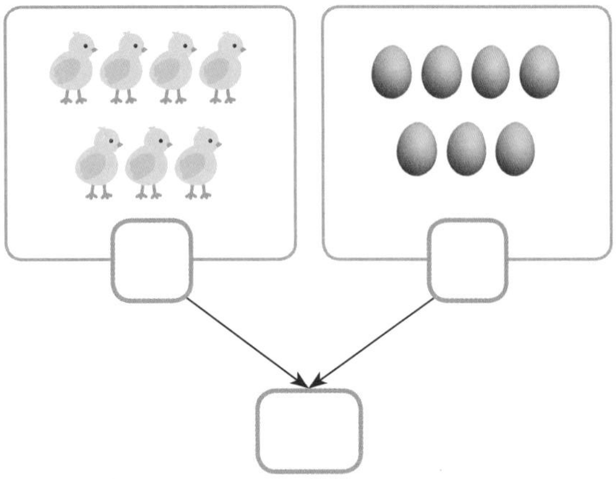

2 이해

가르기를 하세요.

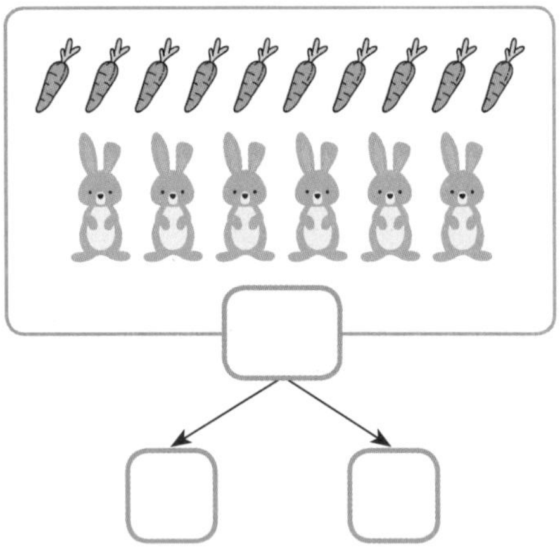

3 52쪽 이해

모으기와 가르기를 하세요.

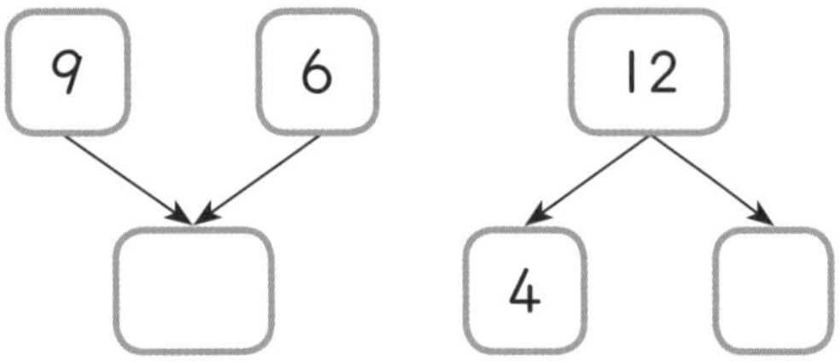

4 적용

13을 두 가지 방법으로 가르기 해 보세요.

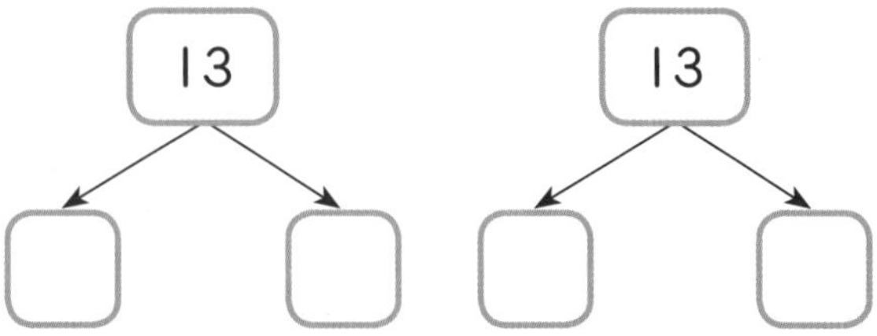

5 52쪽 문제 해결

모으기 하여 16이 되는 두 수를 선으로 이어 보세요.

7 •	• 6
8 •	• 8
10 •	• 9

6 52쪽 적용

모으기 한 수가 다른 하나를 찾아 기호를 쓰세요.

㉠ 5와 7	㉡ 8과 6
㉢ 4와 10	㉣ 9와 5

(　　　　　　　)

7 53쪽 추론

★에 알맞은 수를 구하세요.

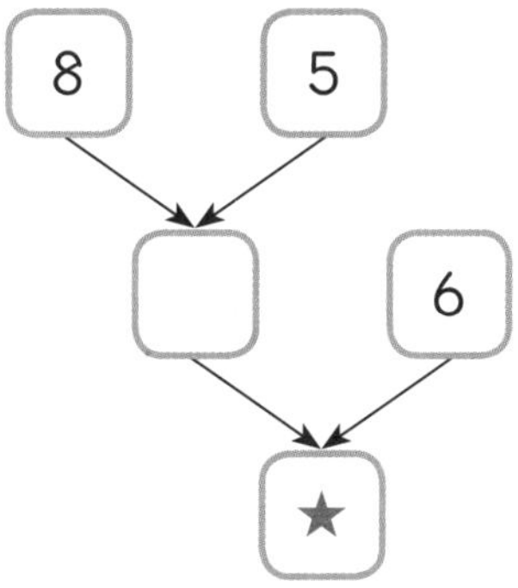

( )

8 53쪽 문제 해결

㉠과 ㉡ 중에서 더 큰 수의 기호를 쓰세요.

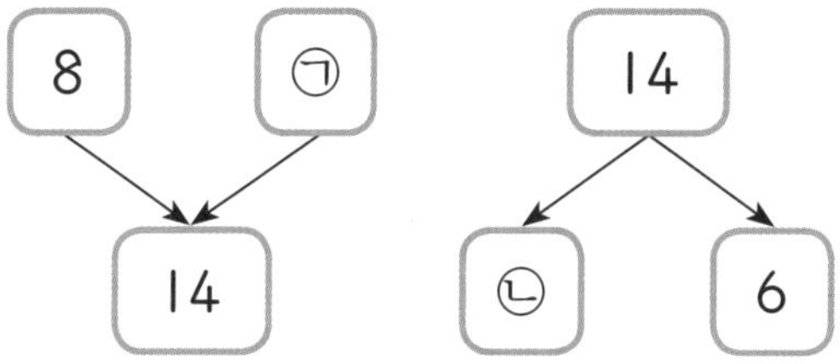

( )

+9 53쪽 수학적 독해력

모으기 하여 15가 되는 두 수를 모두 찾아보세요.

7 9 10 6 5

( )

독해 포인트 모으기를 하여 15가 되는 '모든 경우'를 빠짐없이 찾아보세요.

+10 53쪽 수학적 표현력

딸기 17개를 슬기와 로운이가 사이좋게 나누어 먹었습니다. 슬기가 먹은 딸기가 9개라면 로운이가 먹은 딸기는 몇 개인지 설명해 보세요.

딸기 17개 중에서 슬기가 9개를 먹고 나머지를 로운이가 먹었습니다. 17을 9와 ☐로 가르기 할 수 있으므로 로운이가 먹은 딸기는 ☐개입니다.

오늘 공부 어땠나요? 10개 중 맞힌 문제 ☐ 개 > 틀린 문제는 힌트를 보고 다시 도전해 보세요. > 맞힌 문제는 힌트를 보고 자신의 생각과 비교해 보세요.

27일 몇십 알아보기

① 20 알아보기

10개씩 묶음 2개를 20이라 하고, **이십** 또는 **스물**이라고 읽습니다.

◐ 10개씩 묶음 ■개 → ■0

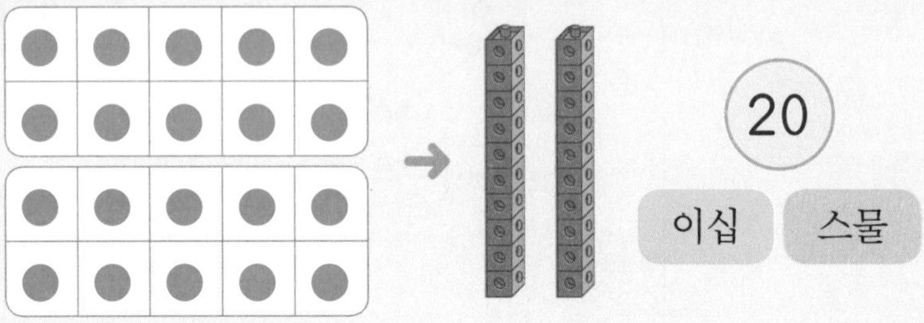

② 몇십 쓰고 읽기

묶음	10개씩 묶음 2개	10개씩 묶음 3개	10개씩 묶음 4개	10개씩 묶음 5개
수	20	30	40	50
읽기	이십	삼십	사십	오십
	스물	서른	마흔	쉰

확인 1 □ 안에 알맞은 수나 말을 써넣으세요.

(1) 10개씩 묶음이 □개이므로 달걀의 수는 □입니다.

(2) 20은 □ 또는 □이라고 읽습니다.

확인 2 □ 안에 알맞은 수나 말을 써넣으세요.

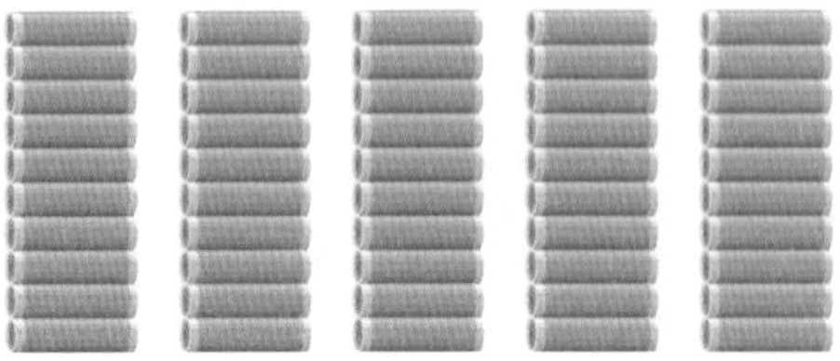

(1) 10개씩 묶음이 □개이므로 건전지의 수는 □입니다.

(2) 50은 □ 또는 □이라고 읽습니다.

기본기 다지는 교과서 문제

» 정답 · 풀이 30쪽

1 10개씩 묶고 모두 몇 개인지 써 보세요.

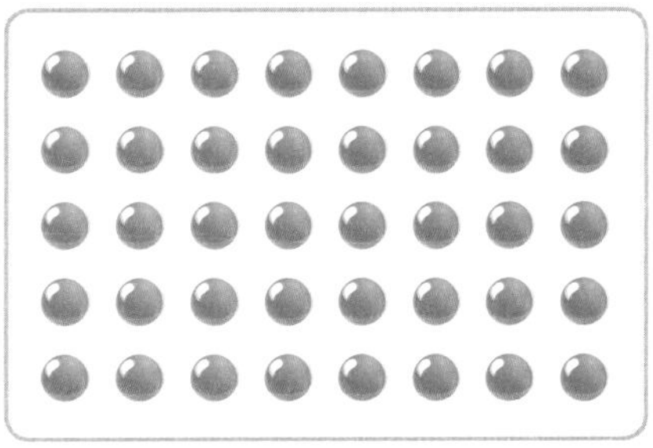

(　　　　　　　)

2 빈칸에 알맞은 수를 써넣으세요.

10개씩 묶음 3개	
10개씩 묶음 4개	
10개씩 묶음 5개	

3 같은 수끼리 선으로 이어 보세요.

20	삼십	스물
30	사십	쉰
40	이십	서른
50	오십	마흔

4 30이 되도록 빈칸에 ○를 그려 보세요.

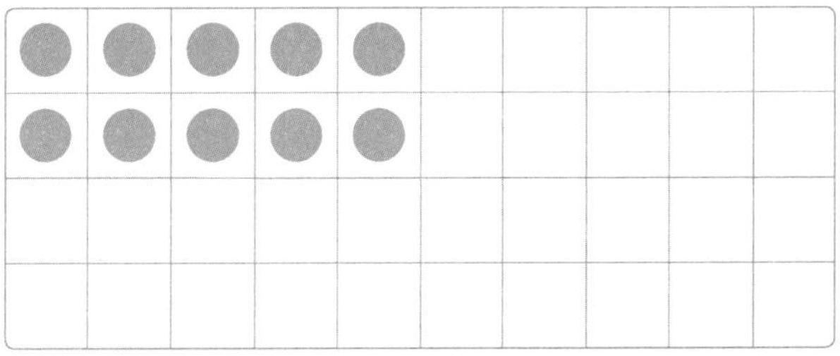

개념 따라쓰기

몇십 알아보기

10개씩 묶음 2개 → 20
10개씩 묶음 3개 → 30
10개씩 묶음 4개 → 40
10개씩 묶음 5개 → 50
⋮
10개씩 묶음 ■개 → ■0

몇십 쓰고 읽기

쓰기	읽기	
20	이십	스물
30	삼십	서른
40	사십	마흔
50	오십	쉰

5 단원

1

이해

수를 세어 쓰고 두 가지 방법으로 읽어 보세요.

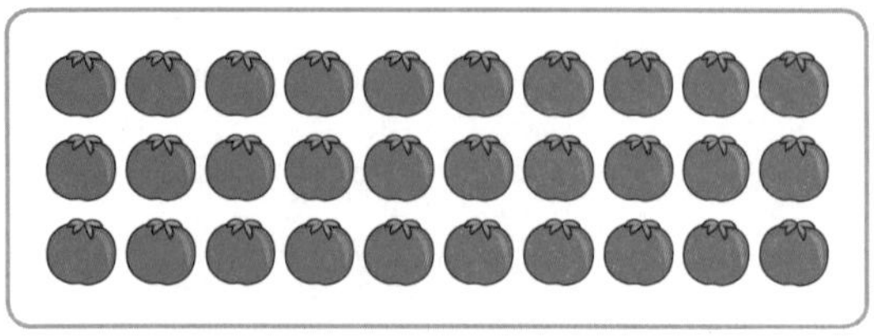

[쓰기] (   )

[읽기] (,   )

2 54쪽

이해

□ 안에 알맞은 수를 써넣으세요.

(1) 10개씩 묶음 2개는 □ 입니다.

(2) 10개씩 묶음 4개는 □ 입니다.

(3) 30은 10개씩 묶음이 □ 개입니다.

(4) 50은 10개씩 묶음이 □ 개입니다.

3

적용

수를 잘못 읽은 것의 기호를 쓰세요.

㉠ 20 → 스물	㉡ 40 → 사십
㉢ 30 → 삼십	㉣ 50 → 마흔

(   )

4 54쪽

적용

같은 수끼리 선으로 이어 보세요.

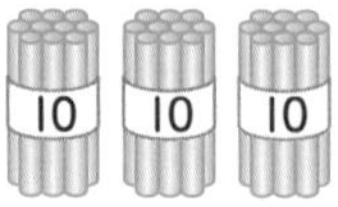

• 　　• 사십

• 　　• 20

• 　　• 서른

5 54쪽

문제 해결

서준이는 초콜릿을 10개씩 4묶음 가지고 있습니다. 서준이가 가지고 있는 초콜릿은 모두 몇 개일까요?

(   )

6 54쪽

적용

엄마가 시장에서 곶감 1상자를 사 오셨습니다. 1상자에는 곶감이 모두 몇 개 들어 있을까요?

(   )

7 55쪽

창의 융합

주어진 블록으로 왼쪽 모양을 몇 개까지 만들 수 있을까요?

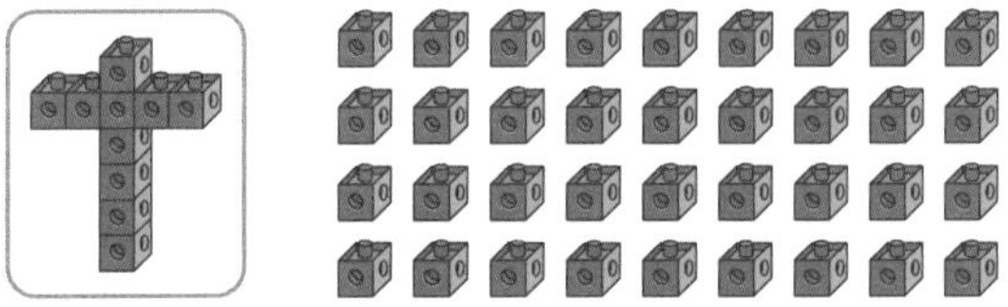

(　　　　　　)

8 55쪽

추론

다음 모형이 40이 되려면 10개씩 몇 개가 더 필요할까요?

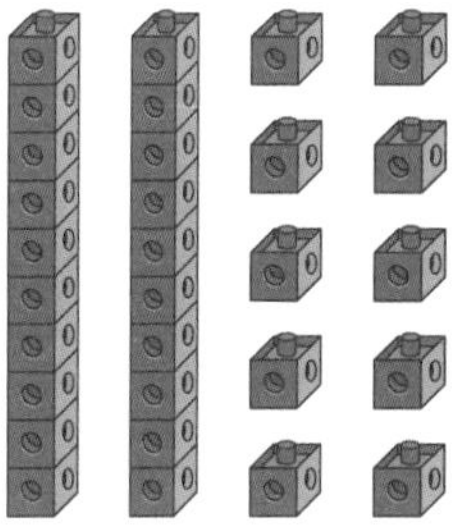

(　　　　　　)

+9 55쪽

수학적 독해력

빨간색 장미가 20송이가 있고, 분홍색 장미가 10송이씩 3묶음이 있습니다. 장미는 모두 몇 송이가 있을까요?

(　　　　　　)

독해 포인트 '10송이씩 몇 묶음'인지 생각해 보세요.

+10 55쪽

수학적 표현력

쿠키를 30개 사려고 합니다. 한 상자에 10개씩 들어 있는 쿠키를 몇 상자 사야 하는지 설명해 보세요.

30은 10개씩 묶음이 □개입니다. 따라서 쿠키 30개를 사려면 10개씩 들어 있는 쿠키를 □상자 사야 합니다.

오늘 공부 어땠나요?

10개 중 맞힌 문제 □개 > **틀린 문제**는 힌트를 보고 다시 도전해 보세요. > **맞힌 문제**는 힌트를 보고 자신의 생각과 비교해 보세요.

28일 몇십몇 알아보기

① 몇십몇 알아보기

10개씩 묶음 2개와 낱개 4개를 **24**라 하고, **이십사** 또는 **스물넷**이라고 읽습니다.

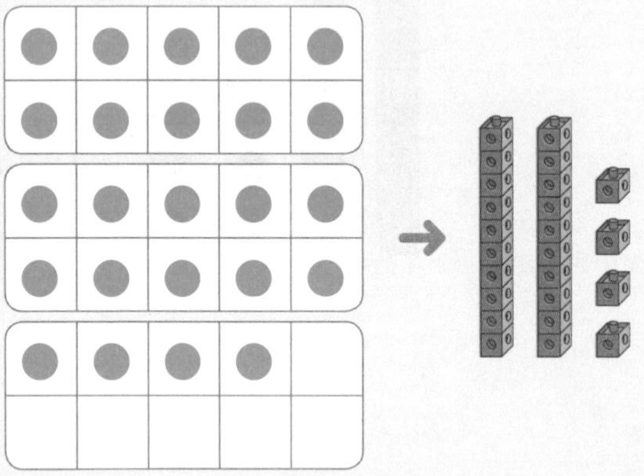

24

이십사 스물넷

- 10개씩 묶음 ■개와 낱개 ▲개 → ■▲
- 같은 숫자라도 숫자가 놓인 자리에 따라 나타내는 수가 다릅니다.

10개씩 묶음의 수

33

낱개의 수

② 몇십몇 읽는 방법

몇십몇을 2가지로 읽을 수 있습니다.

25: 이십오, 스물다섯

39: 삼십구, 서른아홉

확인 1 □ 안에 알맞은 수나 말을 써넣으세요.

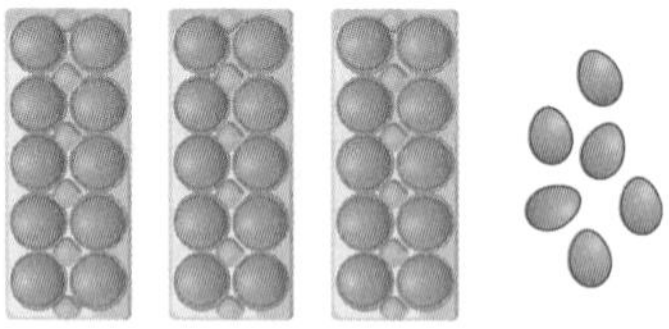

(1) 10개씩 묶음 □개와 낱개 □개이므로 달걀의 수는 □입니다.

(2) 36은 □ 또는 □이라고 읽습니다.

확인 2 □ 안에 알맞은 수를 써넣으세요.

(1) 23은 10개씩 묶음이 □개 낱개가 □개입니다.

(2) 32는 10개씩 묶음이 □개 낱개가 □개입니다.

기본기 다지는 교과서 문제

» 정답 · 풀이 31쪽

1 10개씩 묶음과 낱개의 수를 세고, □ 안에 알맞은 수를 써넣으세요.

(1)

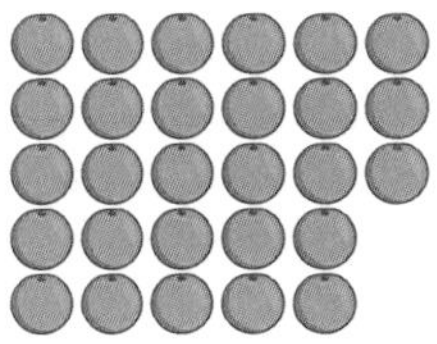

10개씩 묶음	낱개

↓ □

(2)

10개씩 묶음	낱개

↓ □

2 빈칸에 알맞은 수를 써넣으세요.

10개씩 묶음 1개와 낱개 9개	19
10개씩 묶음 2개와 낱개 1개	
10개씩 묶음 4개와 낱개 4개	

3 모으기와 가르기를 해 보세요.

 • • 26 • • 마흔하나

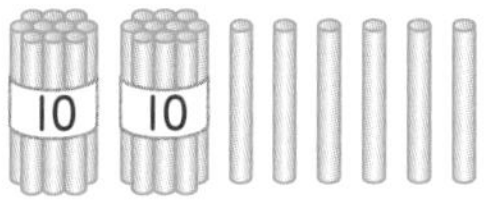 • • 33 • • 서른셋

 • • 41 • • 스물여섯

개념 따라쓰기

몇십몇 알아보기

10개씩 묶음의 수
↑
23
↓
낱개의 수

각 자리의 숫자가 나타내는 수

10개씩 묶음의 수이므로 20
↑
22
↓
낱개의 수이므로 2

같은 숫자라도 숫자가 놓인 자리에 따라 나타내는 수가 다릅니다.

5 단원

1

이해

수를 세어 쓰고, 두 가지 방법으로 읽어 보세요.

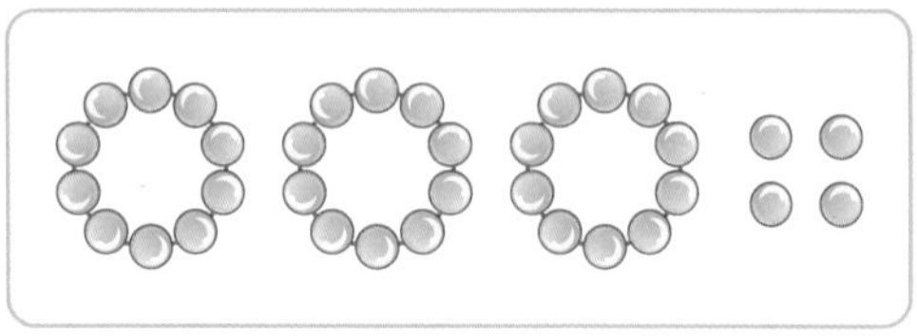

쓰기 (　　　　　　)
읽기 (　　　　,　　　　)

2 56쪽

이해

□ 안에 알맞은 수를 써넣으세요.

(1) 10개씩 묶음 2개와 낱개 3개 → □

(2) 10개씩 묶음 4개와 낱개 8개 → □

(3) 10개씩 묶음 3개와 낱개 5개 → □

3 56쪽

적용

밑줄 친 숫자가 나타내는 수를 쓰세요.

(1) 28 → □

(2) 42 → □

4

이해

같은 수끼리 선으로 이어 보세요.

45 •		• 서른아홉
27 •		• 마흔다섯
39 •		• 스물일곱

5 56쪽

적용

수를 잘못 읽은 것의 기호를 쓰세요.

㉠ 17 → 열일곱　　㉡ 24 → 스물넷
㉢ 36 → 삼십육　　㉣ 41 → 사십하나

(　　　　　　)

6 56쪽

문제 해결

37은 10개씩 묶음과 낱개가 각각 몇 개인지 쓰세요.

 10개씩 묶음	 낱개

» 정답 · 풀이 31쪽

조금 더 어려운 문제에 도전해 볼까요?

7 57쪽 적용

빈칸에 알맞은 수를 써넣으세요.

수	10개씩 묶음	낱개
39	3	
12		2
	2	7

8 57쪽 문제 해결

나타내는 수가 다른 하나를 찾아 기호를 쓰세요.

㉠ 사십팔

㉡ 서른여덟

㉢ 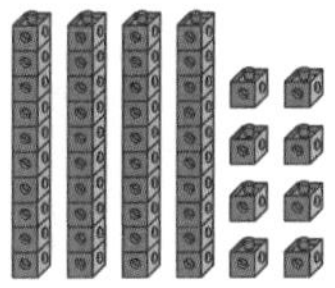

㉣ 10개씩 묶음 4개와 낱개 8개

(　　　　　　)

5단원

+9 57쪽 수학적 독해력

윤하는 초콜릿 34개를 샀습니다. 그 중에서 10개씩 묶음 3개를 친구들에게 주었다면 윤하에게 남은 초콜릿은 몇 개일까요?

(　　　　　　)

독해 포인트 윤하가 친구들에게 준 초콜릿의 수는 '10개씩 묶음 3개'입니다.

+10 57쪽 수학적 표현력

한 통에 10자루씩 들어 있는 연필 2통과 낱개 13자루가 있습니다. 연필은 모두 몇 자루인지 구해 보세요.

낱개 13개는 10개씩 묶음 1개와 낱개 ☐개입니다. 따라서 연필은 10자루씩 묶음 3개와 낱개 ☐자루이므로 모두 ☐자루입니다.

오늘 공부 어땠나요? 10개 중 맞힌 문제 ☐개 > 틀린 문제는 힌트를 보고 다시 도전해 보세요. > 맞힌 문제는 힌트를 보고 자신의 생각과 비교해 보세요.

29일 수의 순서 알아보기

1 50까지 수의 순서 알아보기

l씩 커집니다. →

10씩 커집니다. ↓

1	2	3	4	5	6	7	8	9	10
11	12	13	14	15	16	17	18	19	20
21	22	23	24	25	26	27	28	29	30
31	32	33	34	35	36	37	38	39	40
41	42	43	44	45	46	47	48	49	50

← l씩 작아집니다.

• 수를 순서대로 쓰면 l씩 커집니다.
• 수를 순서를 거꾸로 하여 쓰면 l씩 작아집니다.

수를 순서대로 쓰는 것은 1씩 커지게 쓰는 것이고, 순서를 거꾸로 하여 쓰는 것은 1씩 작아지게 쓰는 것입니다.

개념+ 1 큰 수와 1 작은 수 알아보기

수를 순서대로 썼을 때
- ■보다 l 큰 수는 ■ 바로 뒤의 수입니다.
- ■보다 l 작은 수는 ■ 바로 앞의 수입니다.

사이에 있는 수 알아보기

21과 24 사이에는 22와 23이 있습니다.

21 - 22 - 23 - 24

21과 24 사이에 있는 수

확인 1 l부터 50까지의 수를 순서대로 쓴 것입니다. 빈칸에 알맞은 수를 써넣으세요.

1	2	3	4	5	6			9	10
11	12		14	15	16	17	18	19	20
21	22	23		25	26	27	28		30
	32	33	34	35		37	38	39	40
41	42	43	44	45				49	50

• 28보다 l 큰 수는 ☐, l 작은 수는 ☐ 입니다.

• 33과 37 사이에 있는 수는 ☐, ☐, ☐ 입니다.

» 정답 · 풀이 32쪽

기본기 다지는 교과서 문제

1 ○ 안에 알맞은 수를 써넣으세요.

(1) 17 — 18 — 19 — ○ — 21

(2) 25 — ○ — 27 — ○ — 29

2 빈 곳에 알맞은 수를 써넣으세요.

1 작은 수		1 큰 수
	15	
	32	

3 빈칸에 알맞은 수를 써넣으세요.

16		18
45		47
28		30

개념 따라쓰기

수의 순서

31 — 32 — 33 — 34

1씩 커집니다.

수를 순서대로 쓰면 1씩 커집니다.

1 큰 수와 1 작은 수

1 작은 수		1 큰 수
32	33	34
바로 앞의 수		바로 뒤의 수

어떤 수보다 1 작은 수는 바로 앞의 수이고 1 큰 수는 바로 뒤의 수입니다.

5 단원

1
적용

빈 곳에 알맞은 수를 써넣으세요.

19	20		22
23			26
	28	29	

2
58쪽

이해

빈칸에 알맞은 수를 써넣으세요.

(1) ☐ — 30 — 31 — ☐

(2) 42 — ☐ — ☐ — 45

3
창의 융합

수를 순서대로 이어 그림을 완성하세요.

4
58쪽

문제 해결

작은 수부터 순서대로 써넣으세요.

38 41 37 39 42 40

○—○—○—○—○—○

5
58쪽

추론

순서에 맞게 빈칸을 채워 보세요.

1	24	23	22	21	20	19
2	25	40	39	38	37	18
3	26	41		47	36	17
4		42	49	46	35	16
5	28	43	44		34	15
6	29	30	31	32	33	14
	8	9	10	11	12	

6
58쪽

적용

27과 33 사이에 있는 수를 순서대로 모두 쓰세요.

25 26 27 28 29 30 31 32 33 34

( )

» 정답 · 풀이 32쪽

7 59쪽 문제 해결

순서에 맞게 수를 쓰고, □ 안에 알맞은 수를 써넣으세요.

(1) 32 - 33 - ○ - ○ - ○

33보다 2 큰 수 : □

(2) 37 - ○ - ○ - 40 - 41

40보다 2 작은 수 : □

8 59쪽 추론

과학실 자리의 안내 그림입니다. 21번 자리에 ○표 하세요.

1	2	3	4	5	6	7	8	9
10	11	12	13	14				

+9 59쪽 수학적 독해력

병원에서는 온 순서대로 번호표를 뽑고 기다립니다. 15번과 23번 사이에 있는 사람은 모두 몇 명일까요?

( )

독해 포인트 ■와 ▲ '사이에 있는 수'에 ■와 ▲는 포함되지 않아요.

+10 59쪽 수학적 표현력

수현이네 집은 14층입니다. 수현이네 바로 위층에는 민호가 살고, 수현이네 바로 아래층에는 종욱이가 살고 있습니다. 민호와 종욱이의 집은 각각 몇 층인지 말해 보세요.

14보다 1 큰 수는 □, 1 작은 수는 □입니다. 따라서 민호의 집은 □층이고, 종욱이네 집은 □층입니다.

오늘 공부 어땠나요? 10개 중 맞힌 문제 □개 〉 틀린 문제는 힌트를 보고 다시 도전해 보세요. 〉 맞힌 문제는 힌트를 보고 자신의 생각과 비교해 보세요.

30일 두 수의 크기 비교하기

① 10개씩 묶음의 수가 다른 경우

32 25

10개씩 묶음의 수가 클수록 더 큰 수입니다.

- 32는 25보다 큽니다.
- 25는 32보다 작습니다.

두 수의 크기 비교 순서

10개씩 묶음의 수를 먼저 비교합니다.

10개씩 묶음의 수가 클수록 더 큰 수

↓

10개씩 묶음의 수가 같으면 낱개의 수가 클수록 더 큰 수

② 10개씩 묶음의 수가 같은 경우

32 35

낱개의 수가 클수록 더 큰 수입니다.

- 32는 35보다 작습니다.
- 35는 32보다 큽니다.

개념+ 세 수의 크기 비교하기

두 수씩 묶어서 비교하거나 세 수를 동시에 비교합니다.

26 22 42

- 10개씩 묶음의 수가 가장 큰 42가 가장 큰 수입니다.
- 26과 22 중 낱개의 수가 더 작은 22가 가장 작은 수입니다.

확인 1 그림을 보고 알맞은 것에 ○표 하세요.

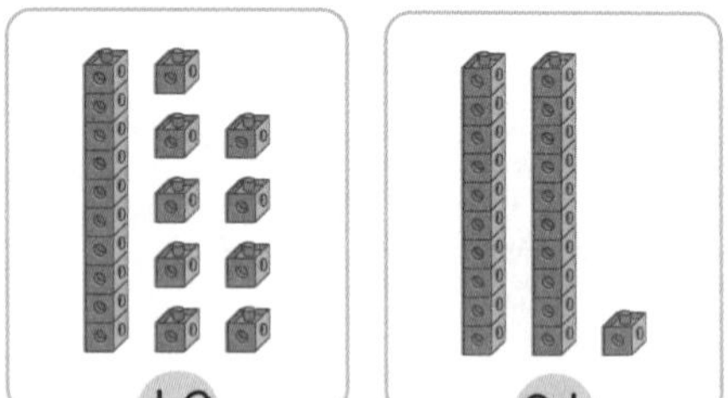

19 21

- 19는 21보다 (큽니다 , 작습니다).
- 21은 19보다 (큽니다 , 작습니다).

확인 2 그림을 보고 알맞은 것에 ○표 하세요.

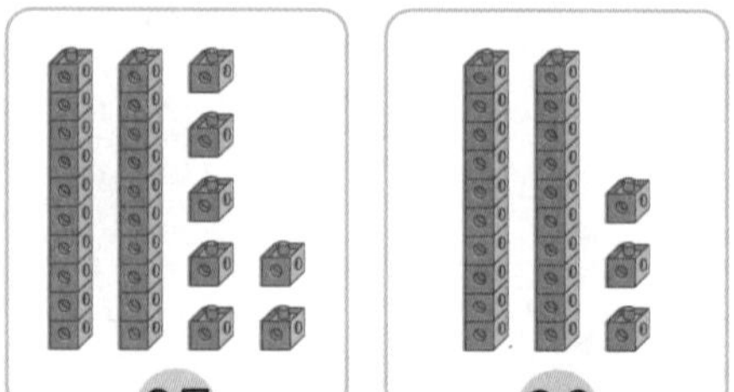

27 23

- 27은 23보다 (큽니다 , 작습니다).
- 23은 27보다 (큽니다 , 작습니다).

기본기 다지는 교과서 문제

» 정답 · 풀이 33쪽

1 그림을 보고 □ 안에 알맞은 수를 써넣으세요.

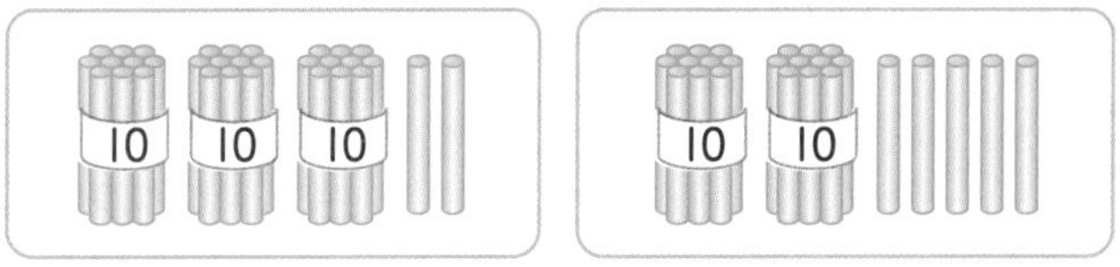

• □ 는 □ 보다 큽니다.

• □ 는 □ 보다 작습니다.

2 그림을 보고 □ 안에 알맞은 수를 써넣으세요.

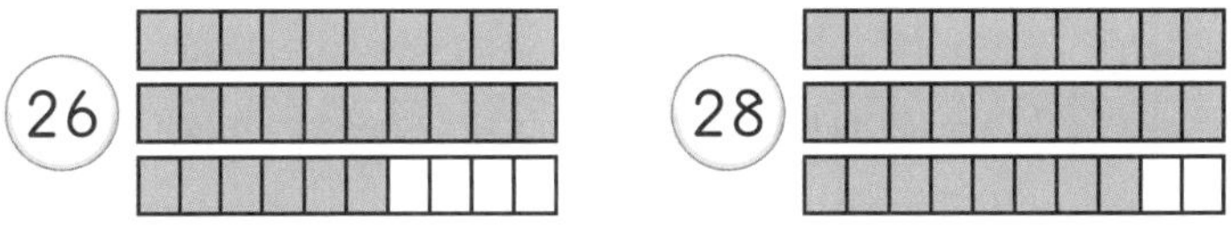

• □ 은 □ 보다 큽니다.

• □ 은 □ 보다 작습니다.

3 더 큰 수에 ○표 하세요.

(1) 48 43

(2) 24 42

4 가장 작은 수에 △표 하세요.

(1) 37 47 27

(2) 30 35 32

개념 따라쓰기

두 수의 크기 비교하기 ①

10개씩 묶음의 수

$23 < 42$

10개씩 묶음의 수가 클수록 더 큰 수입니다.

두 수의 크기 비교하기 ②

$35 > 32$

낱개의 수

10개씩 묶음의 수가 같으면 낱개의 수가 클수록 더 큰 수입니다.

5 단원

스스로 풀어내는 도전 10 문제

막힐 땐 힌트북

1 이해

그림을 보고 □ 안에 알맞은 수를 써넣으세요.

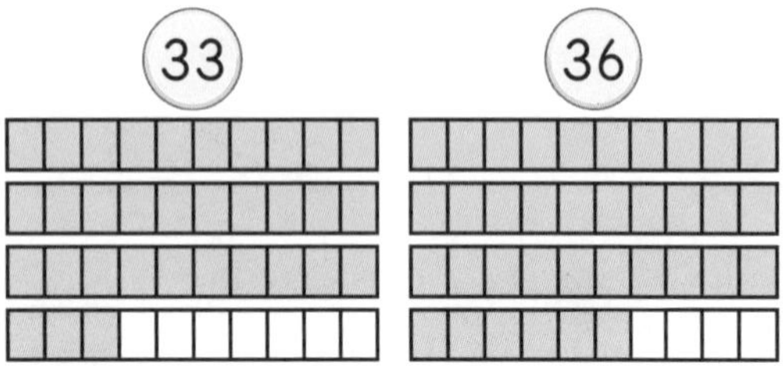

□은 □보다 작습니다.

2 이해

더 큰 수에 ○표 하세요.

(1) 33 28

(2) 45 41

3 60쪽 이해

가장 큰 수에 ○표, 가장 작은 수에 △표 하세요.

42 38 19

4 60쪽 적용

작은 수부터 순서대로 써넣으세요.

17 8 40 32 25

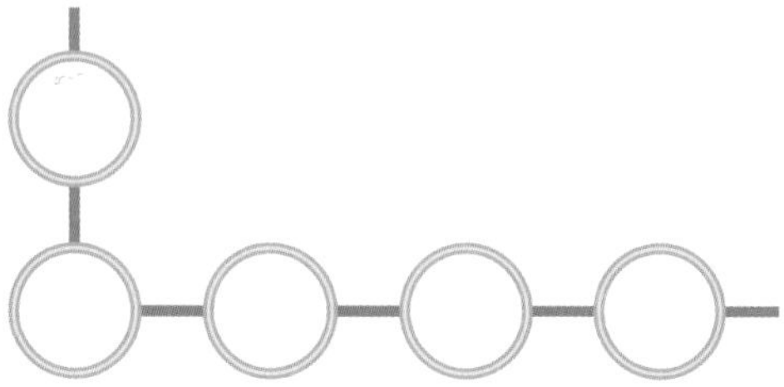

5 60쪽 문제 해결

슬기는 딱지를 47개 모았고, 지혜는 딱지를 29개 모았습니다. 누가 딱지를 더 많이 모았을까요?

( )

6 60쪽 적용

〈보기〉에 알맞은 수를 모두 찾아 ○표 하세요.

〈보기〉
10개씩 묶음 2개와 낱개 8개보다 큰 수

27 28 29 30 31

7 61쪽 추론

윤하는 수 카드 3, 4를 한 번씩만 사용하여 몇십몇을 만들었습니다. 윤하가 만든 몇십몇 중 더 큰 수는 무엇일까요?

3 4

( )

8 61쪽 문제 해결

20부터 30까지의 수 중에서 〈보기〉의 수보다 작은 수는 모두 몇 개일까요?

〈보기〉
10개씩 묶음 2개와 낱개 6개인 수

( )

+9 61쪽 수학적 독해력

연필은 10개씩 4묶음과 낱개 2개가 있고, 크레파스는 마흔다섯 개가 있습니다. 연필과 크레파스 중 어느 것이 더 많을까요?

( )

독해 포인트 연필과 크레파스가 몇 개인지 각각 수로 나타내 보세요.

+10 61쪽 수학적 표현력

영민이가 집을 출발하여 갈림길에서 작은 수를 따라 가려고 합니다. 영민이가 도착하는 곳은 어디일까요?

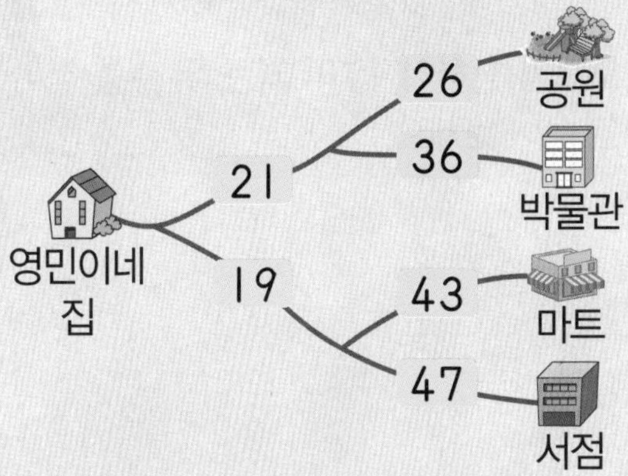

21과 19 중 더 작은 수는 ☐이고, 43과 47 중 더 작은 수는 ☐이므로 영민이가 도착하는 곳은 ☐입니다.

오늘 공부 어땠나요? 10개 중 맞힌 문제 ☐ 개 › **틀린 문제**는 힌트를 보고 다시 도전해 보세요. › **맞힌 문제**는 힌트를 보고 자신의 생각과 비교해 보세요.

단원평가

5. 50까지의 수

시험 시간 15분 | 문제 수 8개

01 10개인 것을 찾아 ○표 하세요.

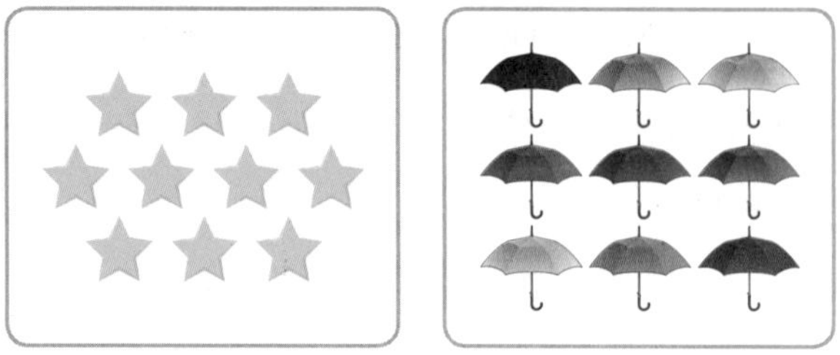

( ) ( )

02 모으기와 가르기를 해 보세요.

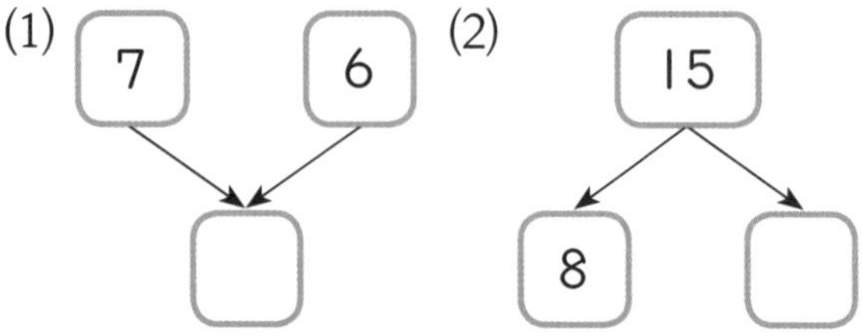

03 모으기를 하여 17이 되는 두 수를 찾아 선으로 이어 보세요.

8 •	• 6
5 •	• 9
11 •	• 12

04 빈 곳에 알맞은 수를 써넣으세요.

05 10개씩 묶음과 낱개의 수가 몇 개인지 쓰세요.

34 ➜

10개씩 묶음	낱개

06 나타내는 수가 다른 하나를 찾아 기호를 쓰세요.

㉠ 삼십　㉡ 서른

㉢ 10개씩 4묶음　㉣ 30

( )

07 귤 40개를 10개씩 한 접시에 담으면 모두 몇 접시가 될까요?

( )

08 10보다 크고 45보다 작은 수 중에서 종욱이가 말한 수를 모두 쓰세요.

( )

모든 문제의 첫 번째 힌트는
문제를 다시 읽는 것입니다.

새 교과서 분석 반영
초등 1등 공부 비법

막힐 땐

힌트북

초등수학 1-1

막힐 때 찾아보는 **힌트북**

슬기로운공부

힌트 = 개념

막힐 땐

힌트북

초등수학 1-1

막힐 때 찾아보는 힌트북

01 일 1부터 5까지의 수

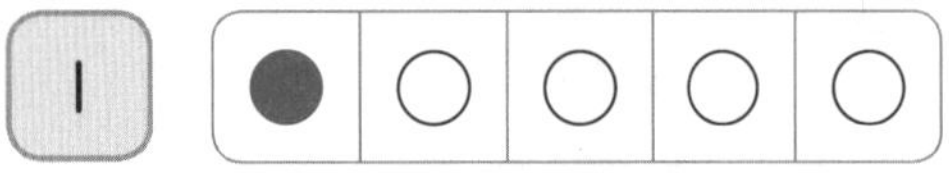

(하나), (일)

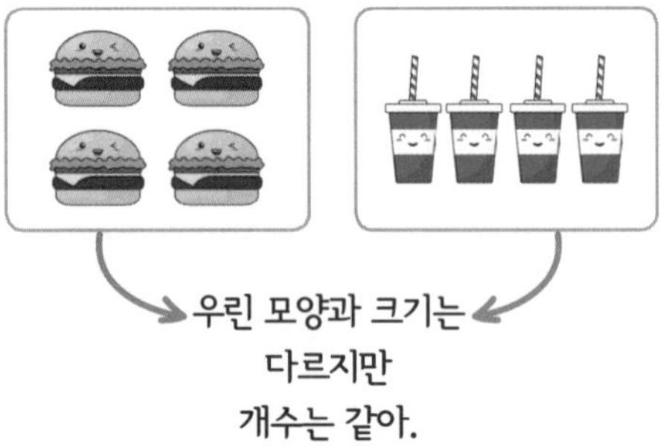

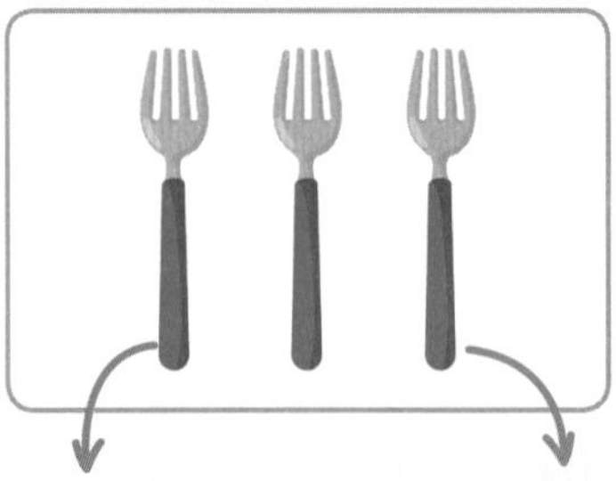

수를 쓰면? 3

수를 읽으면? □, □

마지막으로 센 수가 사물의 수야!

하나 둘 셋 넷 다섯

2 주어진 수만큼 색칠하고, 수를 두 가지 방법으로 읽어 보세요.

2 ○ ○ ○ ○ ○

( ), ( )

3 각 그림이 나타내는 수는 모두 같습니다. □ 안에 알맞은 수를 써넣으세요.

4 그림의 수와 관계있는 것에 모두 ○표 하세요.

(3 4 오 셋 사)

6 수가 5인 것을 찾아 모두 ○표 하세요.

 ( )

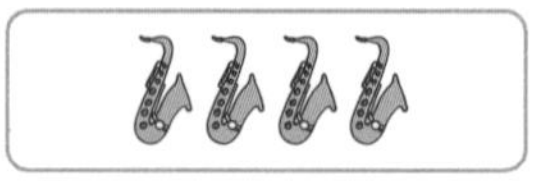 ( )

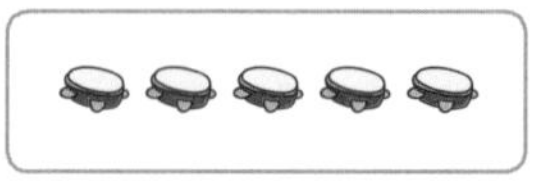 ( )

7 슬기의 필통에 있는 학용품입니다. 연필과 수가 같은 것은 무엇일까요?

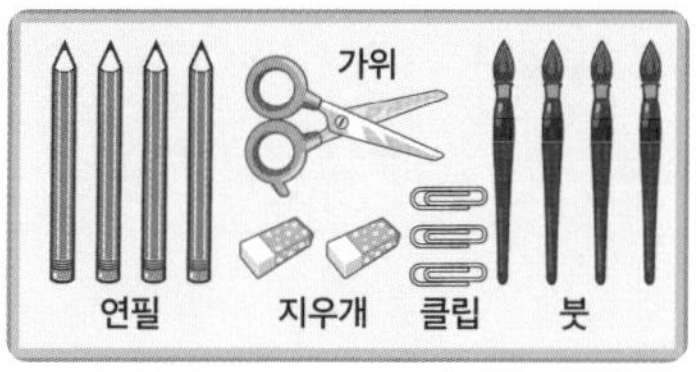

같은 것끼리
○, △, ☆로 서로 다르게 표시하며 세어 봐.

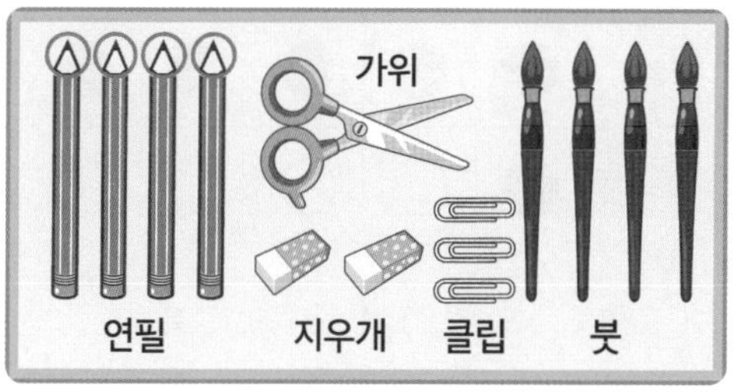

8 종이비행기의 수를 세어 알맞은 것에 모두 ○표 하세요.

(셋 4 삼 넷 3 사)

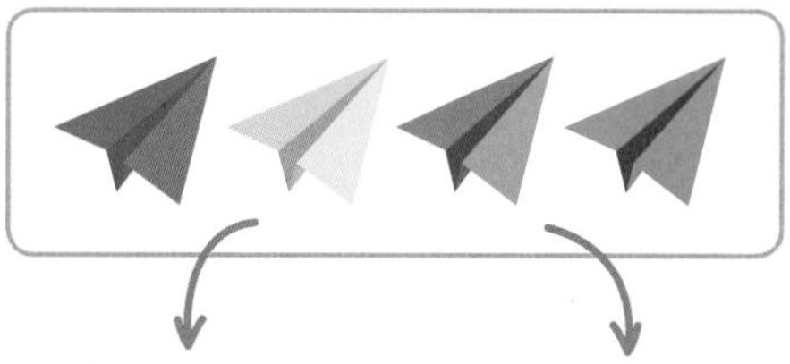

수를 쓰면? **수를 읽으면?**

4 ☐, ☐

수학적 독해력

+9 화분을 보고 다르게 이야기를 하고 있는 사람은 누구일까요?

진서: 튤립이 3송이가 있어.
미혜: 장미는 4송이가 있어.
수림: 국화는 3송이가 있어.

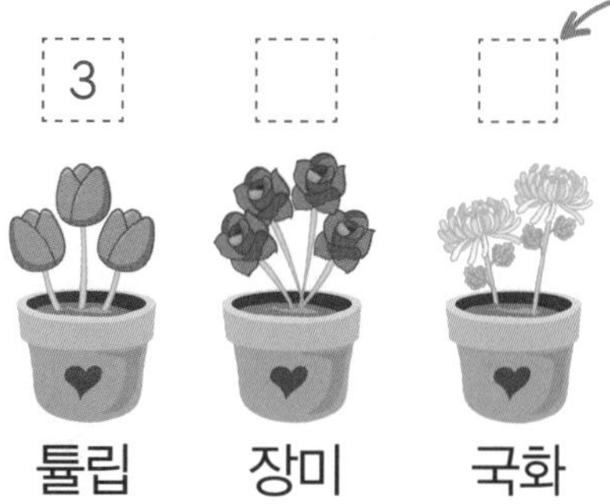

그림 위에 수를 쓰고 맞는지 확인해!

주의해!

수를 셀 때에는 두 번 세거나 빠뜨리지 않도록 해.

수학적 표현력

+10 그림을 수만큼 묶었을 때 묶지 않은 것의 수를 말해 보세요.

먼저 수만큼 묶어!

주의해!

묶지 않은 것을 하나, 둘, 셋……으로 세어 수로 나타내.

02 일 6부터 9까지의 수

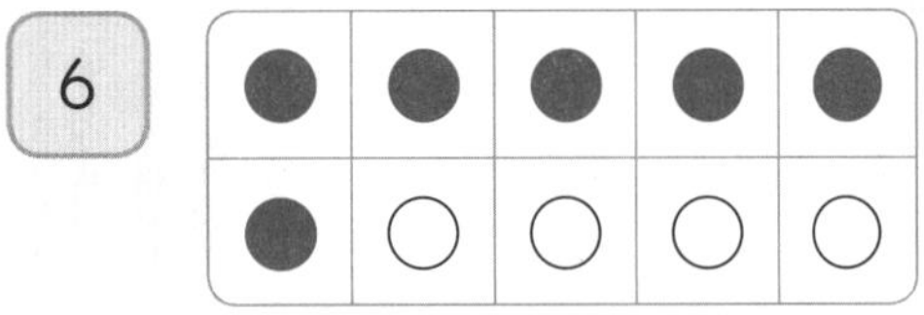

(여섯), (육)

㉠ ㉡

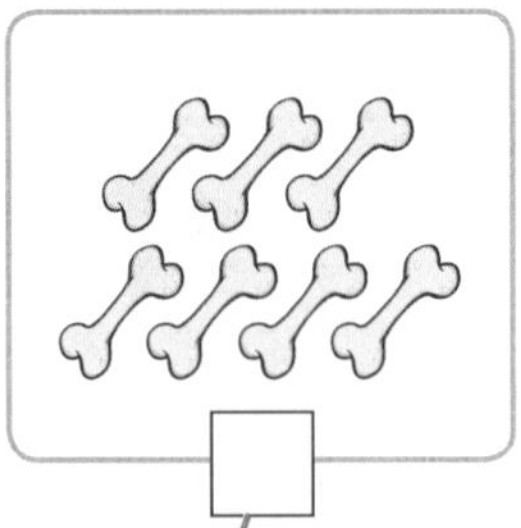

그림의 수를 쓰고 6인 것을 찾아봐.

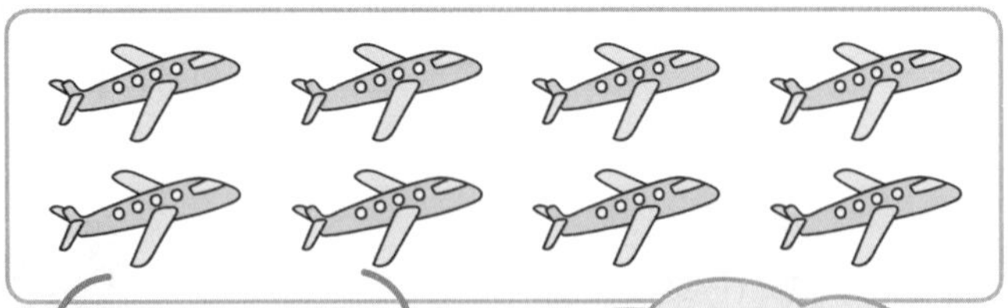

수를 쓰면? 8

수를 읽으면? ☐, ☐

마지막으로 센 수가 사물의 수야!

하나 둘 셋 넷 다섯 여섯 일곱

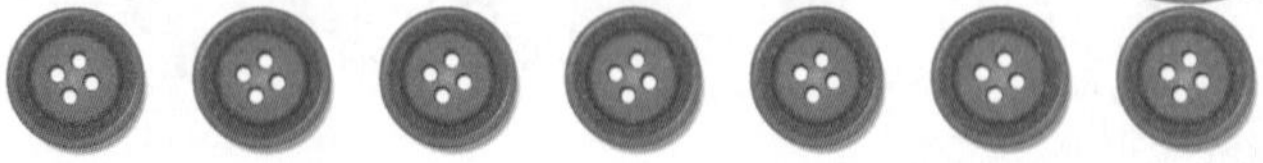

주의해!

수를 셀 때에는
꼭! 짚어가며 빠짐없이 세어야 해.

2 주어진 수만큼 색칠하고, 수를 두 가지 방법으로 읽어 보세요.

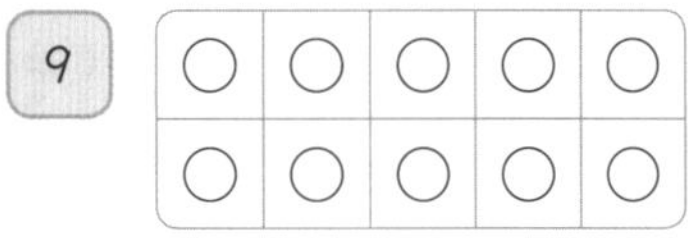

( ), ( )

3 수가 6인 것을 찾아 기호를 쓰세요.

4 그림의 수와 관계있는 것에 모두 ○표 하세요.

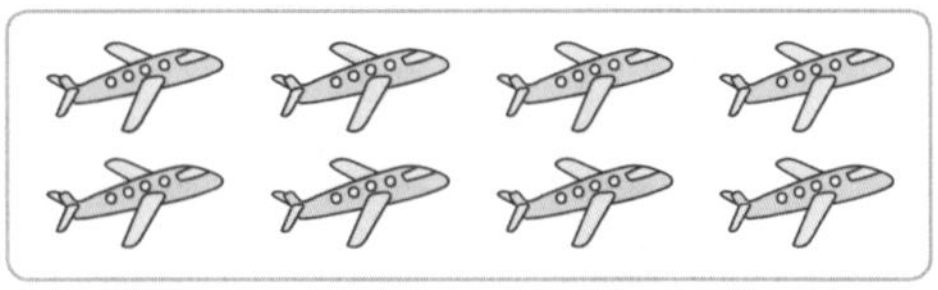

(8 9 칠 아홉 여덟)

6 수가 일곱인 것을 찾아 ○표 하세요.

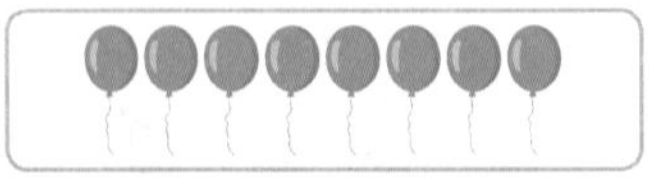 ( )

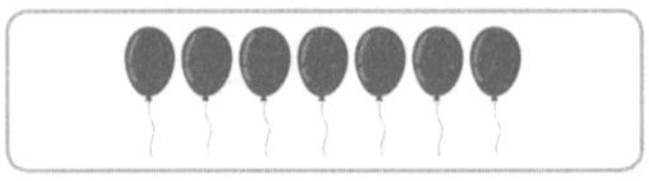 ( )

 ( )

7 종이배의 수를 세어 알맞은 것에 모두 ○표 하세요.

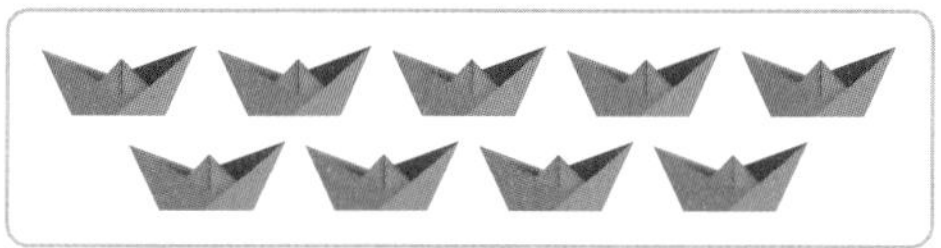

(구 8 팔 아홉 9 칠)

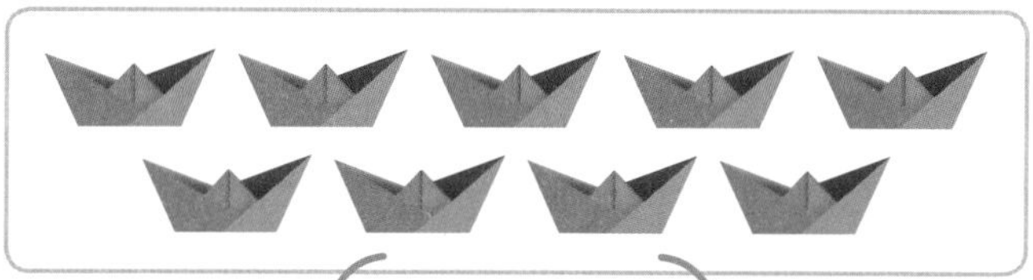

수를 쓰면? [9]

수를 읽으면? [ ], [ ]

8 그림을 수만큼 묶고, 묶지 않은 것의 수를 쓰세요.

(6) — 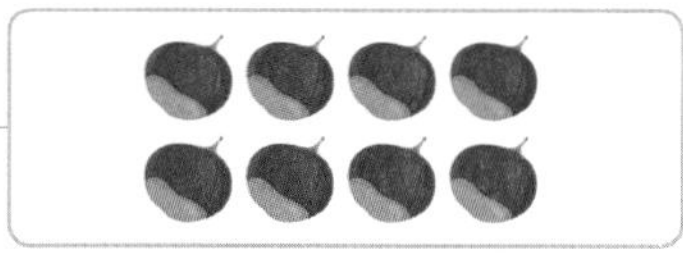

먼저 수만큼 묶어!

(6) — 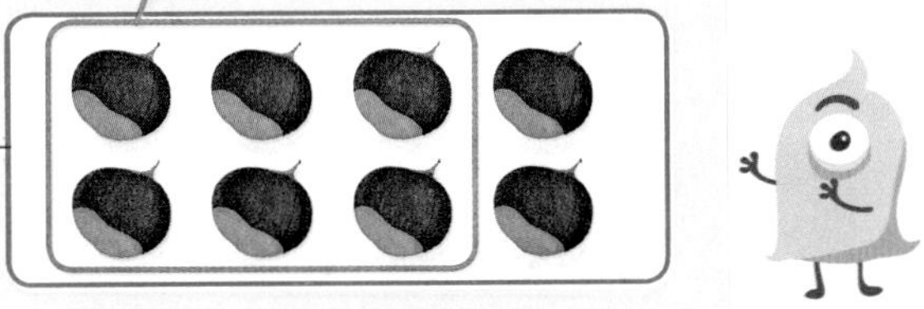

주의해!

묶지 않은 것을 하나, 둘, 셋……으로 세어 수로 나타내.

수학적 독해력

9 오늘은 슬기의 생일입니다. 초 하나는 한 살을 나타냅니다. 슬기의 나이는 몇 살인지 □ 안에 알맞은 수를 써넣으세요.

[ ]살

초 한 개 → [1] 살

초 여덟 개 → [?] 살

수학적 표현력

10 새의 수를 세어 두 가지 방법으로 읽어 보세요.

→ [ ] 마리

수를 읽으면?

[ ], [ ]

03 일 몇째 알아보기

개수

팔(여덟)	🍎🍎🍎🍎🍎🍎🍎🍎🍎
여덟째	🍎🍎🍎🍎🍎🍎🍎🍎🍎

순서

중요해!

하나, 둘, 셋……은 개수를,
첫째, 둘째, 셋째……는 순서를 나타내.

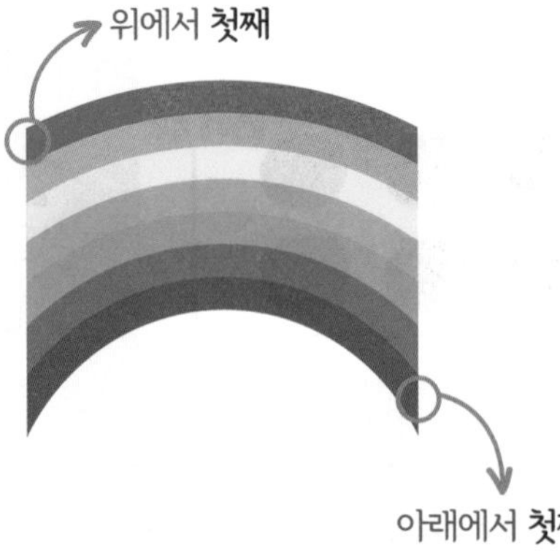

중요해!

순서를 알아볼 때에는 어느 쪽에서 몇째인지를 꼭 확인해.

중요해!

순서를 알아볼 때에는 어느 쪽에서 몇째인지를 꼭 확인해.

ㅅ ㄱ ㄹ ㅇ ㅎ ㄷ

오른쪽

3 알맞게 색칠해 보세요.

팔(여덟)	🍎🍎🍎🍎🍎🍎🍎🍎🍎🍎
여덟째	🍎🍎🍎🍎🍎🍎🍎🍎🍎🍎

4 아래에서 다섯째에 있는 색에 ○표 하세요.

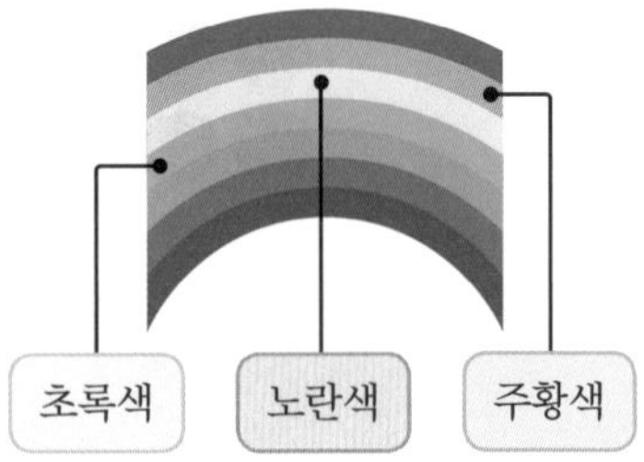

( ) ( ) ( )

5 동물들이 순서대로 줄을 섰습니다. □ 안에 알맞은 수를 써넣으세요.

6 'ㅎ'이 쓰여진 카드는 오른쪽에서 몇째에 있을까요?

ㅅ ㄱ ㄹ ㅇ ㅎ ㄷ

7 알맞은 말에 ○표 하세요.

	둘 , 둘째
	넷 , 넷째
	여섯 , 여섯째

	둘	둘째
	넷	넷째
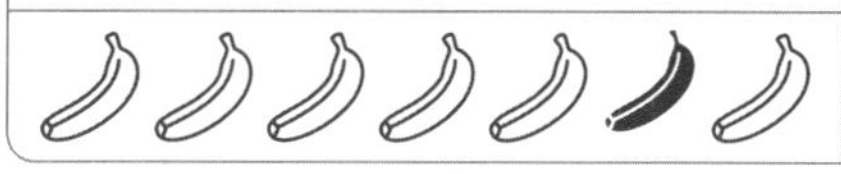	여섯	여섯째

개수 순서

주의해!

하나, 둘, 셋……은 개수를,
첫째, 둘째, 셋째……는 순서를 나타내.

8 왼쪽에서 넷째에 있는 동물은 오른쪽에서 몇째에 있을까요?

수학적 독해력

9 학생 9명이 한 줄로 나란히 서 있습니다. 슬기는 둘째에 서 있고, 로운이는 여덟째에 서 있습니다. 슬기와 로운이 사이에는 몇 명이 서 있을까요?

로운이는 어디에 서 있는지 찾아봐.

주의해!

■와 ▲ 사이에 ■와 ▲는 포함되지 않아.

수학적 표현력

10 한결이가 달리기 시합을 하고 있습니다. 한결이 앞에 3명이 달리고 있을 때 한결이는 몇째로 달리고 있는지 말해 보세요.

한결이 앞에 3명이 달리고 있다면

04일 수의 순서 알아보기

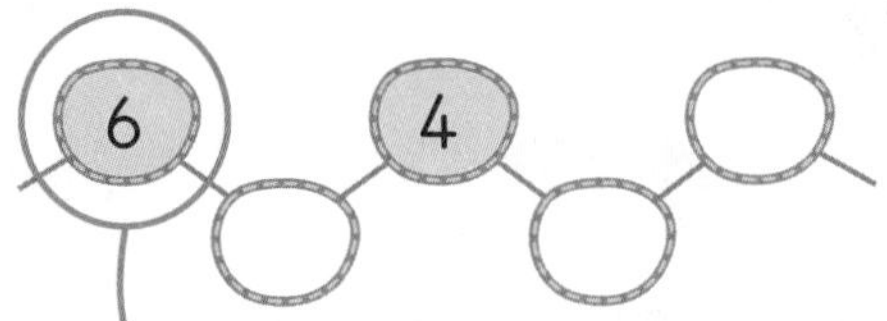

6부터 순서를 거꾸로 하여 수를 쓰면
6—5—4—……야.

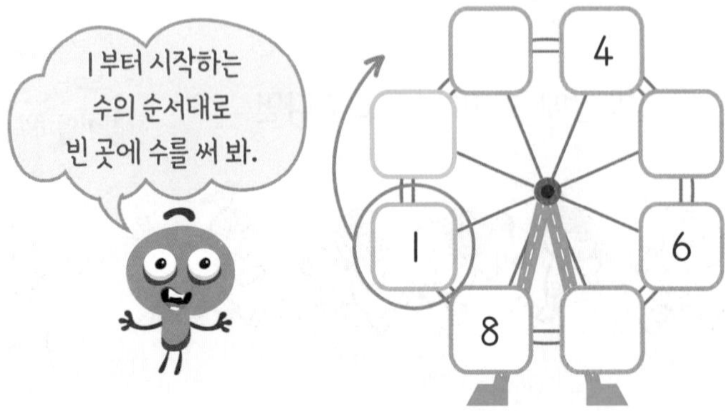

2 순서를 거꾸로 하여 수를 써넣으세요.

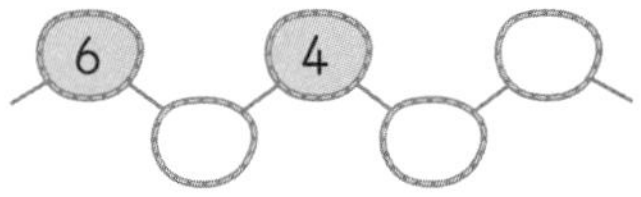

4 수를 순서대로 바르게 쓴 사람은 누구일까요?

나래	2	3	4	6	5
영민	5	6	7	8	9

5 열린 사물함의 번호를 수의 순서대로 써넣으세요.

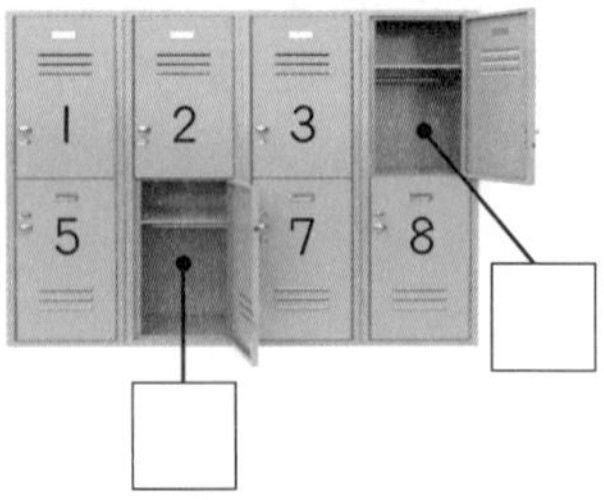

6 대관람차에 수가 순서대로 쓰여 있습니다. 빈 곳에 알맞은 수를 써넣으세요.

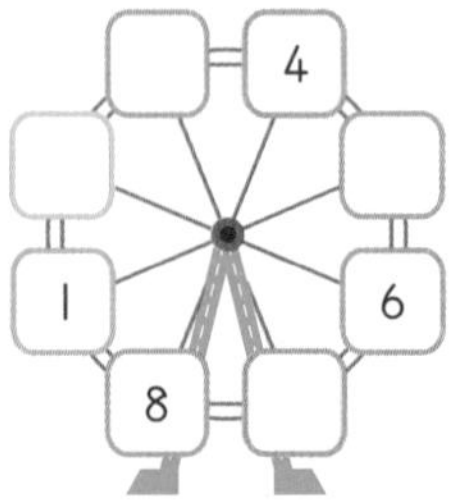

7 수의 순서대로 사물함의 번호를 써넣으세요.

8 수의 순서대로 선으로 이어 보세요.

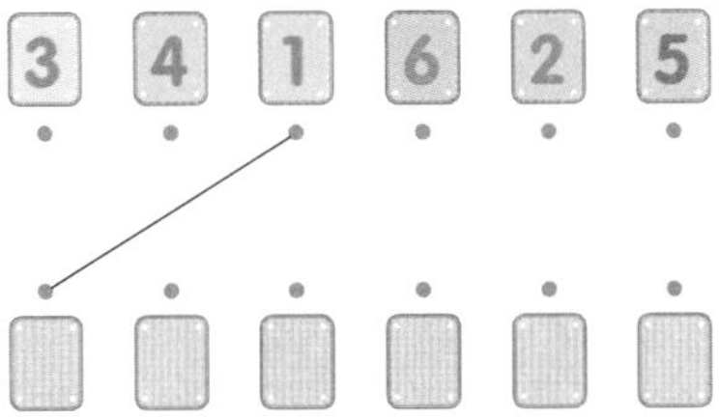

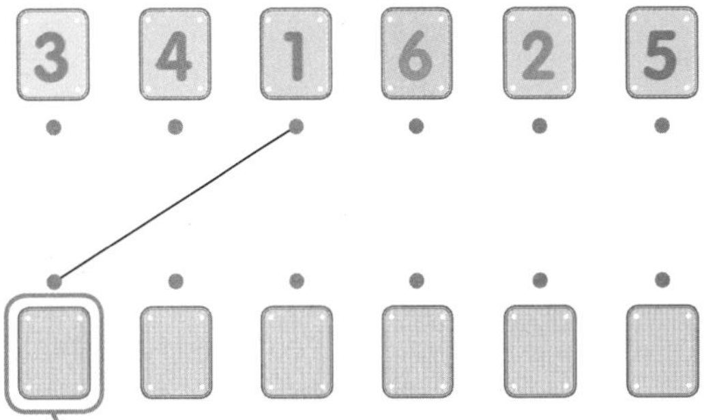

수학적 독해력

9 2부터 순서대로 6장의 수 카드를 늘어놓았습니다. 초록색 카드에 있는 수를 쓰세요.

"2부터 순서대로 6장의 수 카드를 늘어놓았습니다."

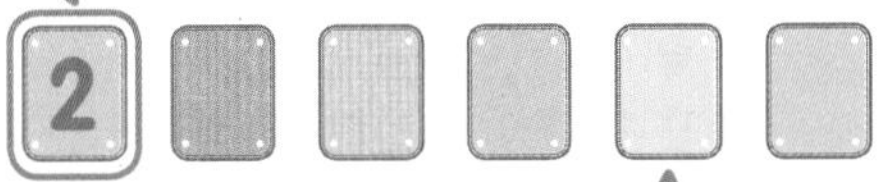

수학적 표현력

10 3부터 8까지의 수 카드를 순서대로 늘어놓았습니다. 잘못 놓여진 수 카드 두 장을 찾아 바르게 고쳐 보세요.

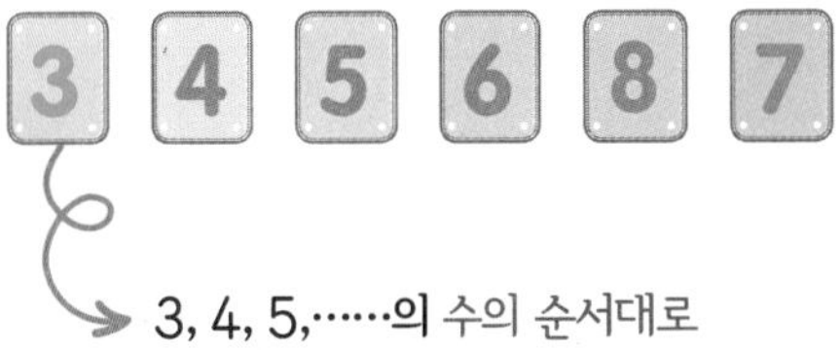

3, 4, 5,……의 수의 순서대로
수 카드가 놓여 있는지 확인해.

05일 1 큰 수와 1 작은 수

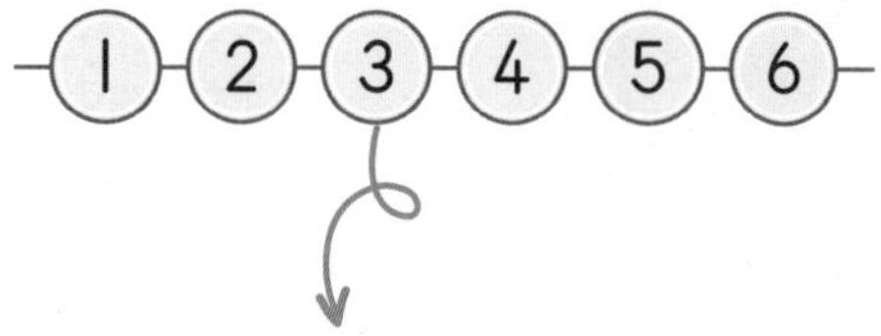

어떤 수는 [바로 앞의 수]보다 1 큰 수이고,

[바로 뒤의 수]보다 1 작은 수야.

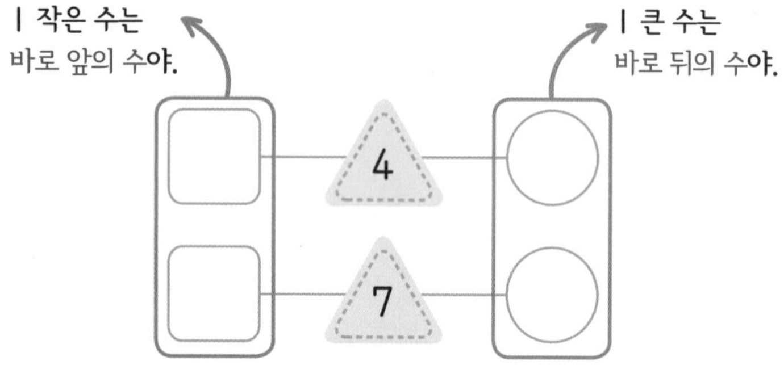

어떤 수는 [바로 앞의 수]보다 1 큰 수이고,

[바로 뒤의 수]보다 1 작은 수야.

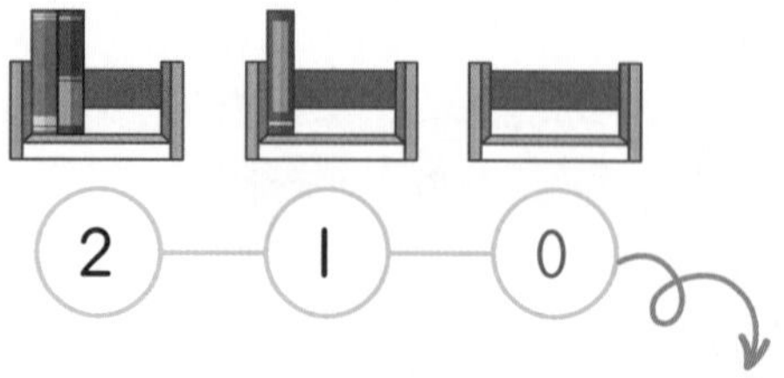

중요해!

아무것도 없는 것은 0이야.

3 다음을 보고 □ 안에 알맞은 수를 써넣으세요.

3은 □보다 1 큰 수이고,

□보다 1 작은 수입니다.

4 □ 안에는 1 작은 수를, ○ 안에는 1 큰 수를 써넣으세요.

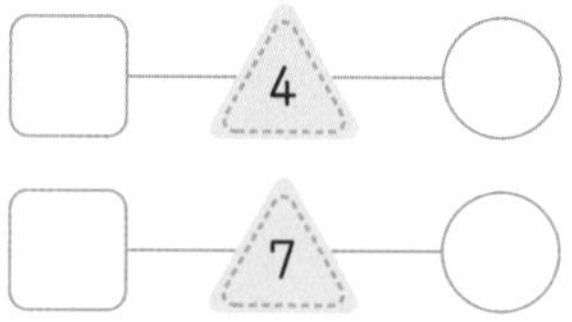

5 7을 바르게 설명한 사람은 누구일까요?

6 다음에 알맞은 수를 쓰고, 읽어 보세요.

- 아무것도 없는 수입니다.
- 1보다 1 작은 수입니다.

[쓰기] (   )

[읽기] (   )

7 나타내는 수가 나머지와 다른 하나를 찾아 기호를 쓰세요.

㉠ 넷	㉡ 5보다 1 작은 수
㉢ 사	㉣ 4보다 1 큰 수

□ ↑ ㉠ 넷 ㉢ 사 ↓ □

□ ↑ ㉡ 5보다 1 작은 수 ㉣ 4보다 1 큰 수 ↓ □

모두 수로 나타낸 다음 다른 하나를 찾아.

8 다음을 보고 ★에 알맞은 수를 구하세요.

- 맨 왼쪽의 수는 가운데 수보다 1 작은 수입니다.
- 맨 오른쪽의 수는 가운데 수보다 1 큰 수입니다.

6		★

가운데 수보다 1 작은 수 ↑ 6　□　★ ↑ 가운데 수보다 1 큰 수

주의해!

먼저 가운데 수를 구해야 ★을 구할 수 있어.

수학적 독해력

9 접시 위에 있던 딸기를 민호가 모두 먹었습니다. 남은 딸기의 수를 잘못 나타낸 것을 찾아 기호를 쓰세요.

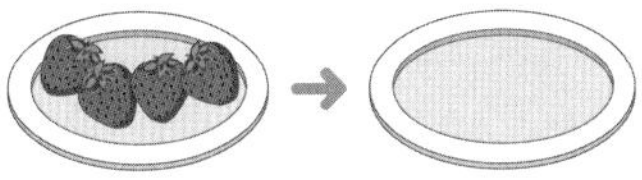

㉠ 0	㉡ 1보다 1 작은 수
㉢ 영	㉣ 1보다 1 큰 수

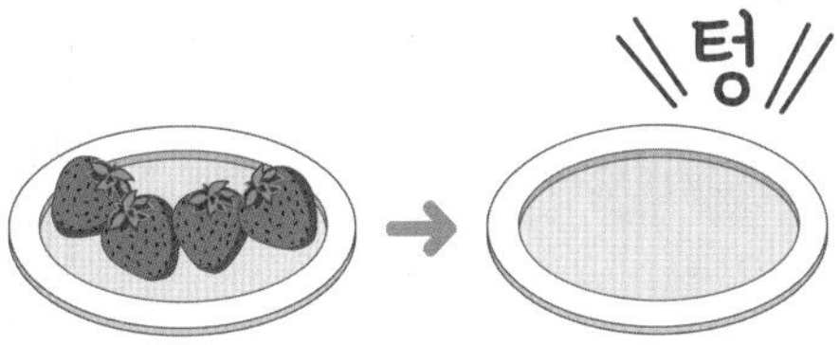

모두 먹었기 때문에 접시 위에는 아무것도 없어.

중요해!

아무것도 없는 것은 0이야.

수학적 표현력

10 사과의 수보다 1 작은 수는 얼마인지 말해 보세요.

'사과의 수보다 1 작은 수'는?

사과의 수는 1

1보다 1 작은 수는 무엇일까?

06일 두 수의 크기 비교하기

작다

0 1 2 3 4 5 6

수의 순서에서
어떤 수보다 작은 수는
어떤 수 앞에 있는 수야.

5	8	3	9

수를 순서대로 써 봐!

□ □ □ □

가장 앞에 있는 수가
가장 작은 수

가장 뒤에 있는 수가
가장 큰 수

모두 수로 나타낸 다음
다른 하나를 찾아.

□ □

㉠ 다섯 ㉡ (그림 6개)
㉢ 사 ㉣ 일곱

□ □

가장 작은 수는 수의 순서에서
가장 앞에 있는 수야.

가장 뒤에 있는 수 / 가장 앞에 있는 수

가장 큰 수는 □이고, 가장 작은 수는 □입니다.

3 3보다 작은 수에 모두 색칠하세요.

0 1 2 3 4 5 6

4 가장 큰 수에 ○표, 가장 작은 수에 △표 하세요.

5	8	3	9

5 나타내는 수가 가장 작은 것을 찾아 기호를 쓰세요.

㉠ 다섯 ㉡ (그림 6개)
㉢ 사 ㉣ 일곱

6 그림을 보고 □ 안에 알맞은 수를 써넣으세요.

가장 큰 수는 □이고, 가장 작은 수는 □입니다.

7 4장의 수 카드를 작은 수부터 순서대로 늘어놓으려고 합니다. 왼쪽에서 셋째에 놓이는 수 카드는 얼마일까요?

5 7 4 8

5 7 4 8
↓
□ □ □ □

수의 순서에서
앞에 있는 수부터
순서대로 늘어놓은 다음
셋째를 찾아.

8 □안에 공통으로 들어갈 수 있는 수를 모두 구하세요.

- 3은 □보다 작습니다.
- □은/는 7보다 작습니다.

- 3은 □보다 작습니다.
- □은/는 7보다 작습니다.

→ 3 □ 7

□는 3보다 크고
7보다 작은 수야.

수학적 독해력

9 다음을 만족하는 수를 모두 구하세요.

- 0과 6 사이에 있는 수입니다.
- 4보다 작은 수입니다.

- 0과 6 사이에 있는 수입니다.
- 4보다 작은 수입니다.

↓
0 □ 4 6

□는 0보다 크고 4보다 작은 수야.

주의해!
■와 ▲ 사이에
■와 ▲는 포함되지
않아.

수학적 표현력

10 줄넘기를 나래는 여덟 번, 슬기는 여섯 번을 하였습니다. 줄넘기를 더 많이 한 사람은 누구인지 말해 보세요.

줄넘기를 나래는 여덟 번, 슬기는 여섯 번을 하였습니다.

↓ 8 ↓ 6

수의 순서에서
뒤에 있는 수가 더 큰 수야.

07 일 여러 가지 모양 찾아보기

2 모양이 같은 것끼리 선으로 이어 보세요.

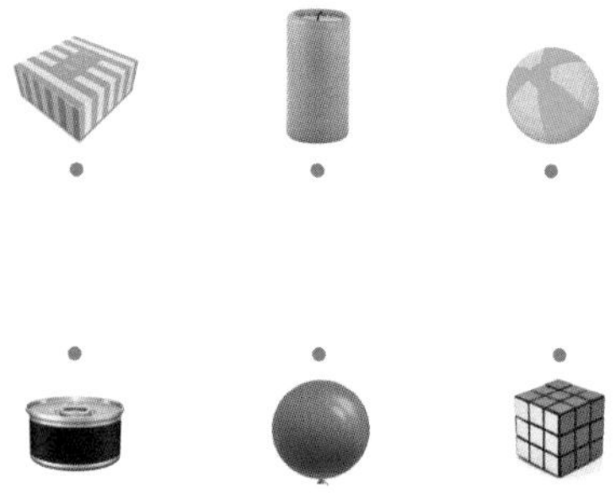

3 모양이 다른 것에 ○표 하세요.

( ) ( ) ( )

4 다음은 어떤 모양의 물건을 모아 놓은 것인지 ○표 하세요.

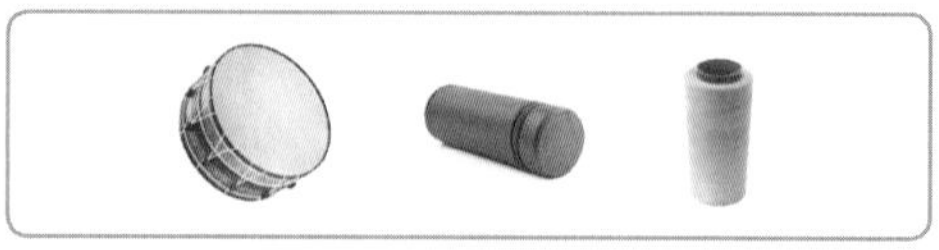

()

5 찾을 수 있는 모양에 모두 ○표 하세요.

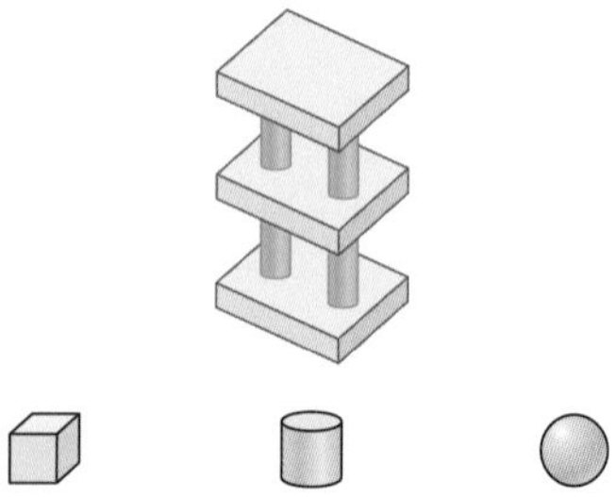

( ) ( ) ( )

7 가장 많은 모양을 찾아 ○표 하세요.

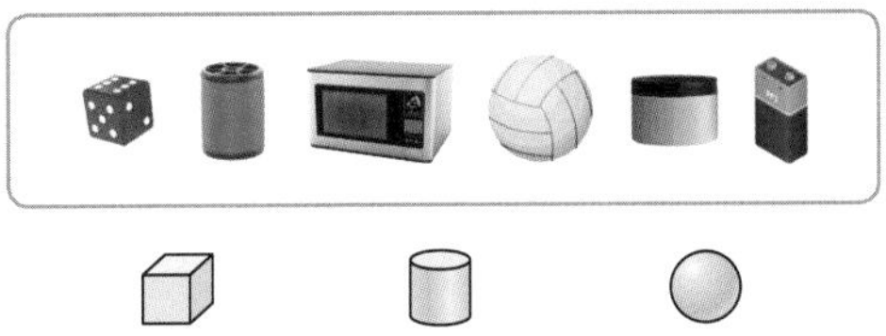

(　　) (　　) (　　)

헷갈리지 않도록
같은 모양끼리 선으로 이어 봐.

가장 많이 연결된
모양을 찾아.

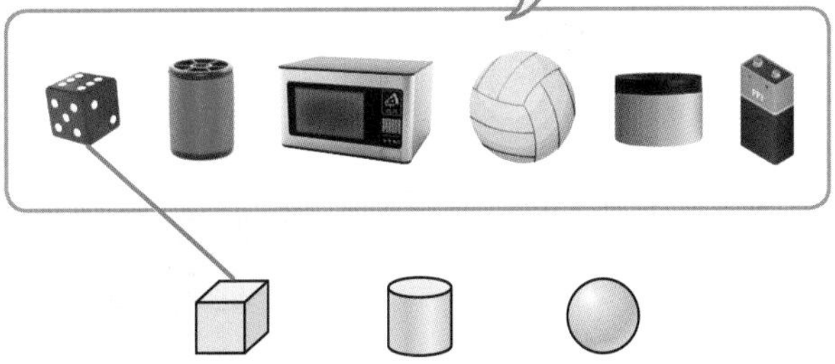

8 슬기와 로운이가 똑같이 가지고 있는 모양에 ○표 하세요.

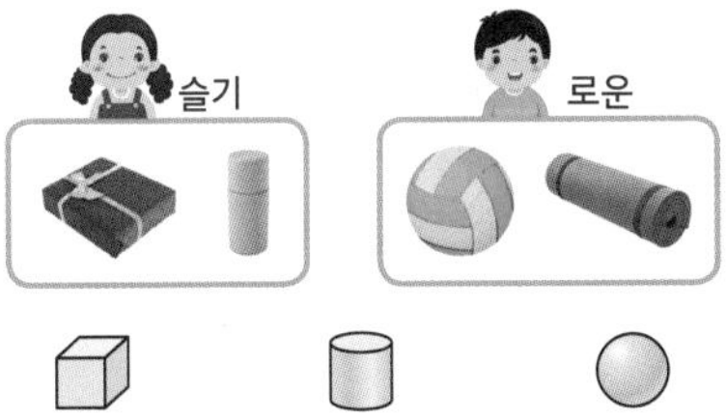

(　　) (　　) (　　)

같은 모양끼리
선으로 이어 봐.

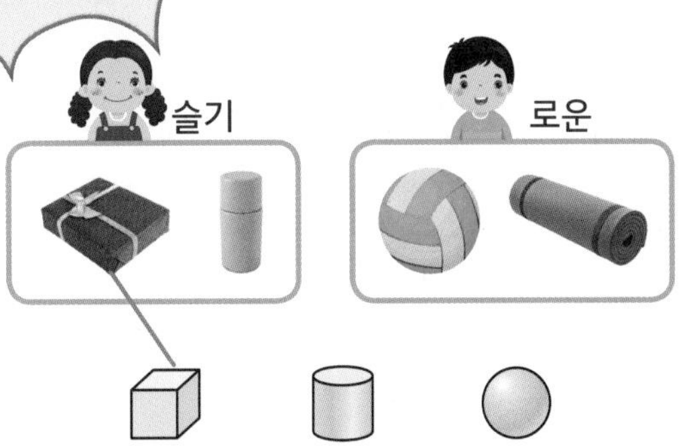

두 사람과 모두
연결된 모양을
찾아.

수학적 독해력

9 다음 물건에 대해 잘못 말한 친구는 누구일까요?

수현: 은 와 색깔과 무늬가 같으니까 같은 모양이야.

윤하: 은 과 크기나 색깔이 달라도 모양이 같으니까 같은 모양이야.

같은 모양을 찾을 때에는 크기나 색깔을
생각하지 않고 모양만 생각해.

수학적 표현력

10 다음 물건을 같은 모양끼리 모아 보세요.

크기나 색이 달라도
모양이 같으면
같은 모양이야.

08일 여러 가지 모양 알아보기

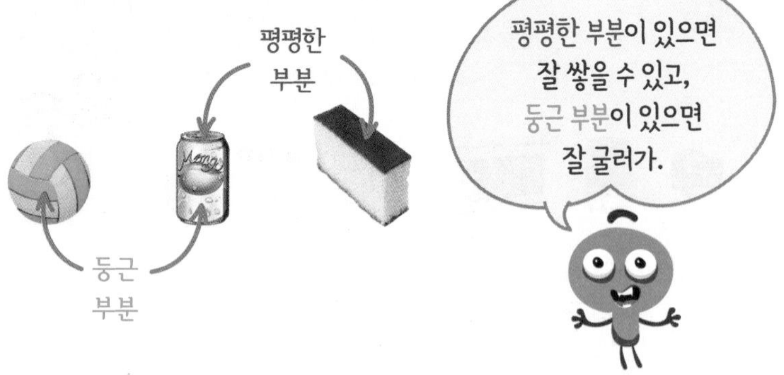

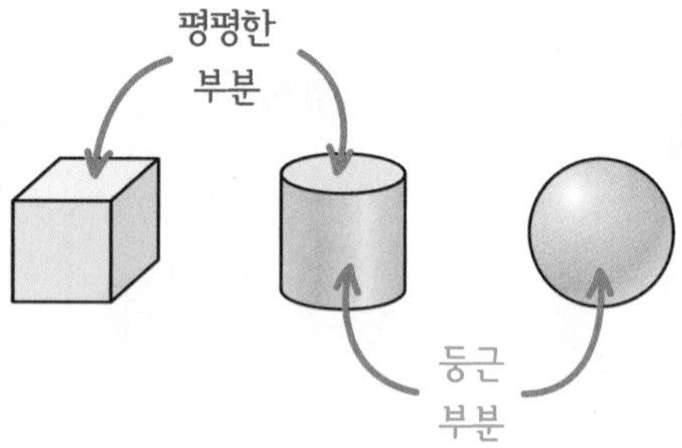

1 잘 굴러가지 않는 것에 ○표 하세요.

( ) ( ) ( )

2 영민이가 설명하는 모양으로 알맞은 것을 찾아 ○표 하세요.

( ) ( ) ( )

3 보이는 모양과 같은 모양의 물건을 모두 찾아 기호를 쓰세요.

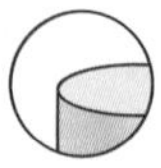

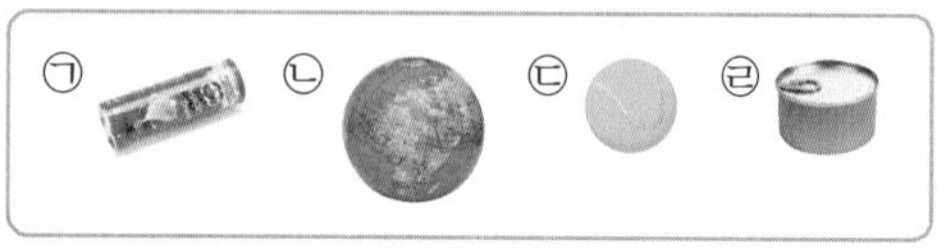

6 상자 속에 있는 물건을 손으로 만져 보고 말한 것입니다. 잘못 말한 사람은 누구일까요?

7 평평한 부분의 수에 알맞은 모양의 물건을 모두 찾아 기호를 쓰세요.

평평한 부분의 수	0개	2개	6개
물건			

평평한 부분의 수	0개	2개	6개

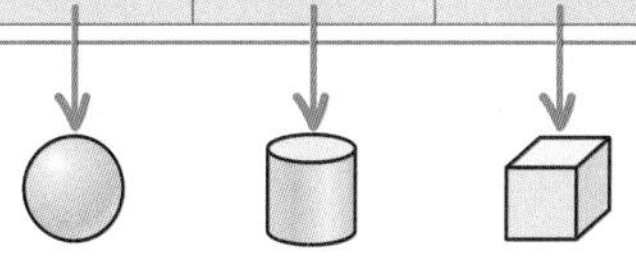

먼저 평평한 부분의 수에 알맞은 모양을 생각해 봐.

8 잘 굴러도 가지만 잘 쌓을 수도 있는 모양은 몇 개일까요?

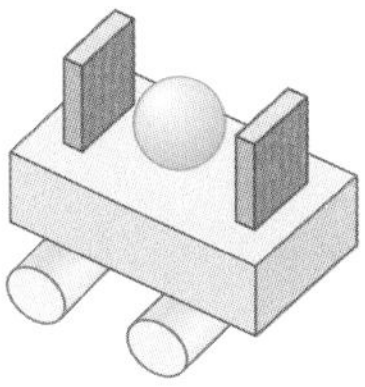

'잘 굴러도 가지만 잘 쌓을 수도 있는 모양'

둥근 부분이 있어야 잘 굴러가.

평평한 부분이 있어야 잘 쌓을 수 있어.

수학적 독해력

9 윤하와 민호가 다음 물건에 대해 이야기하고 있습니다. 올바른 것에 ○표 하세요.

윤하: 책은 (둥근 , 평평한) 부분이 있어서 잘 쌓을 수 (있어 , 없어).

민호: 축구공은 (둥근 , 평평한) 부분이 있어서 잘 (굴러가 , 굴러가지 않아).

평평한 부분이 있으면 잘 쌓을 수 있고, 둥근 부분이 있으면 잘 굴러가.

수학적 표현력

10 어느 방향으로도 잘 굴러가는 물건은 몇 개인지 말해 보세요.

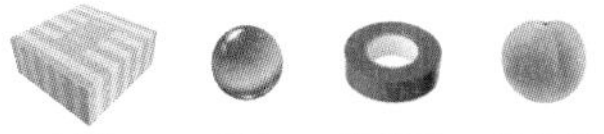

상자 구슬 테이프 복숭아

'어느 방향으로도 잘 굴러가는 물건'

모든 부분이 둥글어야 어느 방향으로도 잘 굴러가.

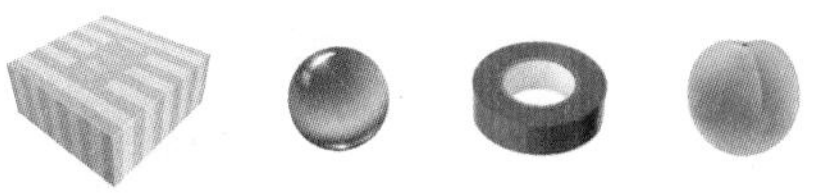

상자 구슬 테이프 복숭아

모든 부분이 둥근 모양을 찾아.

09 일 여러 가지 모양으로 만들기

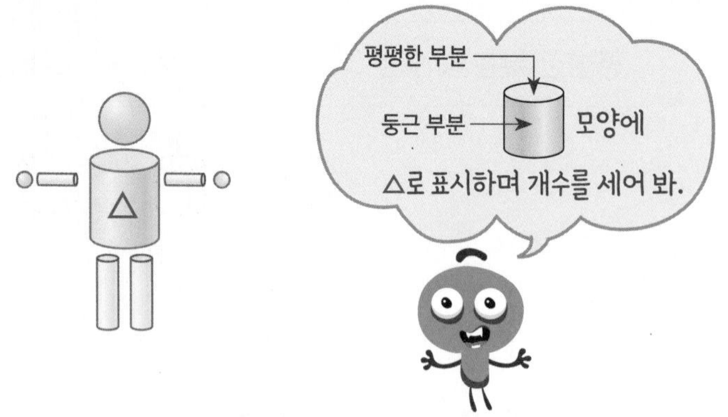

1 다음 모양을 만드는 데 사용한 (원기둥) 모양은 몇 개일까요?

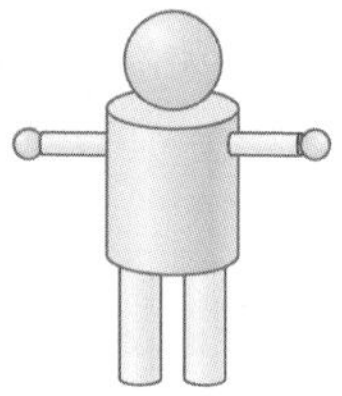

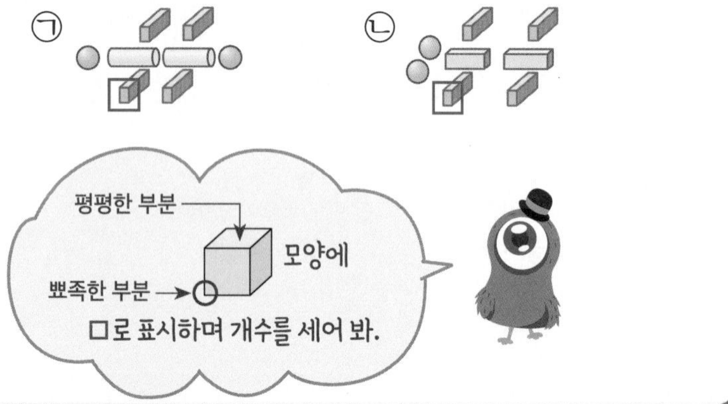

3 (상자) 모양을 더 많이 사용한 모양에 ○표 하세요.

㉠ 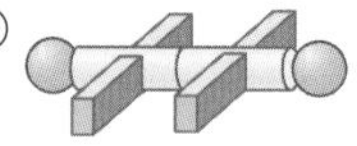 ㉡ 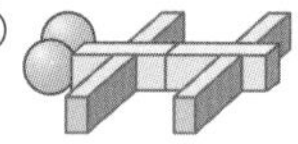

( ) ( )

5 다음 모양을 만드는 데 가장 많이 사용한 모양에 ○표 하세요.

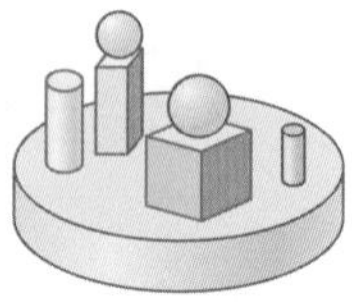

위에서 아래로 내려가면서 왼쪽과 오른쪽의 도형을 비교하여 다른 부분을 찾아 ○표 해.

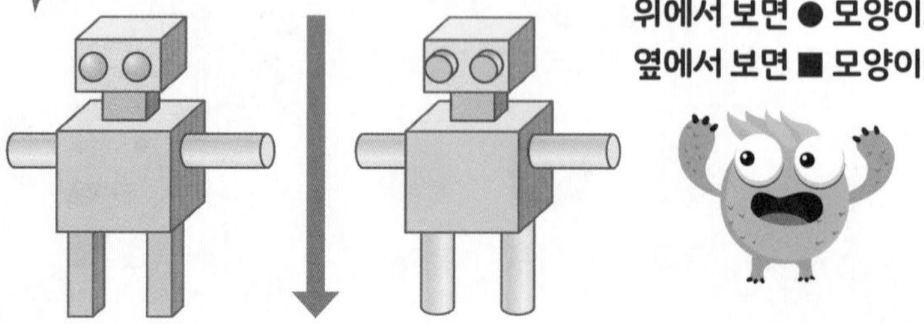

알아둬!

(원기둥) 모양은
위에서 보면 ● 모양이고
옆에서 보면 ■ 모양이야.

6 두 그림에서 서로 다른 부분을 찾아 모두 ○표 하세요.

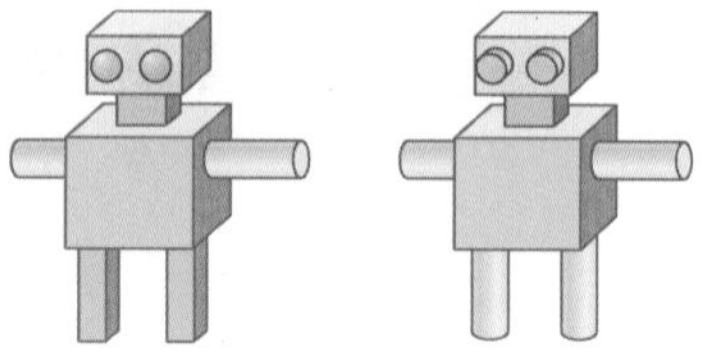

7 왼쪽의 모양들을 모두 사용하여 만든 모양을 찾아 선으로 이어 보세요.

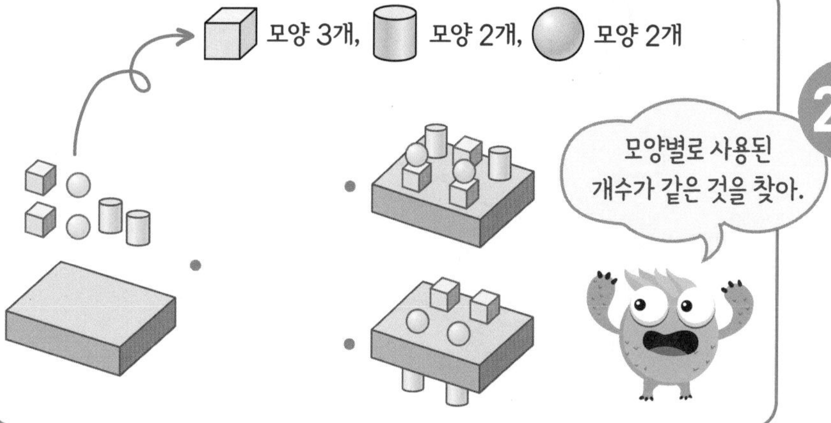

8 다음 모양은 모양을 몇 개 사용하여 만들었을까요?

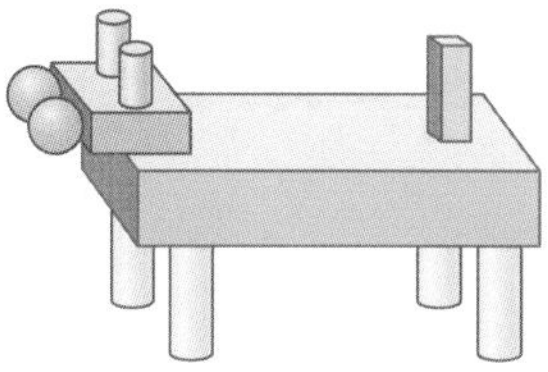

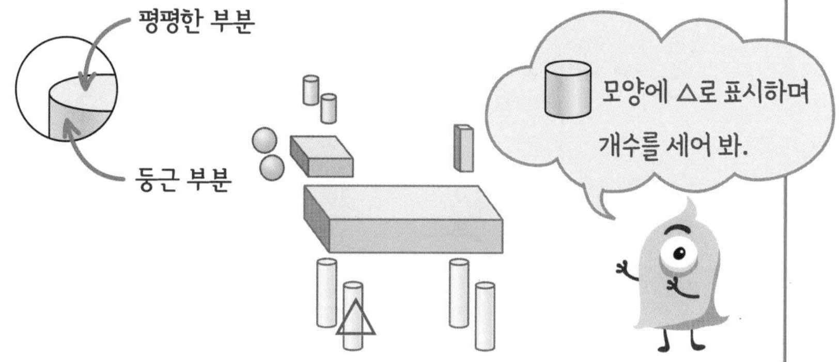

수학적 독해력

9 다음 모양을 만드는 데 모양은 모양보다 몇 개 더 많이 사용했나요?

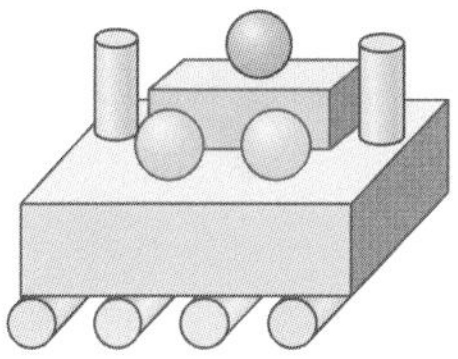

수학적 표현력

10 다음 모양을 만드는 데 , , 모양 중 가장 많이 사용한 모양과 그 개수를 말해 보세요.

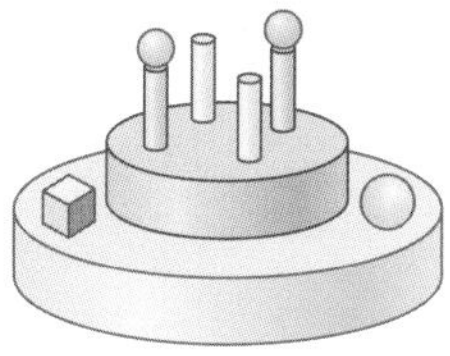

10일 모으기와 가르기 (1)

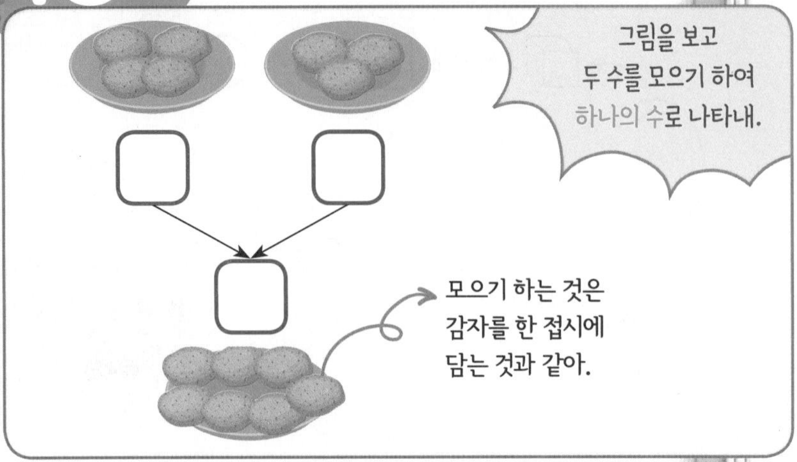

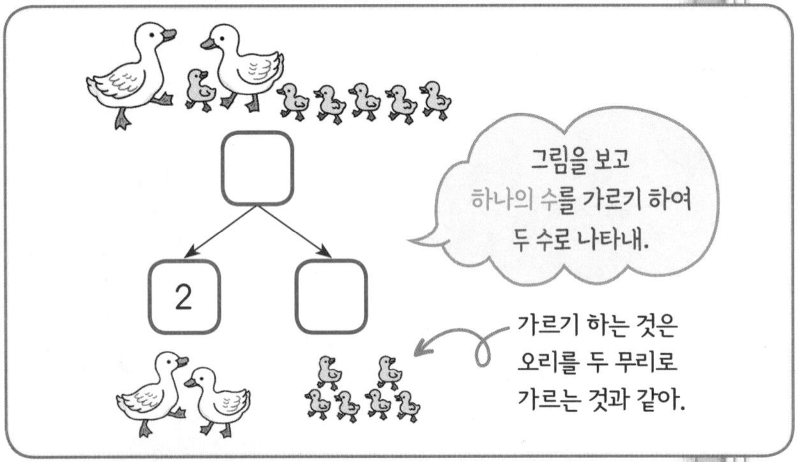

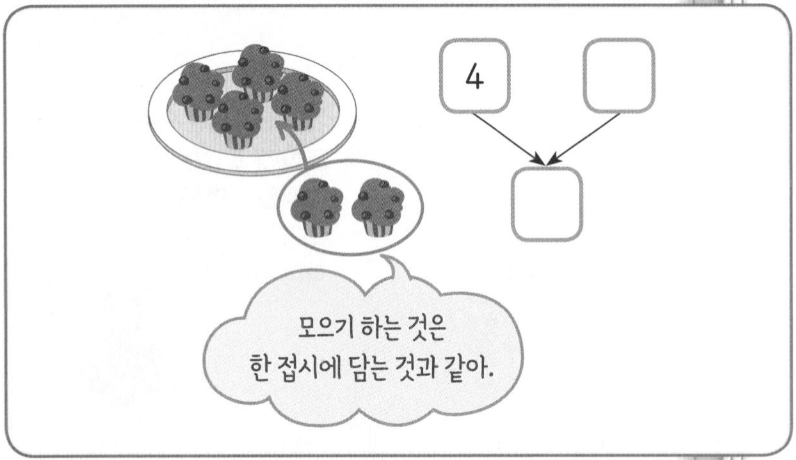

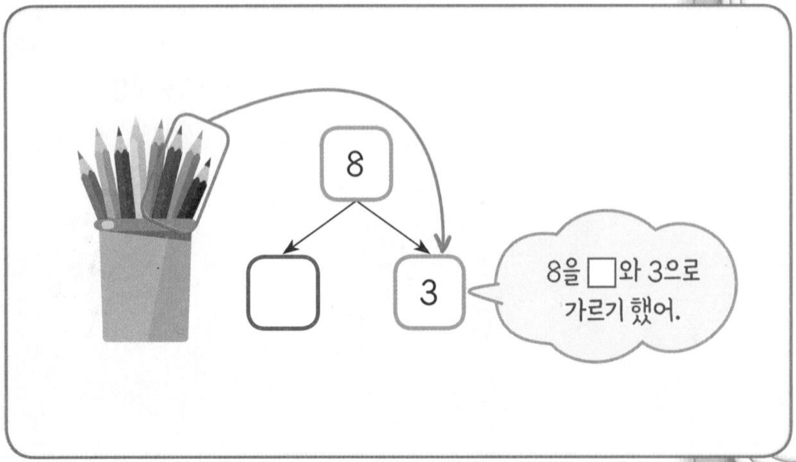

3 모으기를 해 보세요.

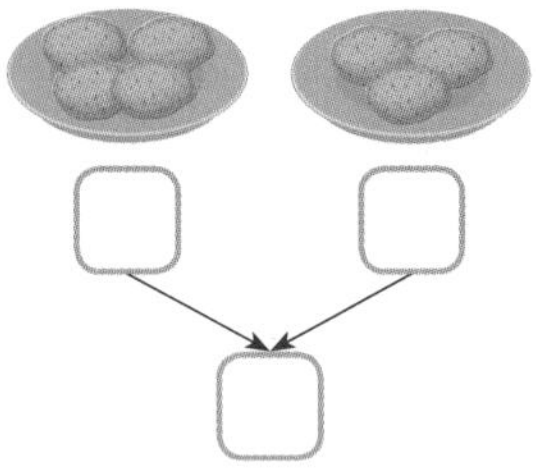

4 가르기를 해 보세요.

5 모으기를 해 보세요.

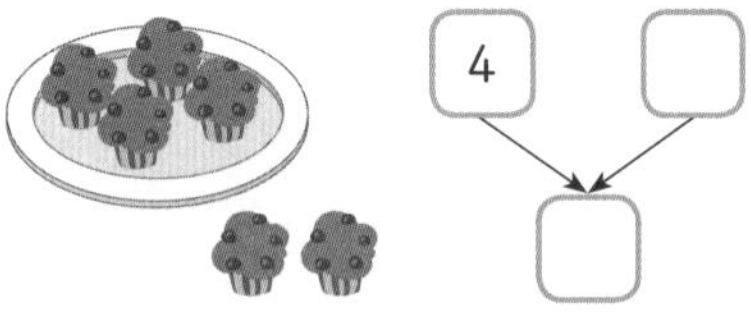

6 가르기를 해 보세요.

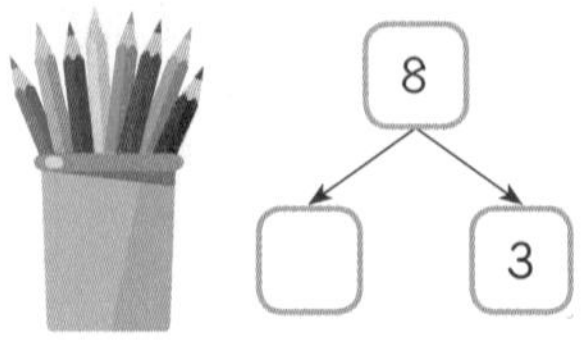

7 모으기를 하여 7이 되는 것끼리 선으로 이어 보세요.

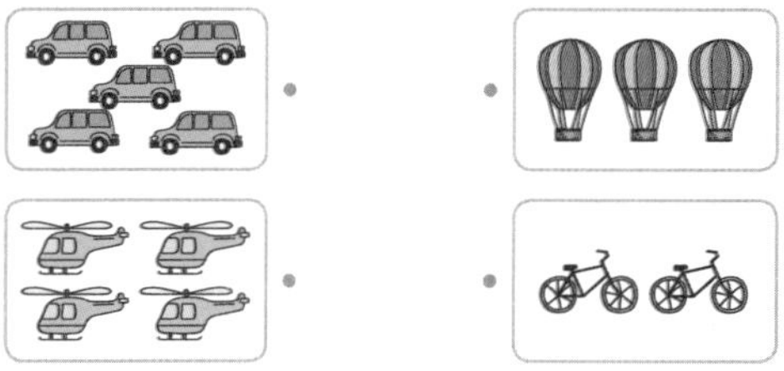

그림을 보고 먼저 수로 나타낸 다음 두 수를 모으기 하여 7이 되는 것끼리 이어 봐.

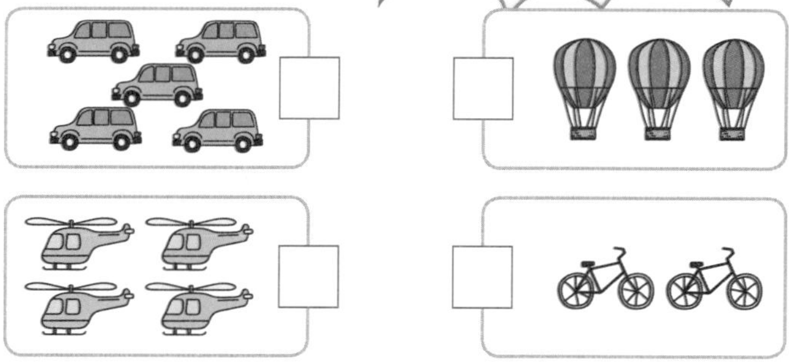

8 빈 곳에 알맞은 모양을 그려 넣고, 가르기를 해 보세요.

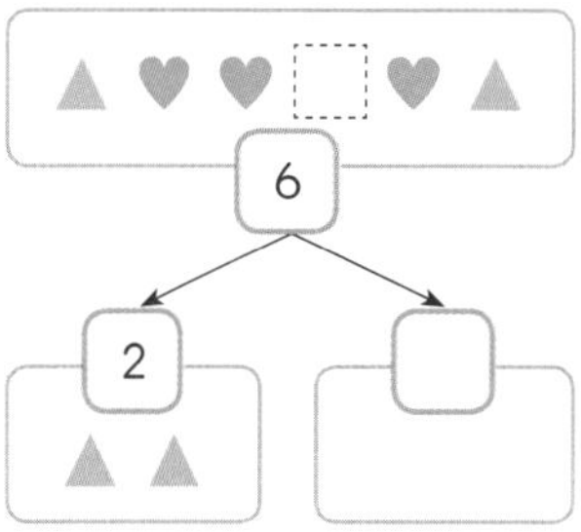

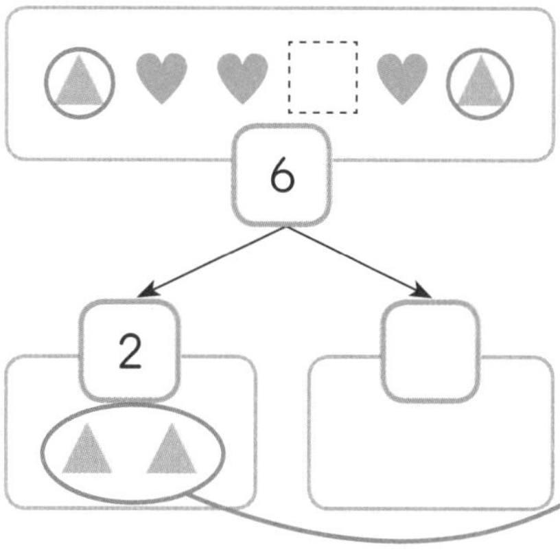

▲ 모양이 2개니까 나머지는 모두 ♥ 모양이야.

수학적 독해력

+9 물고기 5마리를  보다 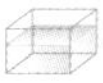에 더 많게 가르기를 해 보세요.

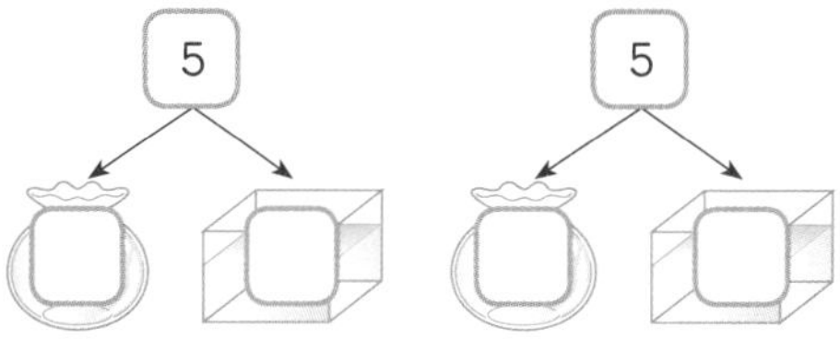

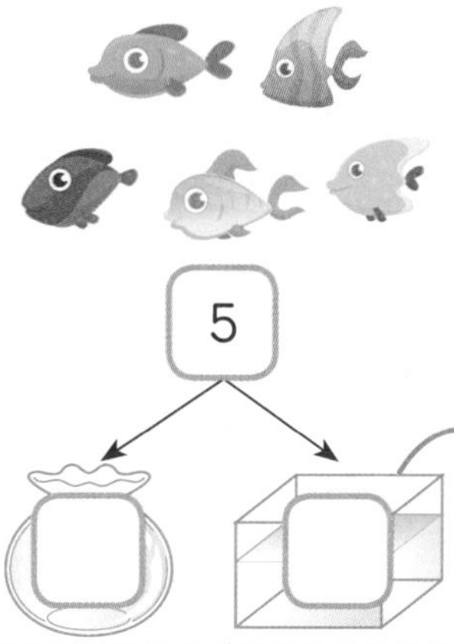

5는 1과 4,
5는 2와 3,
5는 3과 2,
5는 4와 1로
가르기 할 수 있어.

물고기의 수가  보다 더 많아야 하므로 더 큰 수가 와야 해.

수학적 표현력

+10 만두 7개를 가르기 하려고 합니다. 〈보기〉와 다른 방법으로 가르기를 해 보세요.

〈보기〉

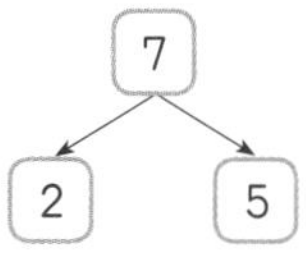

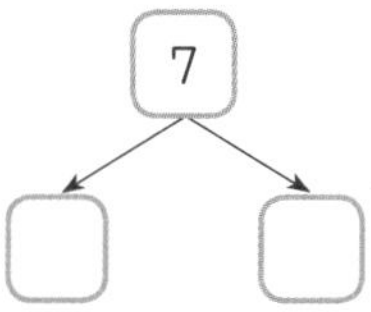

여러 가지 다른 방법으로 선을 그어 가르기 해 봐.

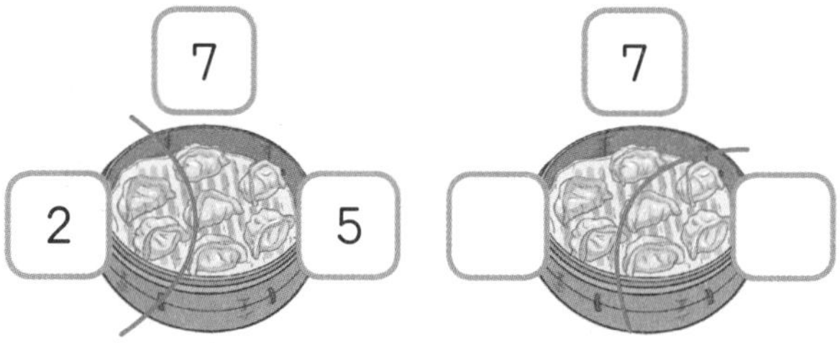

3 단원

모으기와 가르기 (2)

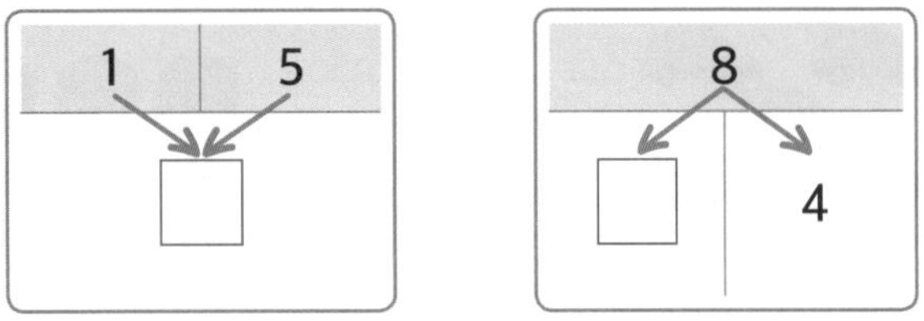

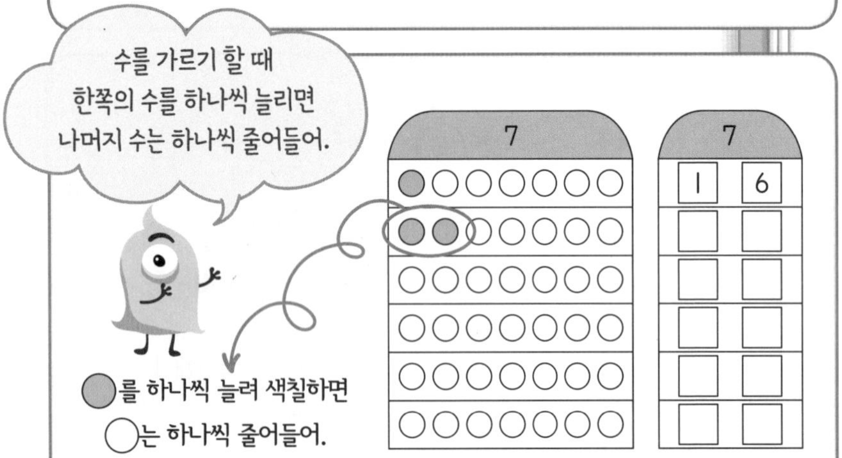

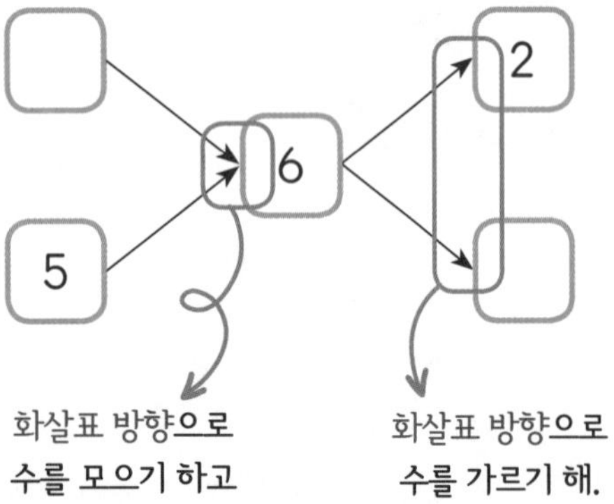

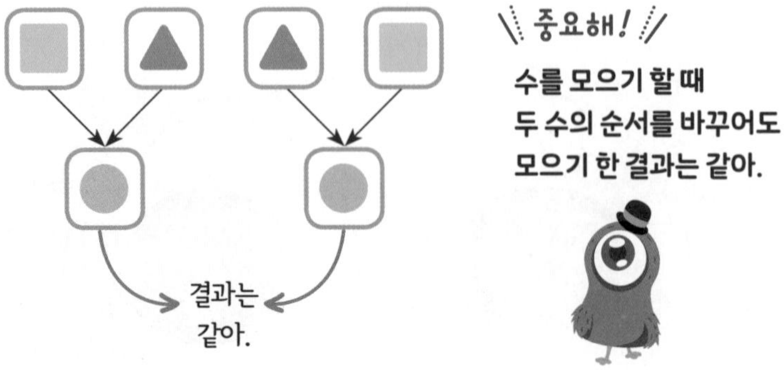

3 모으기와 가르기를 한 것입니다. 빈칸에 알맞은 수를 써넣으세요.

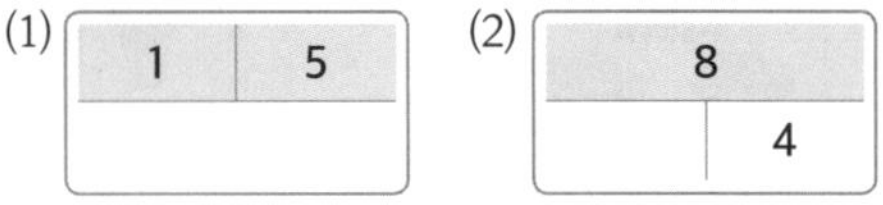

4 7을 여러 가지 방법으로 가르기 해 보세요.

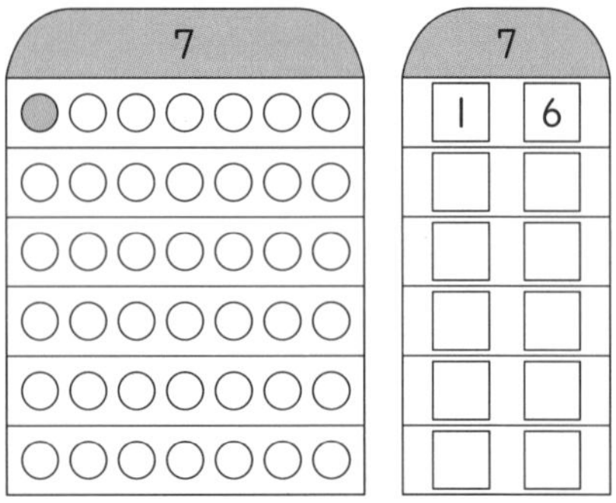

5 빈칸에 알맞은 수를 써넣으세요.

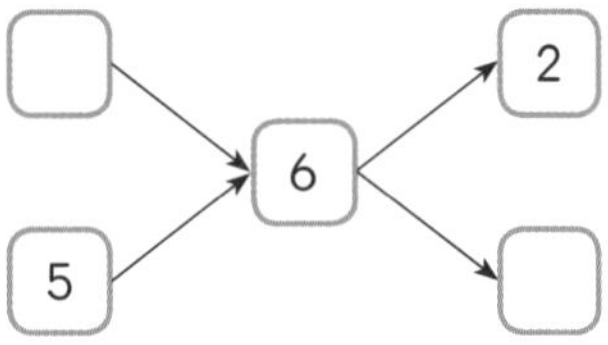

6 □ 안에 알맞은 수를 써넣으세요.

4와 3을 모으기 한 수는 3과 □를 모으기 한 수와 같습니다.

7 ㉠과 ㉡에 들어갈 수를 각각 구하세요.

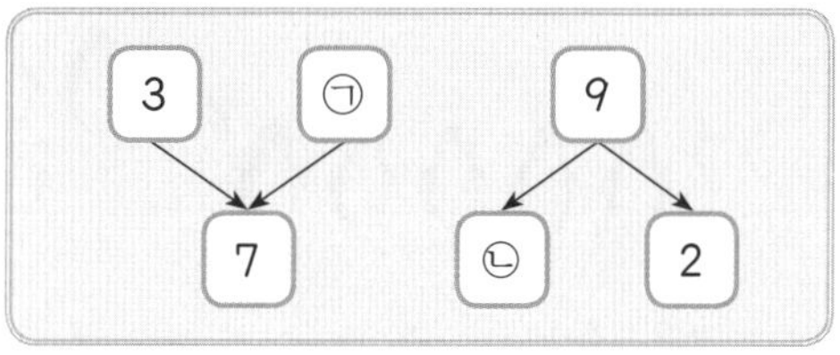

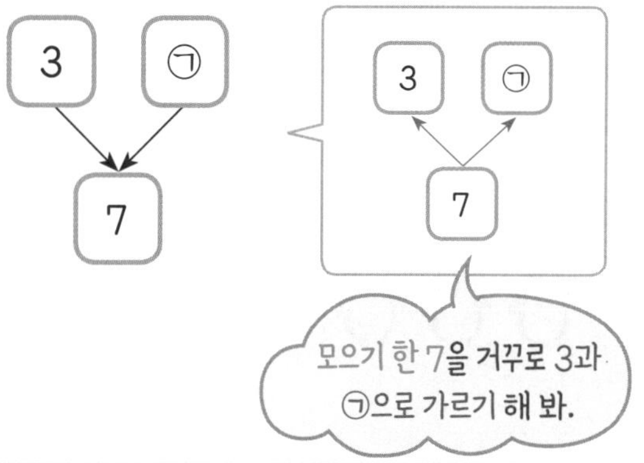

8 모으기 하여 6이 되는 가까운 두 수를 모두 찾아 묶어 보세요.

4	3	5
2	1	2
1	3	3

4	3	5
2	1	2
1	3	3

여러 방향으로 가까운 두 수를 모으기 하여 6이 되는 경우를 모두 찾아.

주의해!

→↑ 방향뿐 아니라 ↘↗ 방향도 확인해.

수학적 독해력

9 7을 위쪽과 아래쪽의 두 수로 가르기 한 것입니다. 빈칸에 알맞은 수를 써넣으세요.

7

1	2		4		6
6		4		2	

7을 위쪽과 아래쪽으로 가르기 해.

7

1	2		4		6
6		4		2	

중요해!

가르기 한 두 수를 모으기 하면 7이 되어야 해.

수학적 표현력

10 잘못 가르기 한 사람의 이름을 쓰고, 바르게 고쳐 보세요.

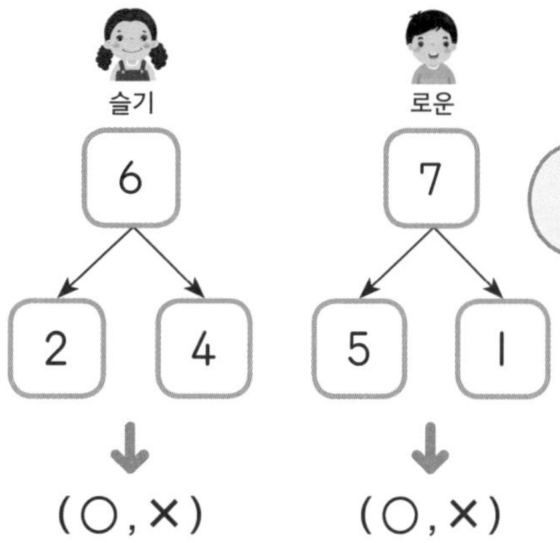

가르기 한 두 수를 모으기 하면 처음의 수가 되는지 확인해!

12일 더하기 나타내기

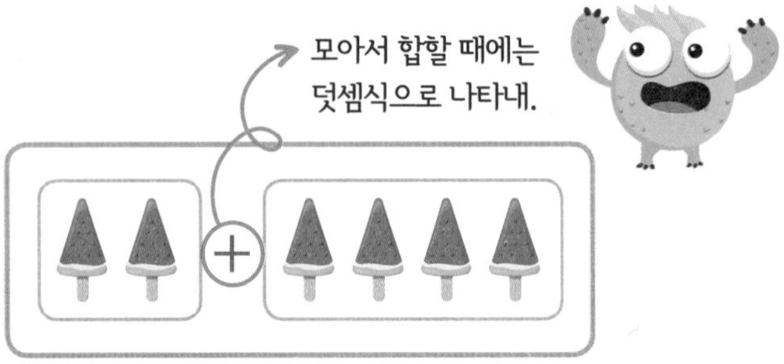

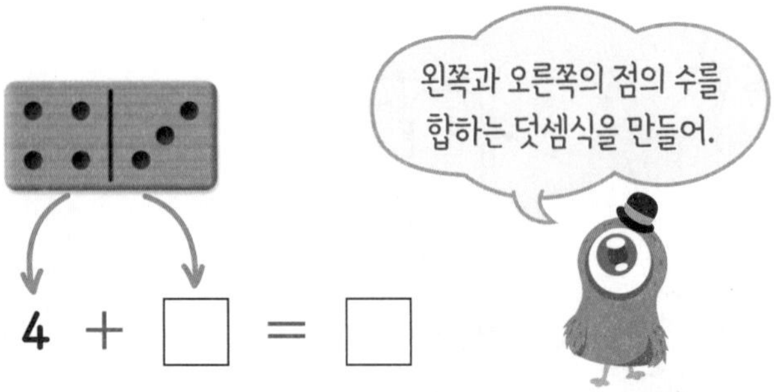

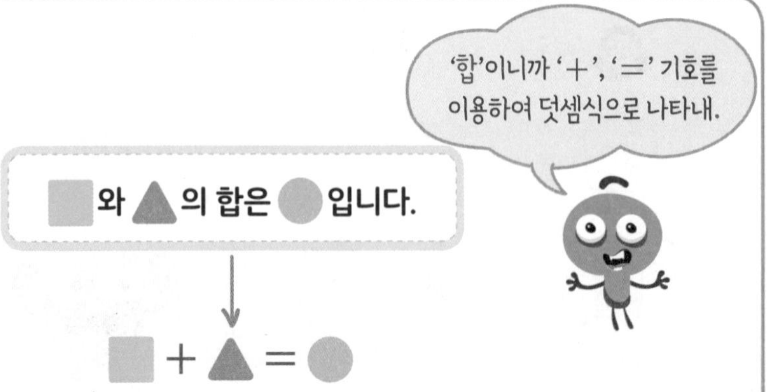

2 그림을 보고 알맞은 덧셈식을 쓰고 읽어 보세요.

쓰기 5+□=□

읽기 5 더하기 □는 □과 같습니다.

3 그림을 보고 알맞은 덧셈식을 쓰고 읽어 보세요.

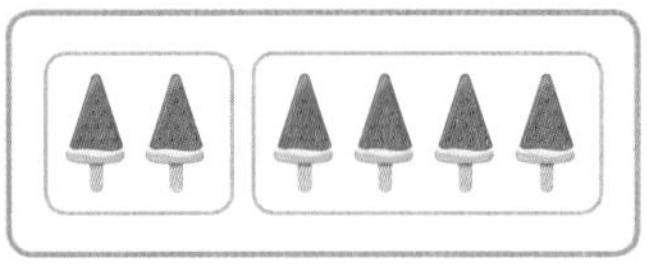

쓰기 2+□=□

읽기 2와 □의 합은 □입니다.

5 알맞은 덧셈식을 쓰세요.

(1)

4+□=□

(2)

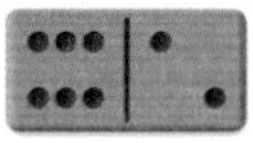

□+□=□

6 다음을 읽고 알맞은 덧셈식을 쓰세요.

5와 4의 합은 9입니다.

7 그림을 보고 잘못 나타낸 것을 찾아 기호를 쓰세요.

㉠ 2+7=9
㉡ 2 더하기 9는 7과 같습니다.
㉢ 2와 7의 합은 9입니다.

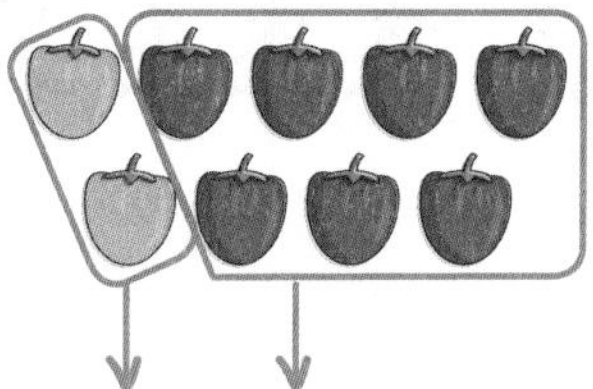

□+□=□

알아둬!
덧셈식을 2가지 방법으로 읽을 수 있어.

8 그림에 알맞은 덧셈식을 쓰고 읽어 보세요.

쓰기 □+□=□

읽기 ____________________

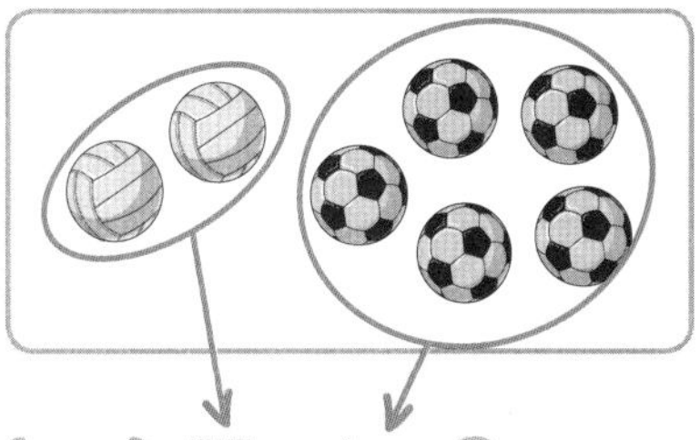

쓰기 ■+▲=●

읽기 ■ 더하기 ▲는 ●와 같습니다.
■와 ▲의 합은 ●입니다.

수학적 독해력

9 원기둥 모양과 상자 모양은 모두 몇 개인지 구하는 덧셈식을 쓰세요.

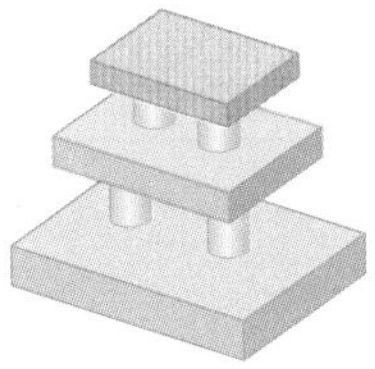

덧셈식 ____________________

원기둥 모양과 상자 모양은 모두 몇 개인지 구하는 덧셈식

원기둥 모양의 수 + 상자 모양의 수 = □

수학적 표현력

10 덧셈식을 쓰고, 이야기를 만들어 보세요.

□+□=□

'+', '=' 기호를 이용하여 덧셈식으로 나타내.

13일 덧셈하기 (1)

○를 그려 덧셈하기

2 + □ = □

전체 ○의 수

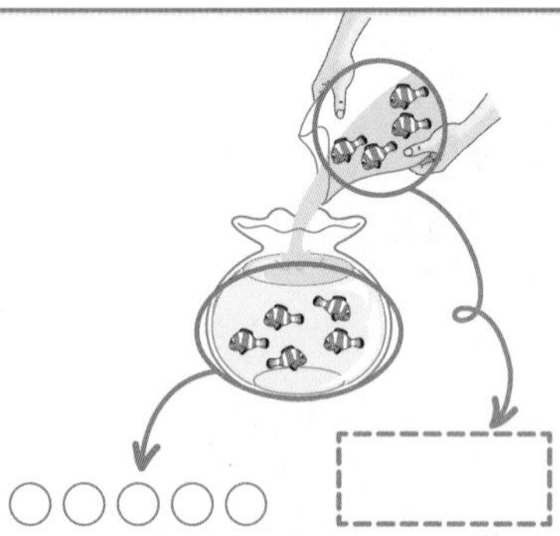

5 + □ = □ → 전체 ○의 수

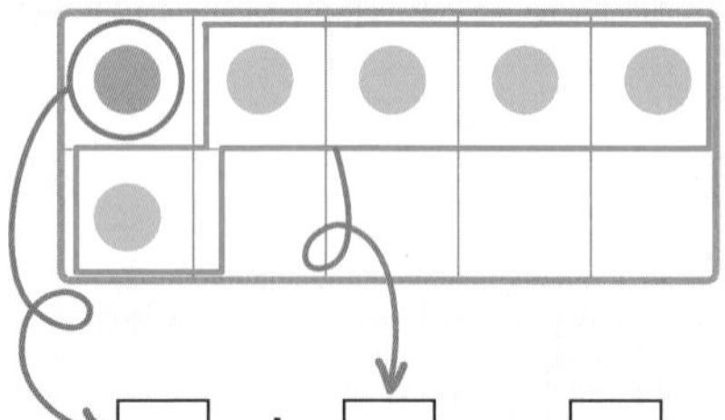

□ + □ = □

전체 ○의 수

○가 2개 ○가 6개

2 + 6 = □

전체 ○의 수

3 나무는 모두 몇 그루인지 ○를 그리고 덧셈을 해 보세요.

2+□=□

4 물고기는 모두 몇 마리인지 ○를 그리고 덧셈을 해 보세요.

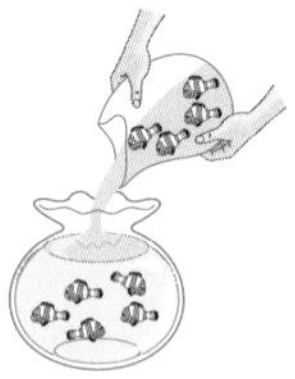

□+□=□

5 그림을 보고 알맞은 덧셈식을 써 보세요.

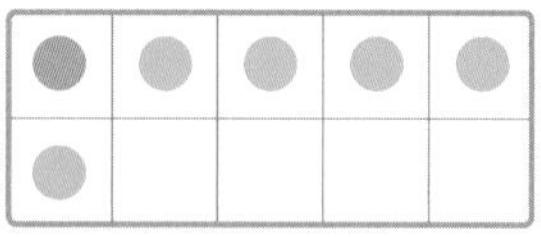

□+□=□

6 ○를 그려 덧셈을 해 보세요.

2+6=□

7 그림을 보고 덧셈식을 2개 써 보세요.

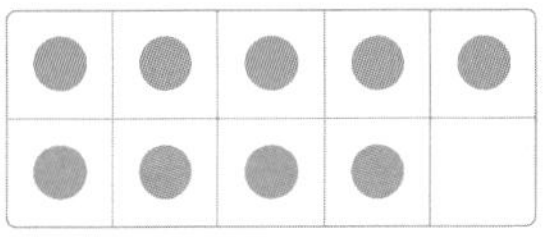

□+□=9

□+□=9

8 그림을 보고 덧셈식을 2개 써 보세요.

□+□=□

□+□=□

알아둬!

어떤 방법으로 덧셈식을 만들든 합은 항상 같아.

수학적 독해력

+9 민호는 빨간색 풍선 4개, 파란색 풍선 3개를 가지고 있습니다. 민호가 가지고 있는 풍선은 모두 몇 개인지 ○를 그리고 덧셈식을 써 보세요.

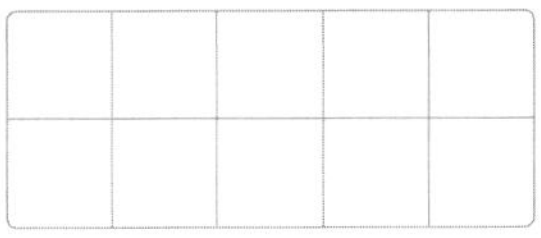

□+□=□

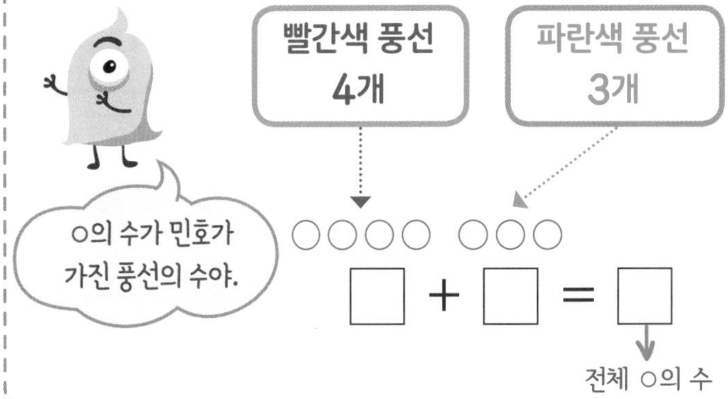

수학적 표현력

+10 그림을 보고 잘못 말한 사람은 누구인지 말해 보세요.

지혜: 2 다음에 3, 4, 5, 6이니까 어린이는 모두 5명이야.
영민: 어린이를 한 명씩 차례로 세면 1, 2, 3, 4, 5, 6이니까 모두 6명이야.

덧셈하기 (2)

모으기를 이용하여 덧셈하기

□ □ → □ → □+□=□

4 4 → □ → □+□=□

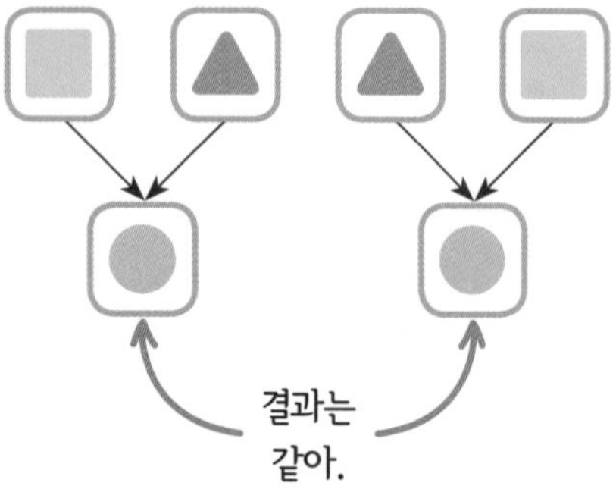

1과 6을 모으기 하면 7.

(1+6)	2+3	5+2
5+1	4+3	3+3
4+2	2+5	3+5

3 알맞은 것끼리 선으로 이어 보고, 덧셈을 해 보세요.

 • • 4+5=□

 • • 6+2=□

4 그림을 보고 덧셈식을 써 보세요.

□+□=□

5 모으기를 하여 덧셈식을 써 보세요.

3 6 → □ 6 3 → □

□+□=□

□+□=□

6 합이 7이 되는 칸에 모두 ○표 하세요.

(1+6)	2+3	5+2
5+1	4+3	3+3
4+2	2+5	3+5

7 합이 같은 덧셈식을 써 보세요.

| 1+7 | 3+5 | 4+4 |

□+□=□

1+7=8 3+5=8 4+4=8

□ + □ = 8

합이 8이 되는 덧셈식을 써 봐!

3단원

8 수 카드를 이용하여 합이 6이 되는 덧셈식을 3개 만들어 보세요. (한 장의 수 카드를 여러 번 사용할 수 있습니다.)

1 2 3 4 5

□+□=6

□+□=6

□+□=6

1 2 3 4 5

1+□=6

2+□=6

수 카드를 차례로 넣어 가며 합이 6이 되는 덧셈식을 만들어.

수학적 독해력

9 연필을 지혜는 4자루 가지고 있고, 윤하는 지혜보다 5자루 더 많이 가지고 있습니다. 윤하가 가지고 있는 연필은 몇 자루인지 덧셈식을 써 보세요.

□+□=□

윤하는 지혜보다 5자루 더 많이 가지고 있습니다.

지혜가 가진 연필의 수 + 5자루 = 윤하가 가진 연필의 수

'더 많이' 가졌으니까 '+'로 나타내.

수학적 표현력

10 슬기는 사과주스 5개와 포도주스 1개를 사고, 민호는 사과주스 3개와 포도주스 4개를 샀습니다. 슬기와 민호 중 주스를 더 많이 산 사람은 누구인지 말해 보세요.

슬기는 사과주스 5개와 포도주스 1개를 사고, 민호는 사과주스 3개와 포도주스 4개를 샀습니다.

'합'을 비교해 봐.

슬기가 산 주스의 수

5+1=□

민호가 산 주스의 수

3+4=□

15일 빼기 나타내기

6 − □ = □

덜어내고 남은 것

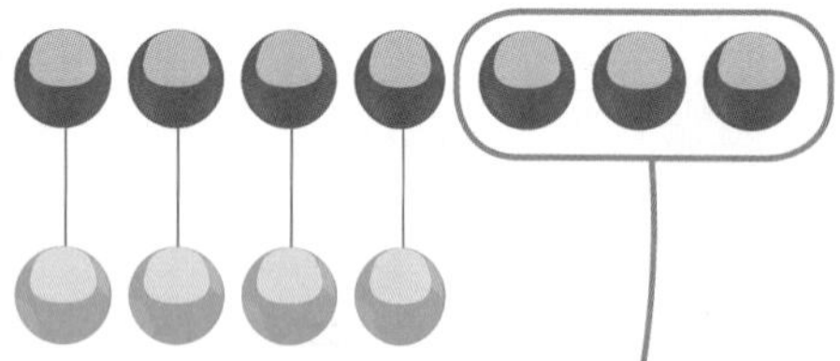

7 − □ = □

짝짓고 남은 것

■와 ▲의 차는 ●입니다.

↓

■ − ▲ = ●

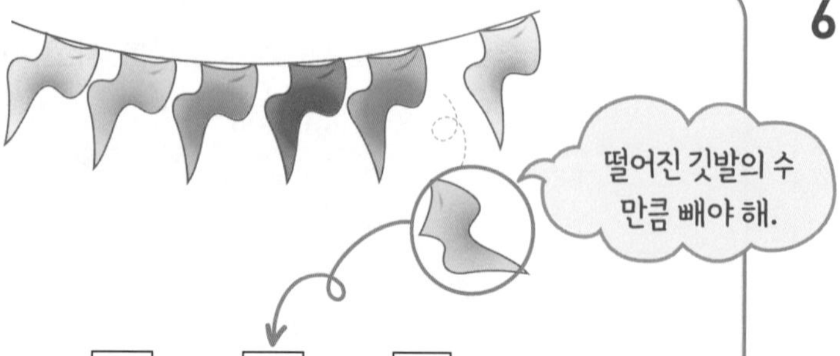

□ − 1 = □

남은 깃발의 수

2 그림을 보고 알맞은 뺄셈식을 쓰고 읽어 보세요.

〔쓰기〕 6−□=□

〔읽기〕 6 빼기 □는 □와 같습니다.

3 그림을 보고 알맞은 뺄셈식을 쓰고 읽어 보세요.

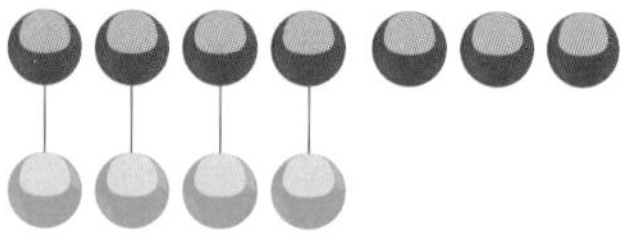

〔쓰기〕 7−□=□

〔읽기〕 7과 □의 차는 □입니다.

5 다음을 읽고 알맞은 뺄셈식을 쓰세요.

9와 4의 차는 5입니다.

6 그림에 알맞은 뺄셈식을 쓰세요.

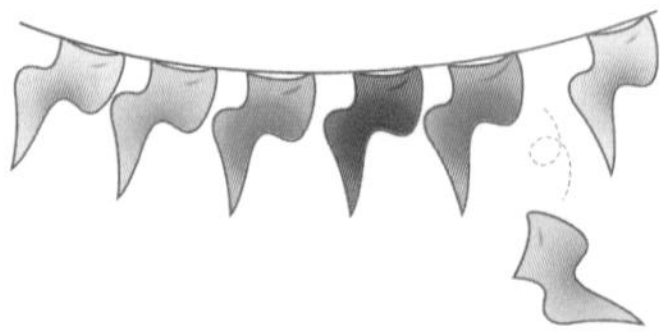

7 나머지 셋과 다른 하나를 찾아 기호를 쓰세요.

㉠ 9－2＝7
㉡ 9와 2의 차는 7입니다.
㉢ 9 빼기 2는 7과 같습니다.
㉣ 9와 7의 차는 2입니다.

㉠ 9－2＝7
㉡ 9와 2의 차는 7입니다. → □－□＝□
㉢ 9 빼기 2는 7과 같습니다. → □－□＝□
㉣ 9와 7의 차는 2입니다. → □－□＝□

모두 뺄셈식으로 나타낸 다음
다른 하나를 찾아.

8 남은 풍선의 수를 구하는 뺄셈식을 쓰고 읽어 보세요.

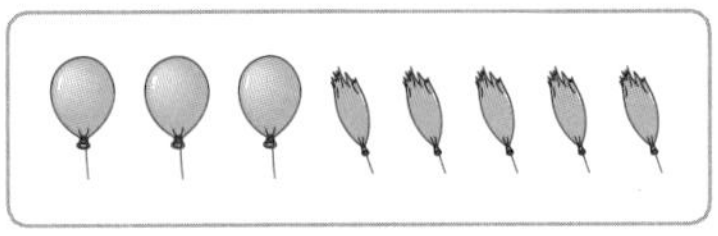

〔쓰기〕 □－□＝□

〔읽기〕 ____________________

남은 풍선의 수를 구하려면
터진 풍선의 수만큼 빼야 해.

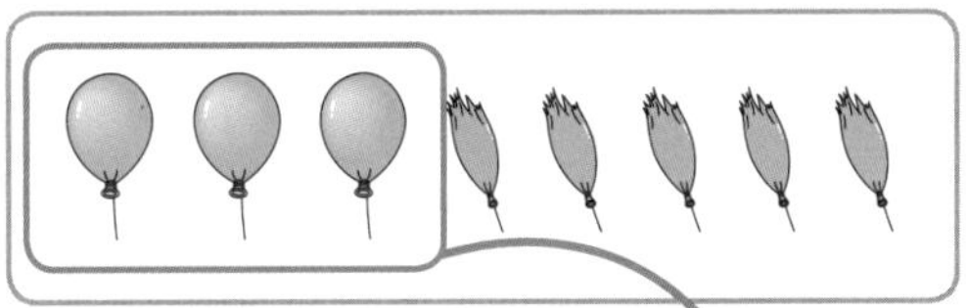

8 － □ ＝ □ → 남은 풍선의 수

수학적 독해력

9 (원기둥) 모양은 (상자) 모양보다 몇 개 더 많은지 구하는 뺄셈식을 쓰세요.

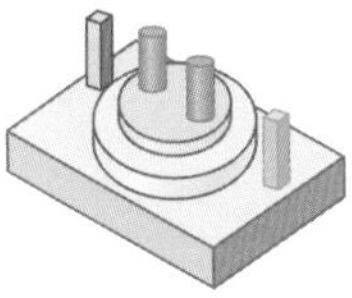

□－□＝□

(원기둥) 모양은 (상자) 모양보다 몇 개 더 많은지 구하는 뺄셈식

(원기둥) 모양의 수 － (상자) 모양의 수 ＝ □

수학적 표현력

10 뺄셈식을 쓰고, 이야기를 만들어 보세요.

수가 줄어들 땐
뺄셈식.

□ － □ ＝ □

남은 어린이의 수

16일 뺄셈하기 (1)

그림을 그려 뺄셈하기

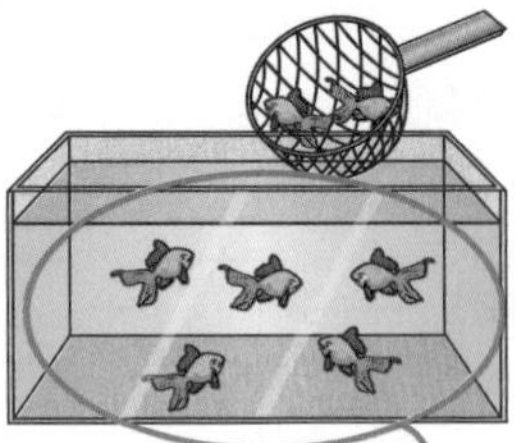

□−□=□

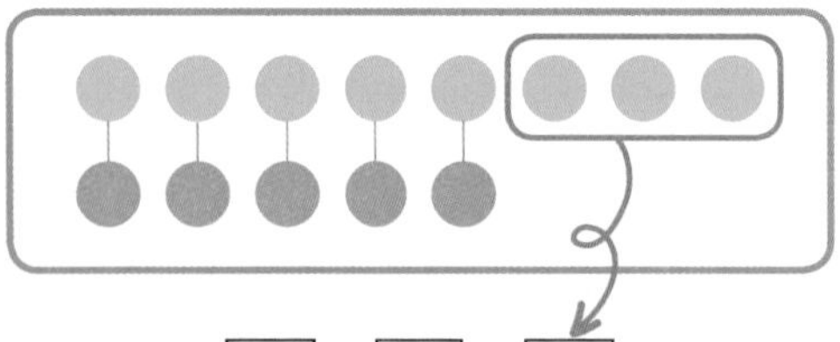

□−□=□

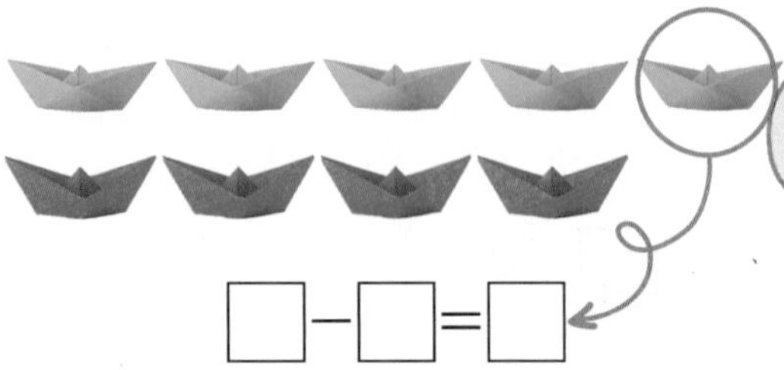

□−□=□

5개를 지워.

7−5=□

○○○○○○○

4개를 짝지어.

9−4=□

1 건져낸 물고기 수만큼 ○를 /으로 지우고 뺄셈식을 써 보세요.

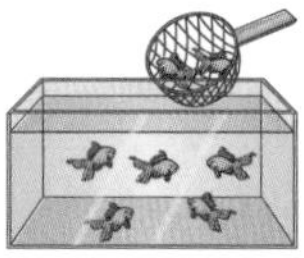

○○○○○○○

□−□=□

2 초록색 블록은 주황색 블록보다 몇 개 더 많은지 그림을 그려 뺄셈식을 써 보세요.

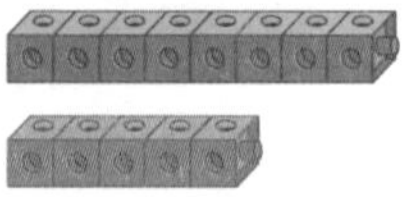

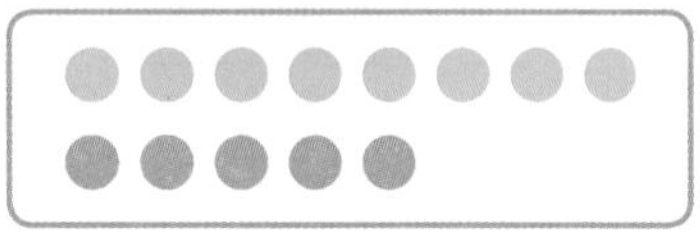

□−□=□

3 그림을 보고 뺄셈식을 써 보세요.

□−□=□

6 식에 알맞게 그림을 그려 뺄셈을 해 보세요.

(1) 7−5=□

○○○○○○○

(2) 9−4=□

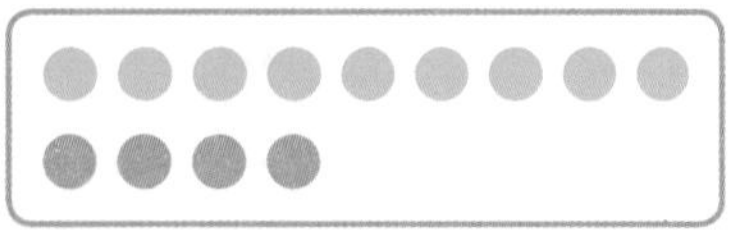

7 그릇에 방울토마토가 9개 있었는데 지혜가 6개를 먹었습니다. 남은 방울토마토는 몇 개인지 그림을 그려 뺄셈식을 써 보세요.

○○○○○○○○○

□-□=□

그릇에 방울토마토가 9개 있었는데 지혜가 6개를 먹었습니다.

먹은 만큼 /으로 지워!

○○○○○○○○○

□-□=□

지우고 남은 ○의 수가 뺄셈의 결과야.

3 단원

8 그림을 보고 뺄셈식을 2개 써 보세요.

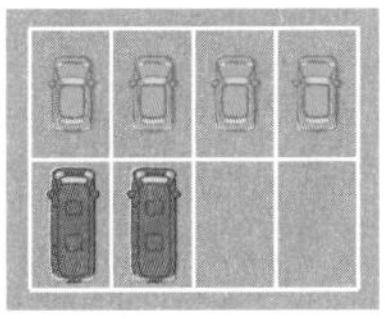

□-□=□

□-□=□

승용차와 버스를 짝지어 봐!

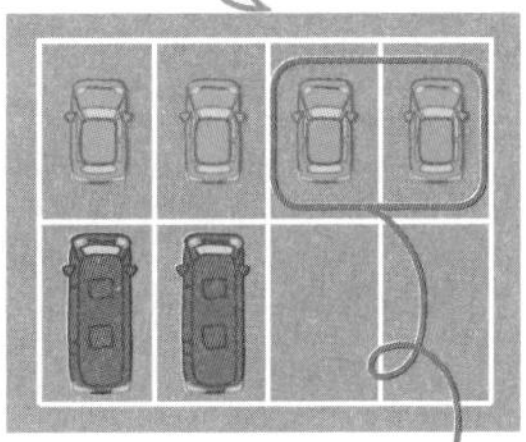

□-□=□

주차 자리와 자동차의 수를 짝지어 봐!

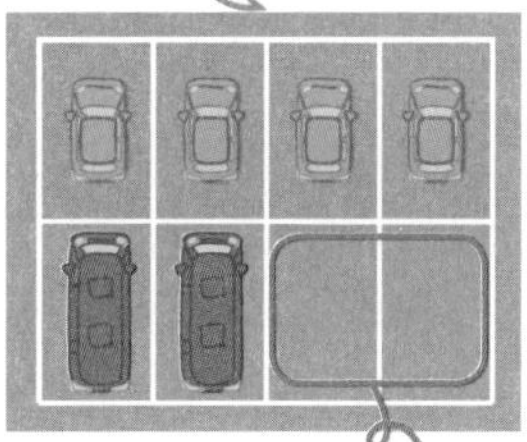

□-□=□

수학적 독해력

+9 슬기는 사탕을 8개, 로운이는 사탕을 6개 가지고 있습니다. 슬기는 로운이보다 사탕을 몇 개 더 많이 가지고 있는지 그림을 그려 뺄셈식을 써 보세요.

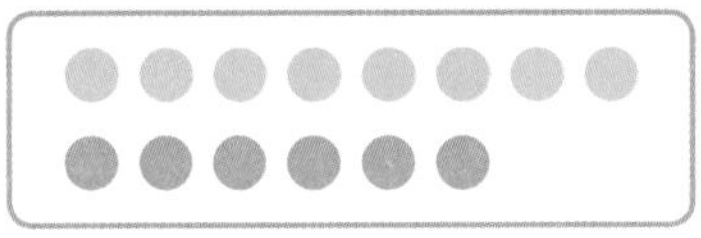

□-□=□

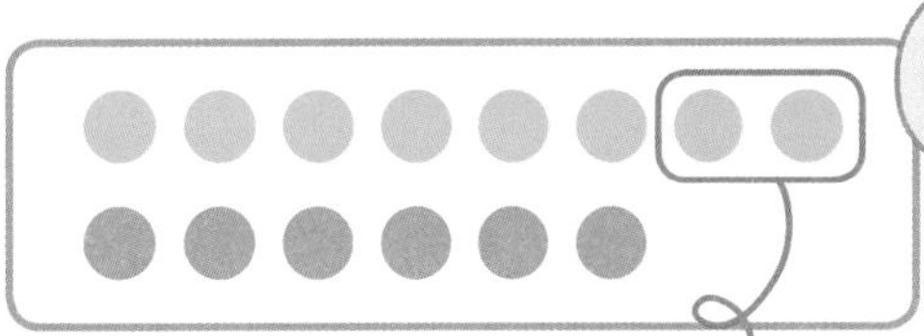

□-□=□

연결하고 남은 ●의 수

짝짓고 남은 ●의 수가 뺄셈의 결과야.

수학적 표현력

+10 버스에 9명이 타고 있었는데 정류장에서 2명이 내렸습니다. 버스에 남은 사람은 몇 명인지 그림을 그려 설명해 보세요.

버스에 9명이 타고 있었는데 정류장에서 7명이 내렸습니다.

탄 만큼 ○를 그려.

내린 만큼 /으로 지워.

지우고 남은 ○의 수가 뺄셈의 결과야.

17일 뺄셈하기 (2)

가르기를 이용하여 뺄셈하기

8 → 3, □

□ − 3 = □

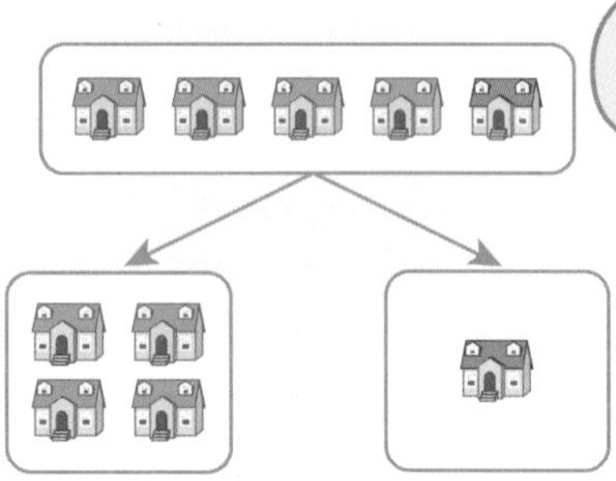

→ □ − □ = □

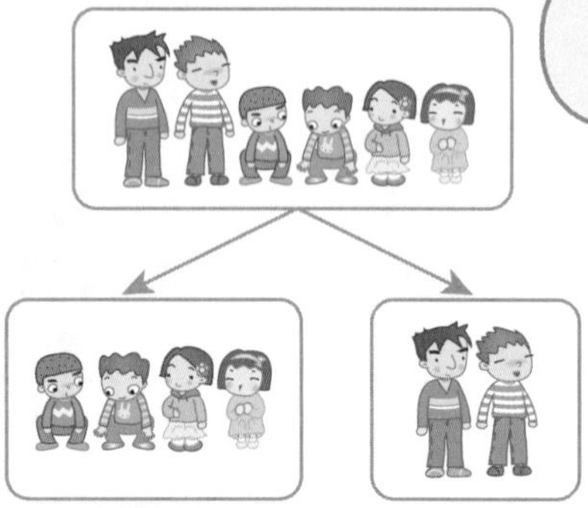

→ □ − □ = □

서 있는 사람의 수가
뺄셈의 결과야.

9 → 4, □

□ − 4 = □

뺄셈의 결과야.

9 → 5, □

□ − 5 = □

뺄셈의 결과야.

1 그림을 보고 가르기를 하여 뺄셈식을 써 보세요.

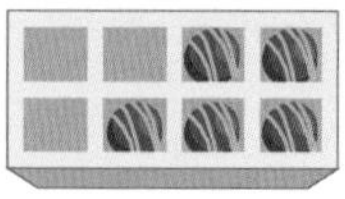

8 → 3, □

□ − 3 = □

3 알맞은 것끼리 선으로 이어 보고, 뺄셈을 해 보세요.

 • • 6 − 2 = □

 • • 5 − 1 = □

4 그림을 보고 서 있는 사람이 몇 명인지를 구하는 뺄셈식을 써 보세요.

□ − □ = □

5 가르기를 하여 뺄셈식을 써 보세요.

9 → 4, □

□ − 4 = □

9 → 5, □

□ − 5 = □

7 빈 곳에 차가 같은 뺄셈식을 써넣으세요.

6－2	7－3
8－4	□－□

6－2=4	7－3=4
8－4=4	□－□=4

차가 4가 되는 뺄셈식을 써 봐.

8 ★, ♣, ♥ 중에서 가장 큰 수와 가장 작은 수로 뺄셈식을 만들어 보세요.

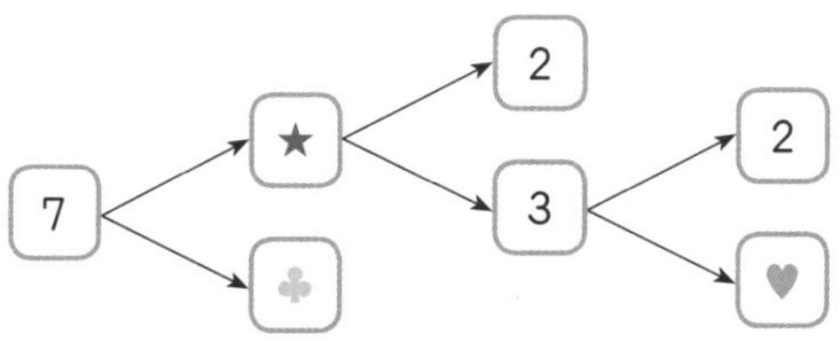

□－□=□

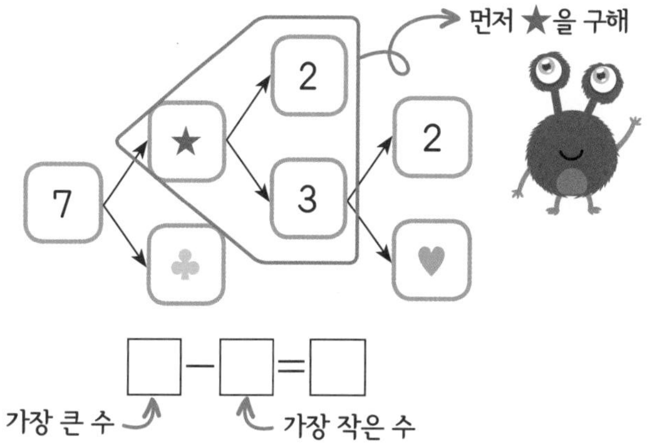

수학적 독해력

9 민호가 오늘 본 수학 시험에서 9문제 중 6문제를 맞혔습니다. 민호가 틀린 문제는 몇 문제인지 뺄셈식을 써 보세요.

□－□=□

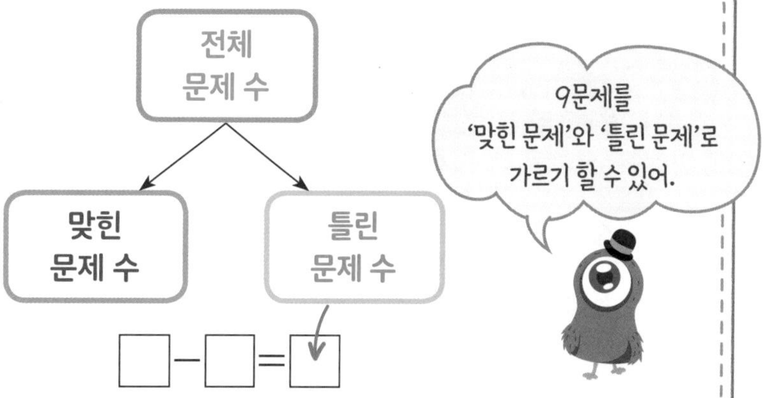

수학적 표현력

10 공깃돌 5개를 양손으로 갈랐습니다. 왼손에 있는 공깃돌이 3개라면 오른손에 있는 공깃돌은 몇 개인지 말해 보세요.

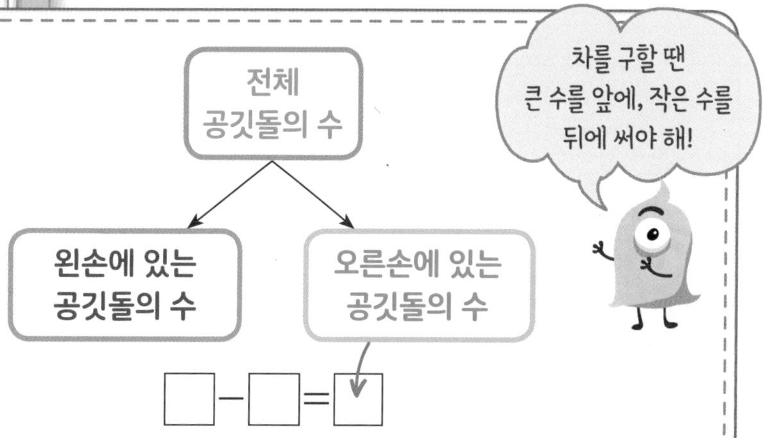

18일 0을 더하거나 빼기

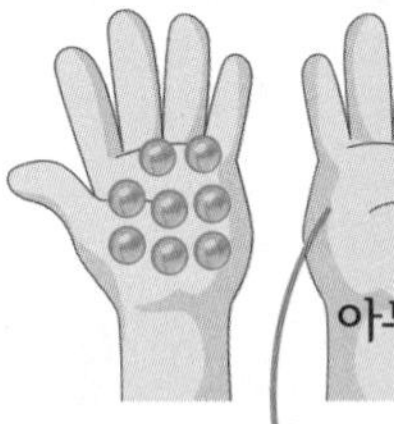

□ + 0 = □

어떤 수에 0을 더하면 항상 어떤 수가 돼.

(1) 0 + 2 = □
(2) 7 + 0 = □

어떤 수와 0을 더하면 어떤 수가 돼

(3) 4 − 0 = □
(4) 0 − 0 = □

어떤 수에서 0을 빼면 어떤 수가 돼.

알아둬! 0도 어떤 수가 될 수 있어.

어떤 수와 0을 더하면 어떤 수가 돼.

0 + □ = □

□ + 0 = □

어떤 수에서 0을 빼거나 더해도 어떤 수야.

−□, +0

★ → ★ → ★

1 그림을 보고 덧셈식을 써 보세요.

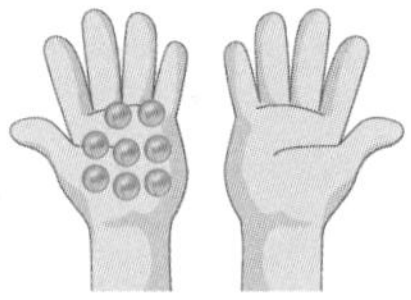

□ + □ = □

3 덧셈과 뺄셈을 해 보세요.

(1) 0 + 2 = □

(2) 7 + 0 = □

(3) 4 − 0 = □

(4) 0 − 0 = □

4 그림을 보고 덧셈식을 써 보세요.

(1)

□ + □ = □

(2)

□ + □ = □

6 □ 안에 알맞은 수를 써넣으세요.

−□, +0

4 → 4 → □

7 계산 결과가 다른 하나를 찾아 ○표 하세요.

0+4	4−0
4+0	4−4

0+4	4−0
4+0	4−4

3단원

8 □ 안에 +와 −를 모두 넣을 수 있는 것에 ○표 하세요.

3□0=3　　5□5=0

(　　)　　(　　)

0은 아무것도 없는 것이므로 더하거나 빼도 수가 달라지지 않아.

어떤 수에서 그 수 전체를 빼면 0이야.

3□0=3　　5□5=0

수학적 독해력

+9 수박에 알맞은 수를 구하세요.

수학적 표현력

+10 상자에 있는 사탕 8개 중에서 8개를 모두 먹었습니다. 상자에 남은 사탕은 몇 개인지 구해 보세요.

상자에 있는 사탕 8개 중에서 8개를 모두 먹었습니다.

□−□=□

19일 덧셈과 뺄셈하기

5+1=□
5+2=□
5+3=□
5+4=□

같은 수에 1씩 커지는 수를 더하면 결과도 1씩 커져.

5−1=□
5−2=□
5−3=□
5−4=□

같은 수에서 1씩 커지는 수를 빼면 결과는 1씩 작아져.

필통 안에 연필이 6자루 있습니다.

□−□=□

7 → −5 → □
7 → −6 → □
7 → −7 → □

같은 수에서 1씩 커지는 수를 빼면 결과는 1씩 작아져.

★□▲=●

★이 가장 큰 수이면 ➡ 뺄셈

●가 가장 큰 수이면 ➡ 덧셈

1 덧셈과 뺄셈을 해 보세요.

(1) 5+1=□
5+2=□
5+3=□
5+4=□

(2) 5−1=□
5−2=□
5−3=□
5−4=□

2 그림에 알맞은 식을 쓰세요.

필통 안에 연필이 6자루 있습니다.

□+□=□

4 빈 곳에 알맞은 수를 써넣으세요.

7 → −5 → □
7 → −6 → □
7 → −7 → □

5 □안에 +, −를 알맞게 써넣으세요.

(1) 5□2=7

(2) 7□5=2

(3) 7□2=5

7 계산 결과가 모두 같을 때 □의 값이 큰 것부터 차례로 기호를 쓰세요.

㉠ 9+□ ㉡ 8+□
㉢ 7+□ ㉣ 6+□

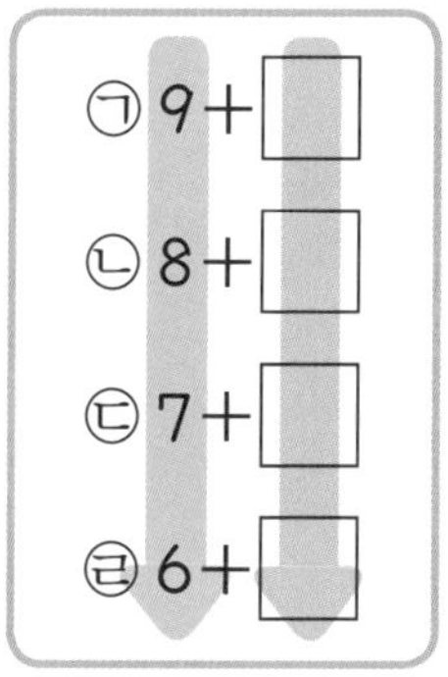

8 세 수를 모두 이용하여 덧셈식과 뺄셈식을 만들어 보세요.

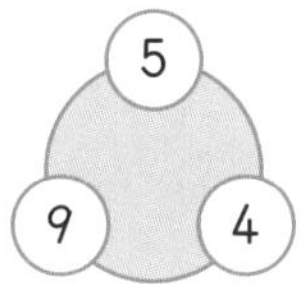

□+□=□
□−□=□

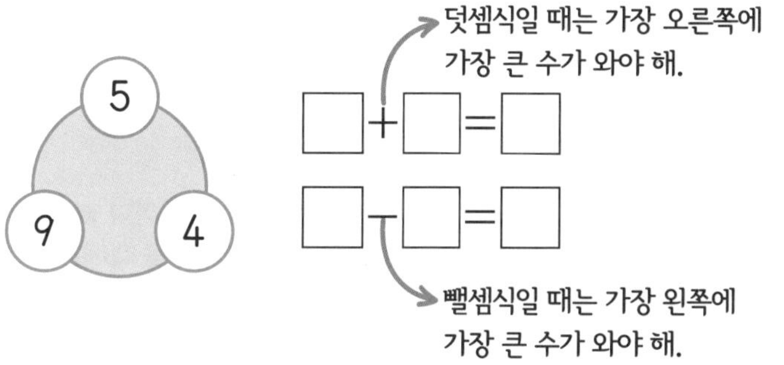

수학적 독해력

9 사탕과 초콜릿을 합하면 6개이고, 사탕은 초콜릿보다 2개 더 많습니다. 사탕과 초콜릿은 각각 몇 개일까요?

사탕 (　　　　　　)
초콜릿 (　　　　　　)

(사탕의 수)+(초콜릿의 수)=6

5 + 1 = 6
□ + □ = 6
□ + □ = 6
⋮

수학적 표현력

10 각각 같은 줄에 있는 수의 합이 같도록 빈 곳에 알맞은 수를 써넣으세요.

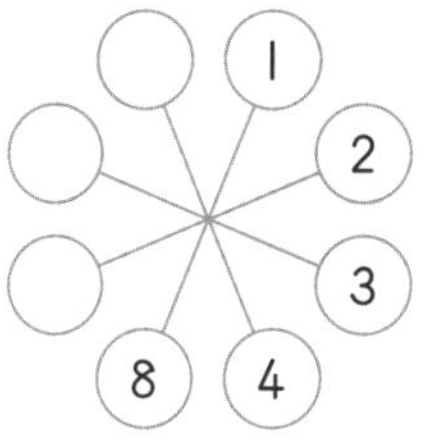

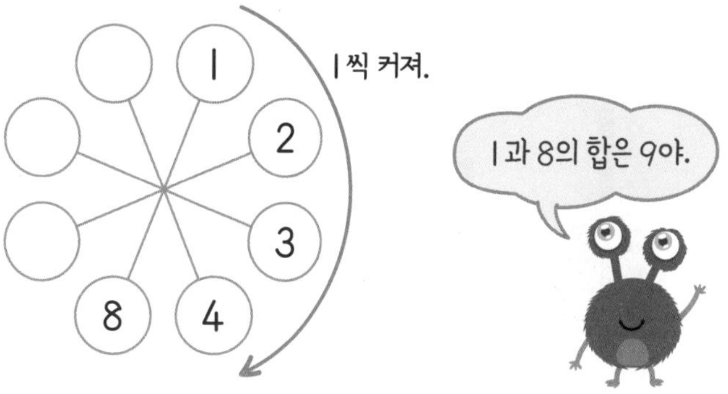

20일 길이 비교하기

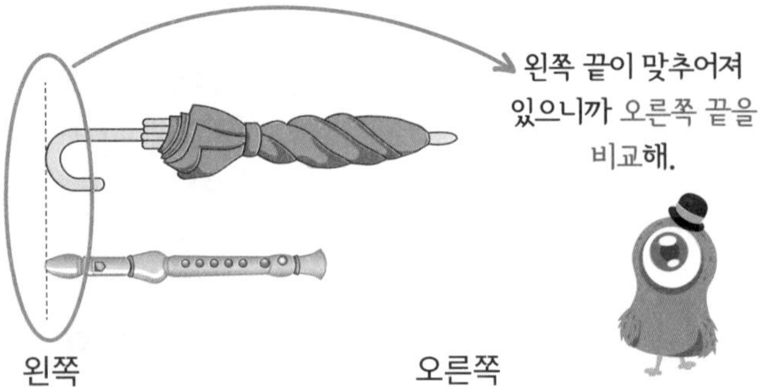

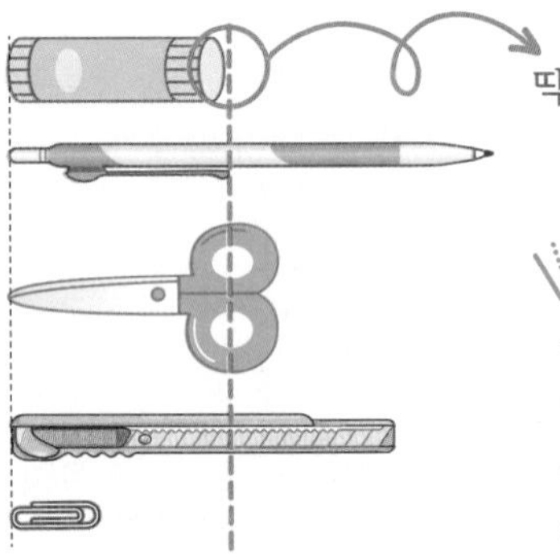

알아둬!

★보다 더 긴 것이나 ★보다 더 짧은 것을 찾을 때에는 ★ 끝에 맞추어 선을 그으면 쉽게 찾을 수 있어.

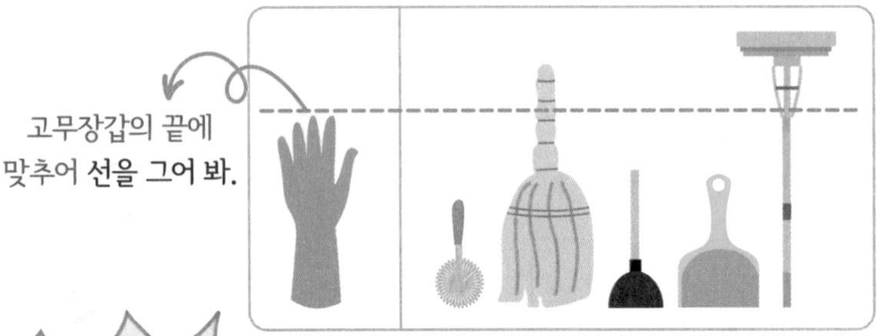

아래쪽 끝이 맞추어져 있으니까 위쪽 끝을 비교해.

주의해!

위쪽 끝이 맞추어져 있으니까 아래쪽 끝을 비교해.

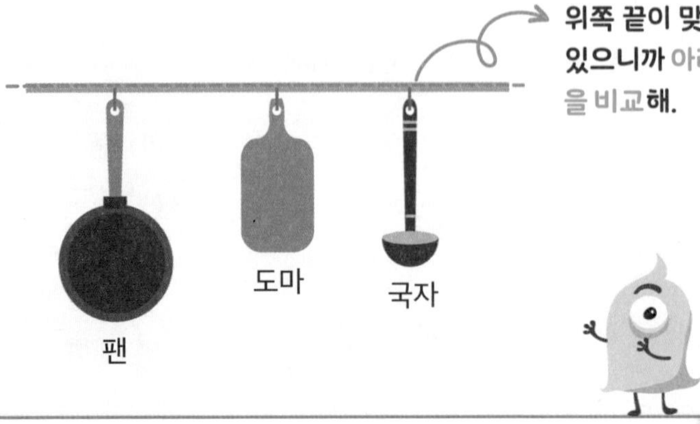

2 우산과 피리의 길이를 비교하여 □ 안에 알맞은 말을 써넣으세요.

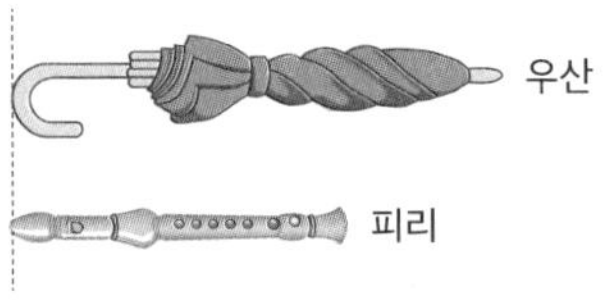

우산은 피리보다 더 □.

4 딱풀보다 더 긴 것에 모두 ○표 하세요.

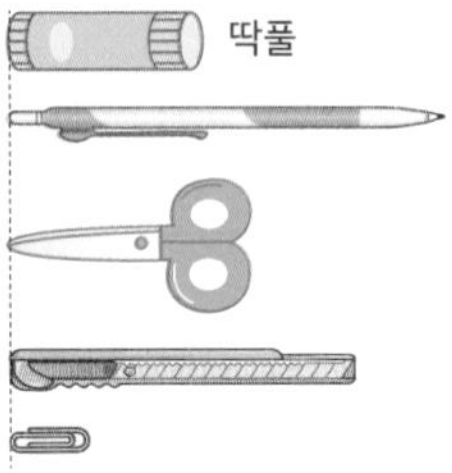

( )
( )
( )
( )

5 고무장갑보다 더 짧은 물건은 모두 몇 개일까요?

6 요리 도구에 대한 설명이 잘못된 것을 찾아 기호를 쓰세요.

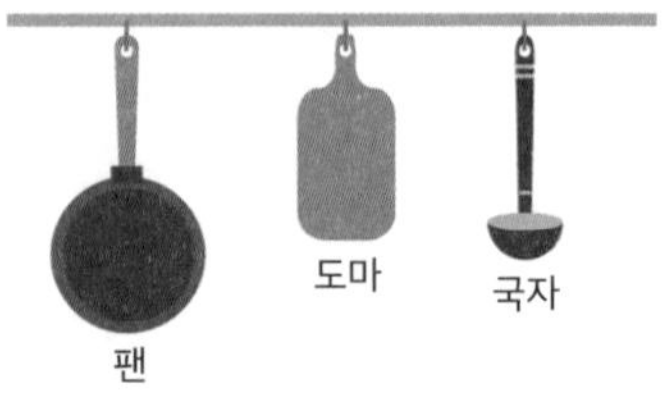

㉠ 팬이 가장 길고 도마가 가장 짧습니다.
㉡ 국자는 팬보다 더 길고 도마보다 더 짧습니다.

7 세 사람이 계단에 서 있습니다. 키가 가장 큰 사람은 누구일까요?

8 곧게 폈을 때 가장 긴 것의 기호를 쓰세요.

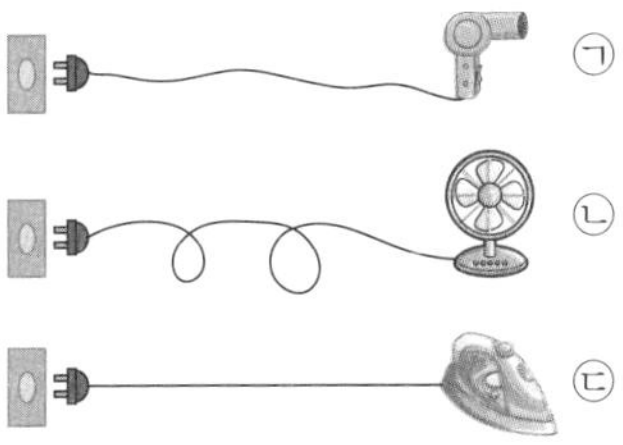

수학적 독해력

9 키가 가장 큰 사람부터 차례로 이름을 쓰세요.

- 종욱이는 민호보다 큽니다.
- 영민이는 민호보다 작습니다.

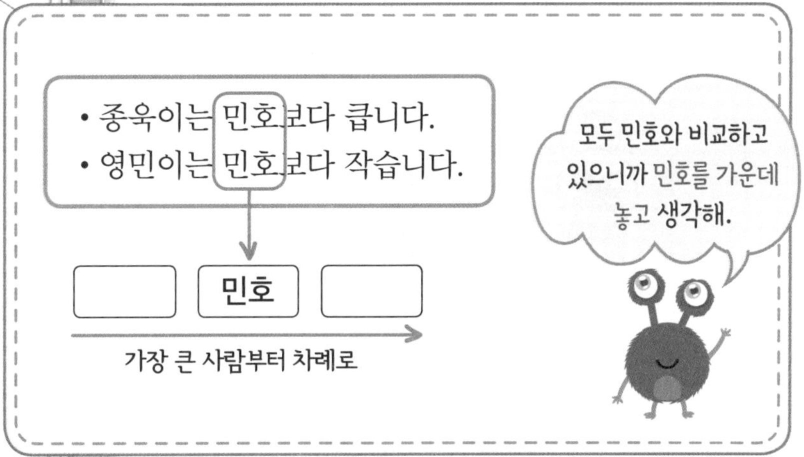

수학적 표현력

10 한 칸의 크기가 모두 같을 때, 더 긴 연필의 기호를 말해 보세요.

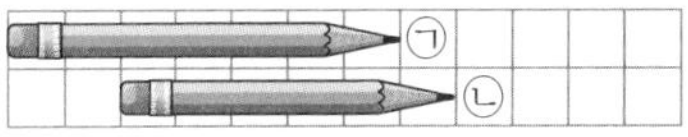

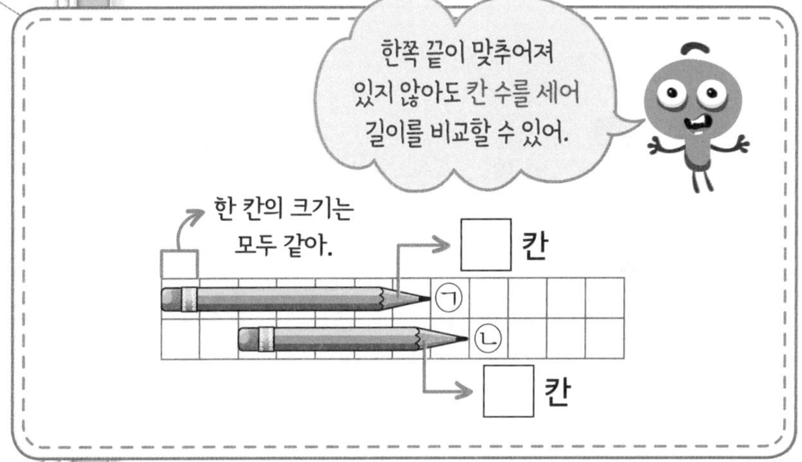

21일 무게 비교하기

주의해!

크기가 크다고 항상 더 무거운 건 아니야.

파인애플보다 더 쉽게 들 수 있는 것을 찾아.

주의해!

빠뜨리지 말고 **모두 세어 개수를 써.**

3 가벼운 것부터 차례로 (　　) 안에 1, 2, 3을 쓰세요.

(　　) (　　) (　　)

4 무거운 것부터 차례로 기호를 쓰세요.

5 파인애플보다 더 가벼운 것은 모두 몇 개일까요?

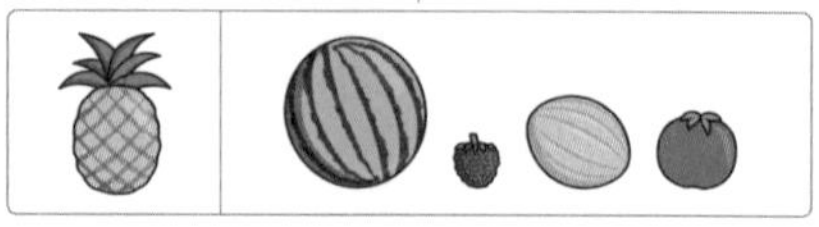

6 상자 안에 어떤 물건이 들어 있을지 선으로 이어 보세요.

본책 096~097 쪽

7 윤서, 인아, 지수가 시소를 타고 있습니다. 가장 가벼운 사람은 누구일까요?

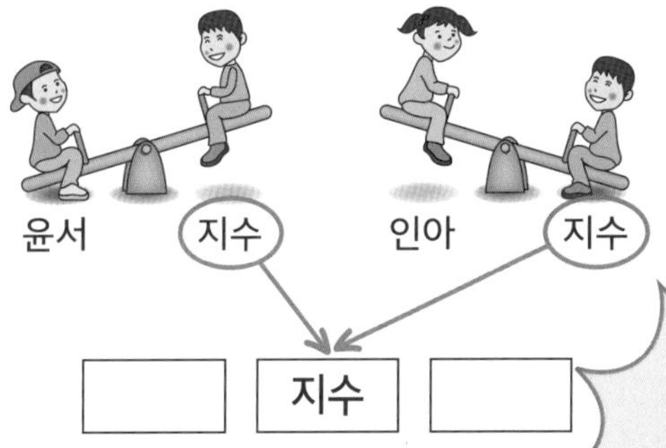

모두 지수와 비교하고 있으니까 지수를 가운데 놓고 생각해.

4 단원

8 상자 위에 앉았던 동물은 무엇일지 선으로 이어 보세요.

더 무거운 동물이 앉은 상자일수록 더 많이 찌그러져 있어.

수학적 독해력

9 똑같은 용수철을 이용해 장난감을 매달았습니다. 가장 무거운 것을 찾아 기호를 쓰세요.

장난감이 무거울수록 용수철의 길이가 더 늘어나.

주의해!

크기가 크다고 항상 무거운 것은 아니야.

수학적 표현력

10 무게를 비교하여 나타내는 말이 잘못되었습니다. 바르게 고쳐 쓰세요.

책상의 무게는 의자보다 더 크다.

무게를 비교하는 말에는 '더 무겁다, 더 가볍다' 등이 있어.

책상의 무게는 의자보다 더 크다.

높이를 비교하는 말

22일 넓이 비교하기

겹쳤을 때 남는 쪽이 더 넓어.

\ 중요해! /

넓이를 비교할 때에는 한쪽 끝을 맞추어 **겹쳐야 해.**

접힌 부채를 펼칠수록 더 넓어.

겹쳤을 때 많이 남을수록 더 넓어.

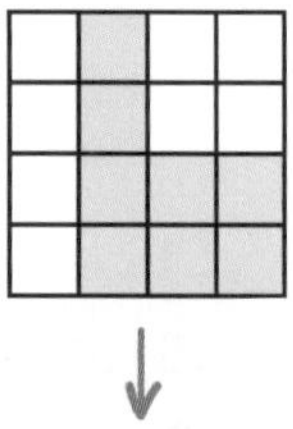

□ 칸

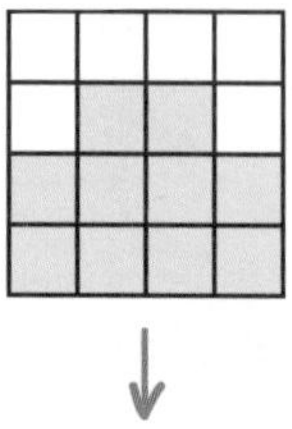

□ 칸

\ 중요해! /

한 칸의 넓이가 모두 같을 때에는 칸 수가 많을수록 **더 넓어.**

1 색종이의 넓이를 비교하려고 합니다. 가장 바르게 비교한 것을 찾아 ○표 하세요.

(　　) (　　) (　　)

3 가장 넓은 것에 ○표, 가장 좁은 것에 △표 하세요.

(　　) (　　) (　　)

5 넓은 것부터 차례로 기호를 쓰세요.

가　　나　　다

6 한 칸의 넓이는 모두 같습니다. 색칠한 부분이 더 좁은 것에 △표 하세요.

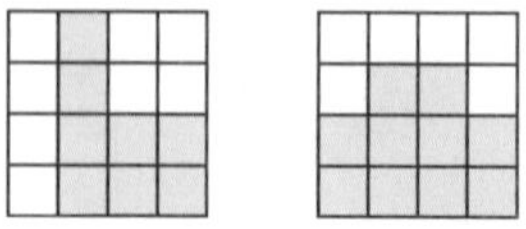

(　　) (　　)

7 다음 대화를 완성하세요.

토끼는 곰보다 발바닥이 좁아.

코끼리는 곰보다 발바닥이 넓어.

그럼 가장 발바닥이 넓은 동물은 ☐ 이겠네!

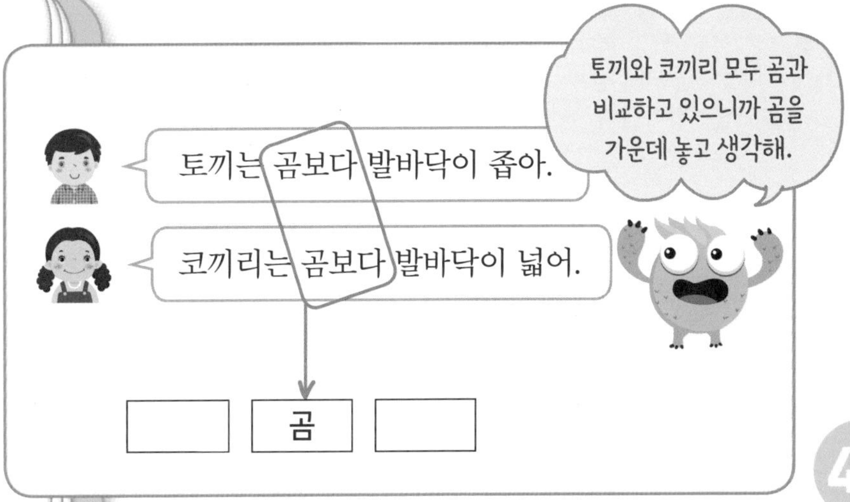

8 수미와 승찬이는 각각 다음과 같은 종이를 가지고 있습니다. 같은 크기의 벽을 종이로 붙이려고 할 때, 누가 더 빨리 붙일 수 있을까요? (단, 한 장을 붙이는 데 걸리는 시간은 서로 같고, 종이는 충분히 있습니다.)

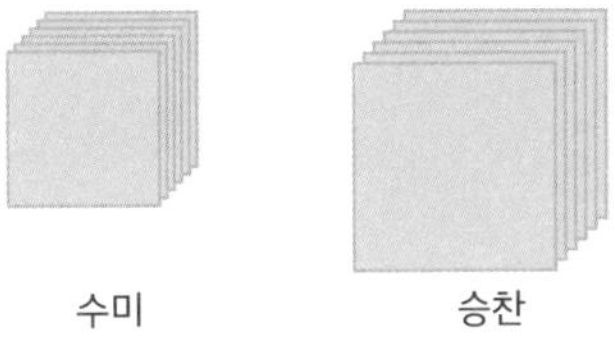

수학적 독해력

9 지우, 예서, 유영이가 각각 6조각짜리 초콜릿을 먹고 남긴 것입니다. 가장 많이 먹은 사람부터 차례로 쓰세요.

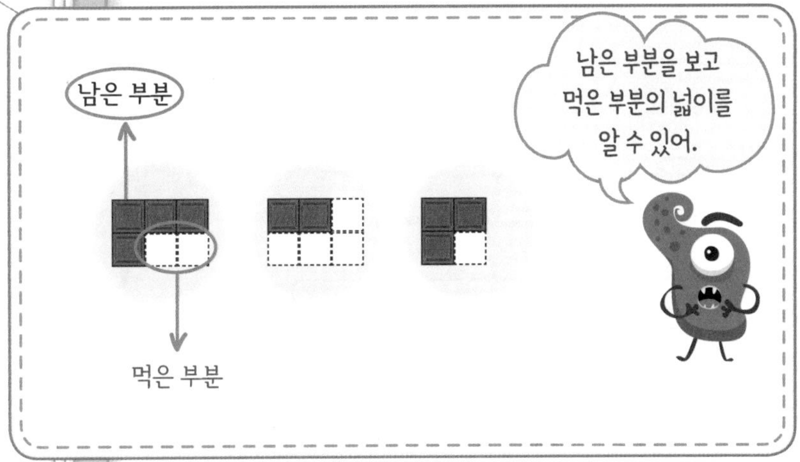

수학적 표현력

10 한 칸의 넓이는 모두 같습니다. ㉮, ㉯, ㉰ 중 가장 넓은 것은 무엇인지 말해 보세요.

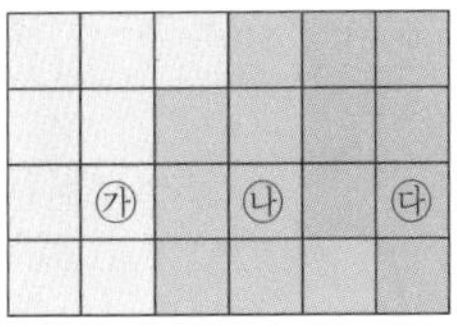

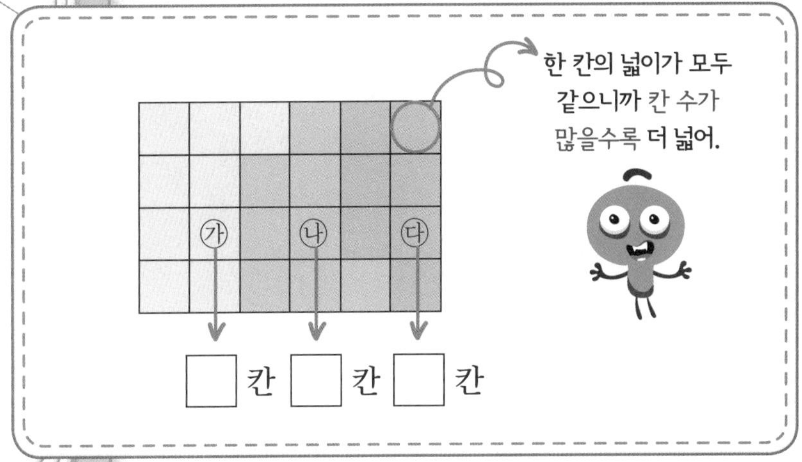

23일 담을 수 있는 양 비교하기

그릇이 클수록 담을 수 있는 양이 많아.

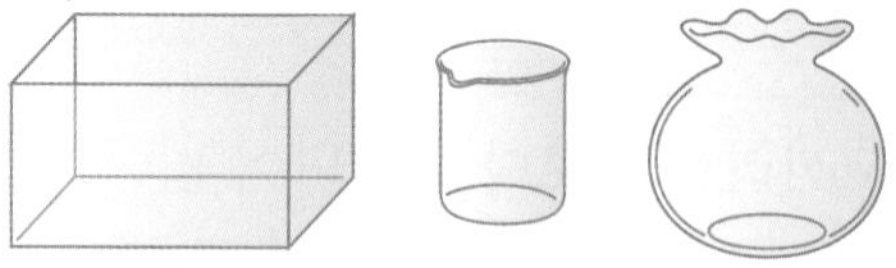

가 나 다

주의해!

양이 적은 것부터 **차례로 기호를 써야 해.**

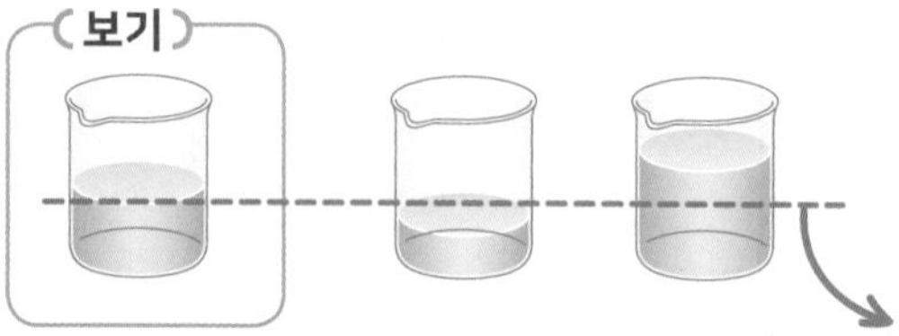

그릇이 같으면 물의 높이로 비교해.

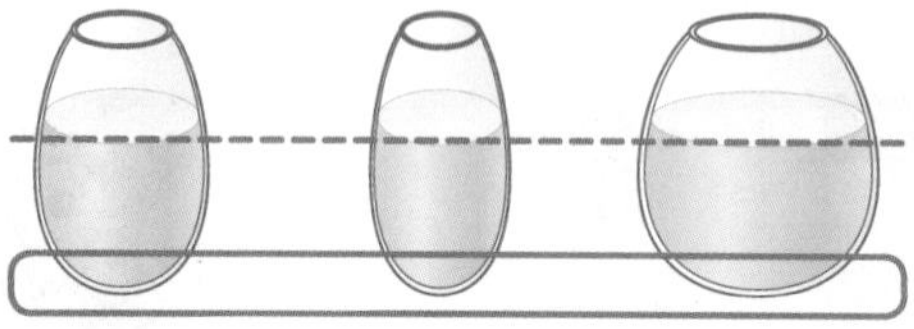

가 나 다

물의 높이가 같으면 그릇의 크기를 비교해.

가득 담긴 물을 모두 옮겨 담으려면 더 큰 병에 담아야 해.

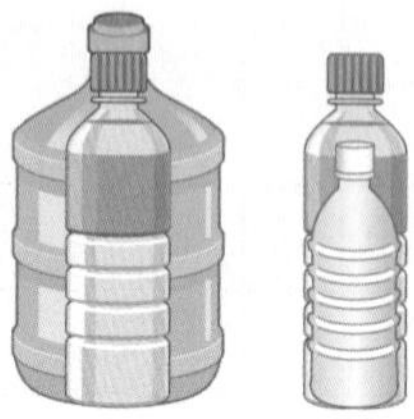

3 담을 수 있는 양이 적은 것부터 차례로 기호를 써 보세요.

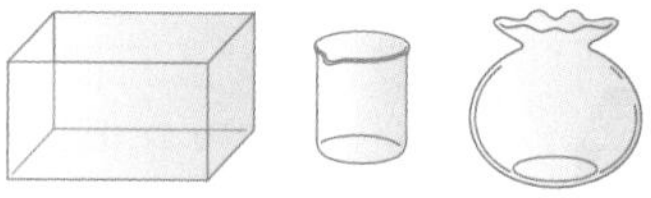

가 나 다

4 〈보기〉의 비커보다 물이 더 많이 담긴 것에 ○표 하세요.

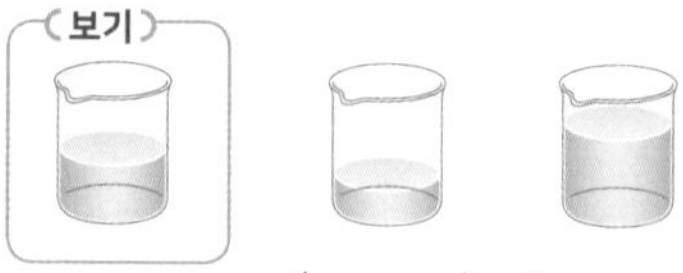

( ) ( )

5 물이 가장 많이 담긴 것부터 차례로 기호를 쓰세요.

가 나 다

6 〈보기〉의 병에 가득 담긴 물을 모두 옮겨 담으려고 합니다. ㉮와 ㉯ 중에서 어느 병에 담을 수 있을까요?

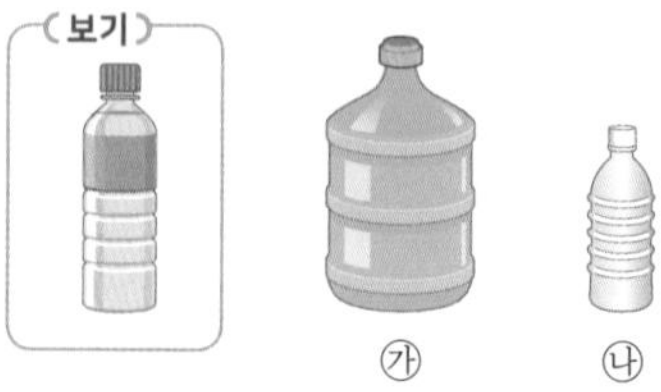

㉮ ㉯

7 슬기와 로운이가 컵에 주스를 가득 따라 마시고 남긴 것입니다. 누가 주스를 더 많이 마셨을까요?

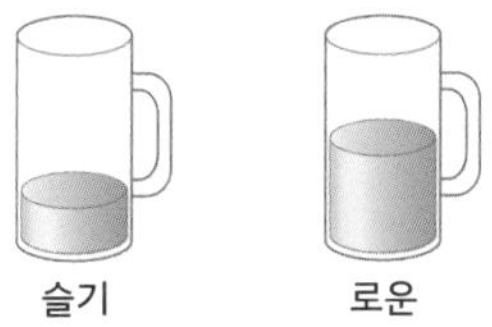

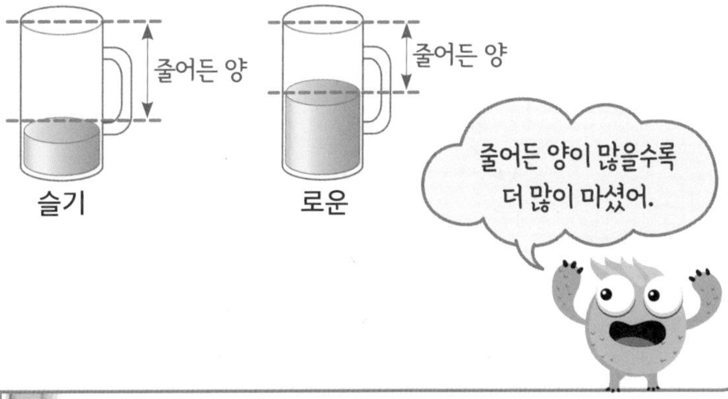

8 그릇에 들어 있는 물의 양을 바르게 비교한 사람은 누구일까요?

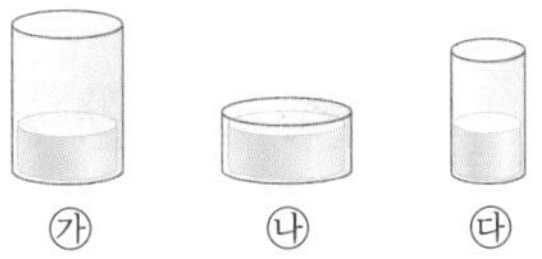

지혜: 물의 높이가 모두 같으니까 물의 양도 모두 같아.
민호: 물의 높이가 모두 같으니까 가장 작은 ㉰ 그릇의 물이 가장 적어.

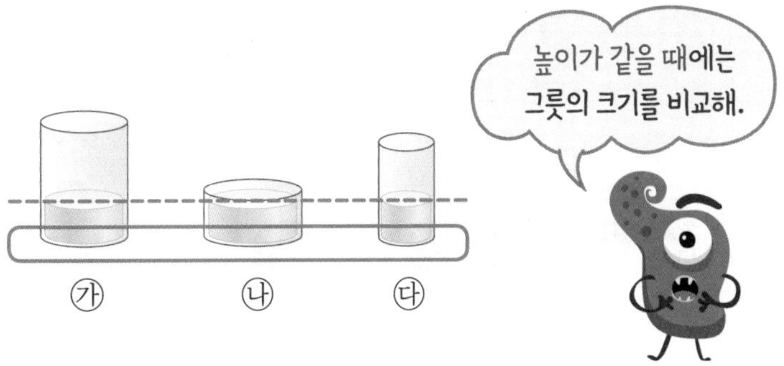

수학적 독해력

9 ㉮에 물을 가득 채워 ㉯에 부었더니 그림과 같이 흘러넘쳤습니다. ㉮와 ㉯ 중에서 더 많은 양을 담을 수 있는 것의 기호를 쓰세요.

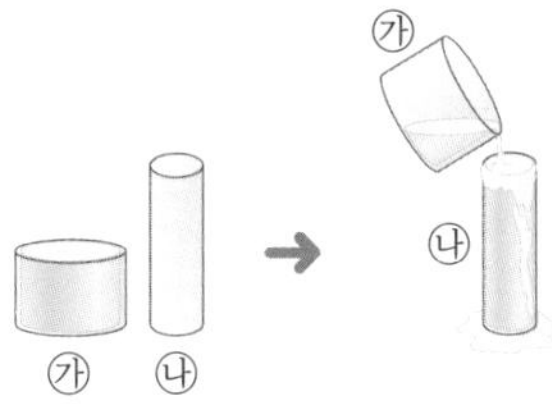

수학적 표현력

10 ㉮와 ㉯ 중에서 어디에 물을 더 빨리 채울 수 있을지 말해 보세요. (단, 호스에서 나오는 물의 빠르기는 일정합니다.)

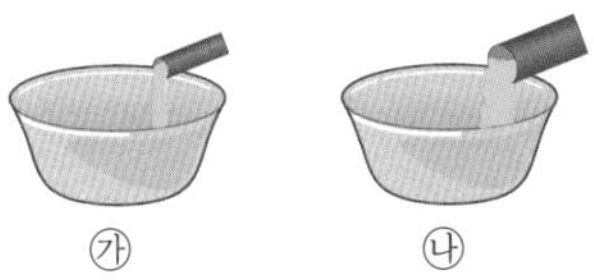

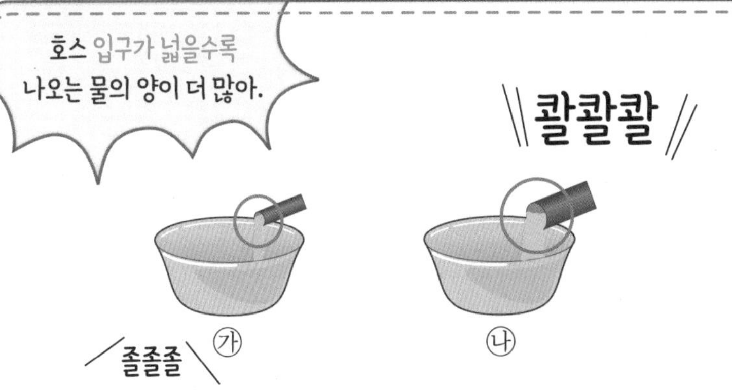

4단원

24일 10 알아보기

5, □ → 10

5, □ ← 10

모으기 한 10을 거꾸로 5와 □로 가르기 해 봐.

이 6개 있으니까
7, 8, 9, 10으로
수를 세어 가며 ○를 그려.

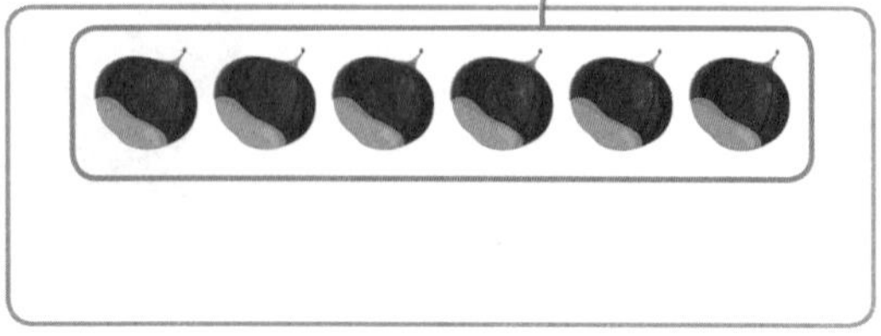

이 7개 있으니까
8, 9, 10으로
수를 세어 가며 ○를 그려.

10은 7보다
○의 수만큼 커.

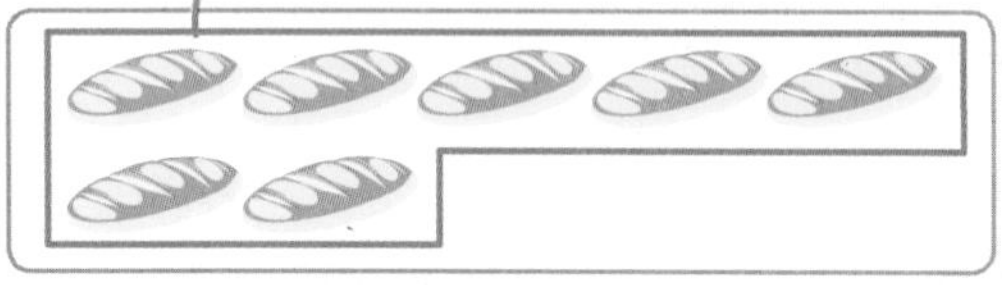

10

십 → 날짜를 나타낼 때에는 '십'이라고 읽어.

열 → 개수를 나타낼 때에는 '열'이라고 읽어.

3 빈칸에 알맞은 수를 써넣으세요.

5, □ → 10

10 → 7, □

4 10이 되도록 ○를 그리고 □ 안에 알맞은 수를 써넣으세요.

6과 □를 모으기 하면 10이 됩니다.

5 10이 되도록 ○를 그리고 □ 안에 알맞은 수를 써넣으세요.

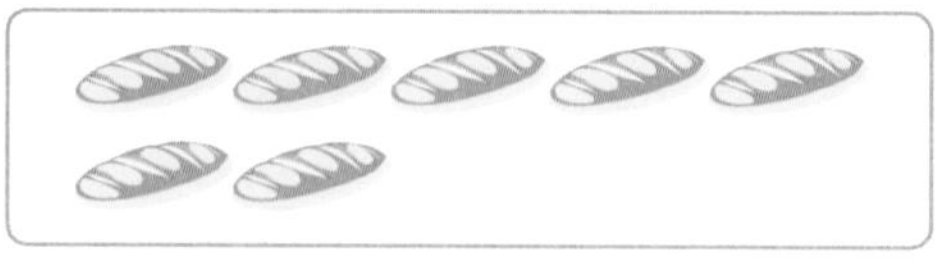

10은 7보다 □ 큽니다.

6 수를 잘못 읽은 사람은 누구일까요?

7 □ 안에 알맞은 수를 써넣으세요.

0 1 2 3 4 5 6 7 8 9 10

• 7보다 3 큰 수는 □ 입니다.

• 10은 6보다 □ 큽니다.

한 칸은 1을 나타내.

0 1 2 3 4 5 6 7 8 9 10

• 7보다 3 큰 수는 □ 입니다. → 7에서 오른쪽으로 3칸

• 10은 6보다 □ 큽니다. → 6에서 오른쪽으로 □ 칸

8 모으기를 한 결과가 나머지와 다른 것을 찾아 기호를 쓰세요.

㉠ 2, 8 ㉡ 3, 6 ㉢ 1, 9

모으기 한 수를 쓰고 다른 하나를 찾아.

㉠ 2, 8 → 10

㉡ 3, 6 → □

㉢ 1, 9 → □

수학적 독해력

9 10에 대하여 바르게 말한 것의 기호를 모두 쓰세요.

㉠ 9보다 1 큰 수입니다.
㉡ 4와 6을 모으기 한 수입니다.
㉢ 1과 8로 가르기 할 수 있습니다.

수로 나타낸 다음 10이 아닌 것을 찾아.

㉠ 9보다 1 큰 수입니다. → □
㉡ 4와 6을 모으기 한 수입니다. → □
㉢ 1과 8로 가르기 할 수 있습니다. → □

수학적 표현력

10 영민이는 방학 중에 책을 7권 읽었습니다. 10권을 읽으려면 책을 몇 권 더 읽어야 하는지 말해 보세요.

책을 7권 읽었습니다.
10권을 읽으려면 책을 몇 권 더 읽어야 하는지 말해 보세요.

10은 7보다 □ 큰 수

25일 십몇 알아보기

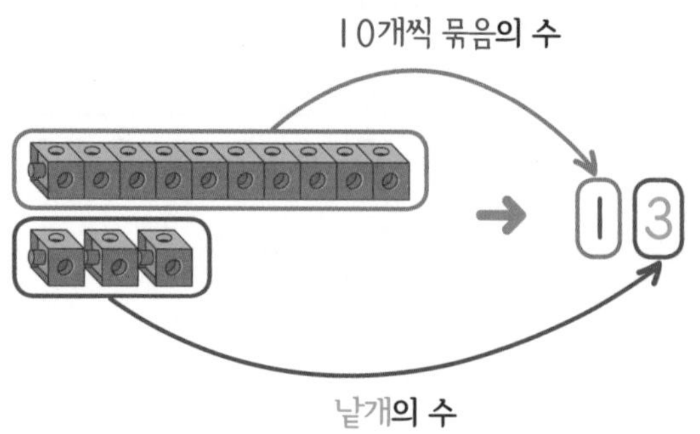

1 작은 수		1 큰 수
□	13	□
□	16	□

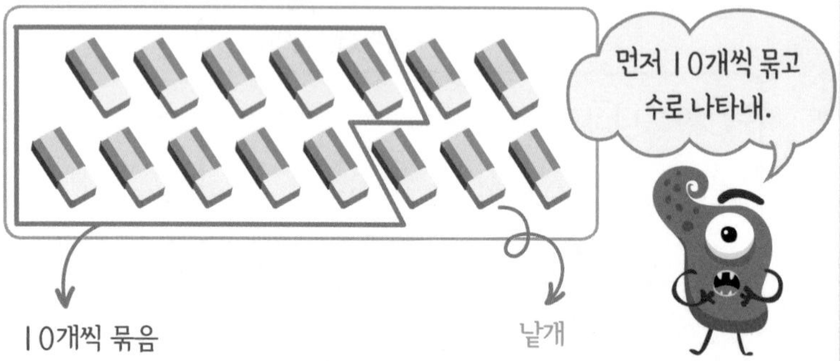

3 같은 수끼리 선으로 이어 보세요.

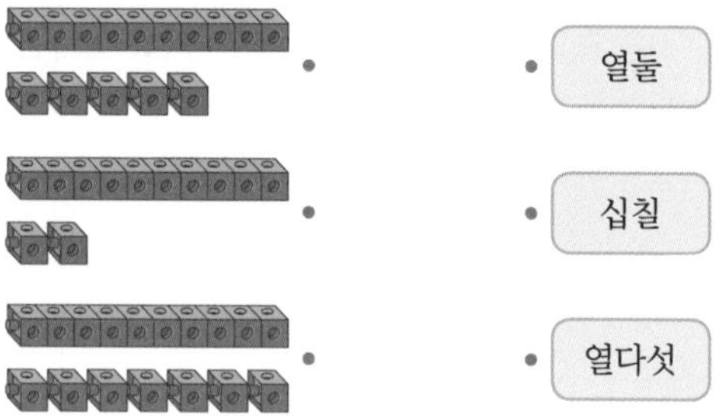

4 주어진 수보다 1 작은 수와 1 큰 수를 써넣으세요.

1 작은 수		1 큰 수
□	13	□
□	16	□

5 지우개의 수와 관계있는 것에 모두 ○표 하세요.

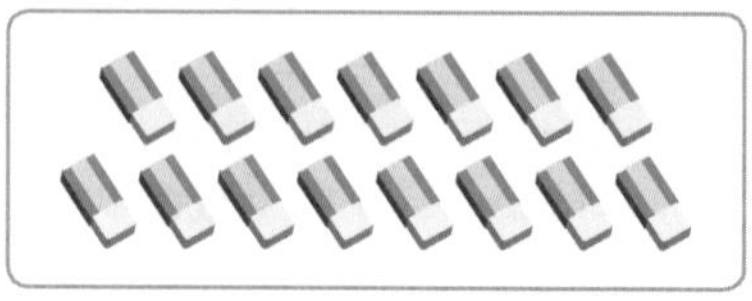

(열다섯 16 열여섯 15)

6 수를 잘못 읽은 것을 찾아 기호를 쓰세요.

㉠ 11 → 열하나	㉡ 13 → 십삼
㉢ 14 → 열넷	㉣ 19 → 십아홉

7 사용한 블록은 모두 몇 개일까요?

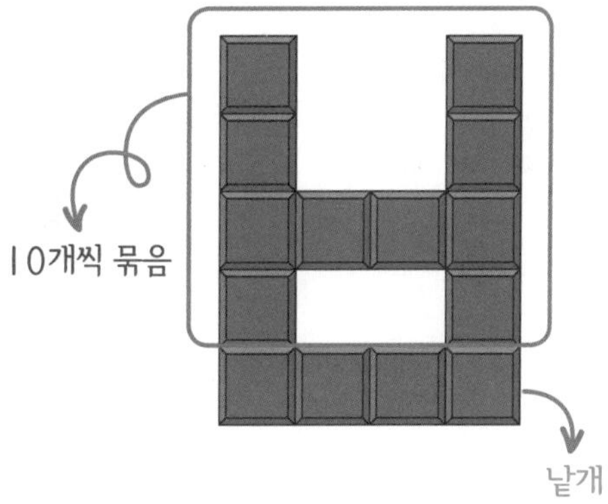

먼저 10개씩 묶고 수로 나타내.

8 빈칸에 알맞은 수를 써넣으세요.

(1) 13 — 14 — ☐ — ☐

(2) 19 — ☐ — ☐ — 16

13부터 수의 순서대로 쓰기

13 — 14 — ☐ — ☐

19 — ☐ — ☐ — 16

19부터 수의 순서를 거꾸로 하여 쓰기

수학적 독해력

9 나타내는 수가 다른 하나를 찾아 기호를 쓰세요.

㉠ 열일곱
㉡ 십칠
㉢ 16 다음의 수
㉣ 10개씩 묶음 1개와 낱개 6개

수로 나타낸 다음 다른 하나를 찾아.

㉠ 열일곱 → ☐
㉡ 십칠 → ☐
㉢ 16 다음의 수 → ☐
㉣ 10개씩 묶음 1개와 낱개 6개 → ☐

수학적 표현력

10 진수네 형의 생일 케이크입니다. 큰 초 하나는 10살을 나타내고 작은 초 하나는 1살을 나타냅니다. 진수네 형의 나이는 몇 살인지 말해 보세요.

큰 초 1개 → 10개씩 묶음 1개

작은 초 3개 → 낱개 3개

26일 십몇을 모으기와 가르기

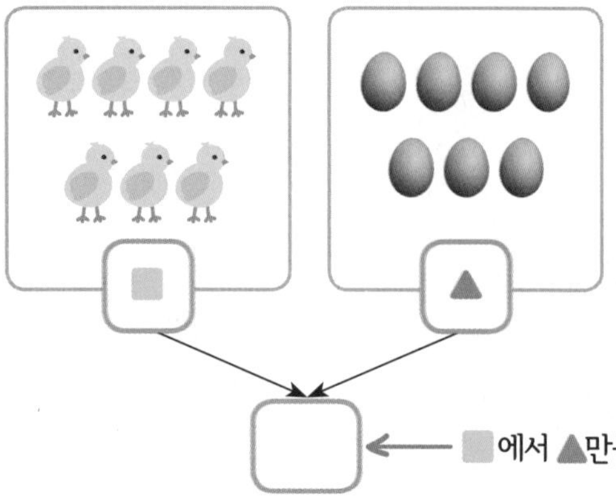

이어 세는 방법으로 두 수를 모으기 할 수 있어.

■에서 ▲만큼 이어 세어 봐.

모으기는 이어 세기로, 가르기는 거꾸로 세기로 구해.

9, 6 → □ : 9에서 6만큼 이어 세어 봐.

12 → 4, □ : 12에서 4만큼 거꾸로 세어 봐.

각각 몇을 이어 세어야 16이 되는지 생각해봐.

7 •	• 6
8 •	• 8
10 •	• 9

㉠ 5와 7　　㉡ 8과 6
㉢ 4와 10　　㉣ 9와 5

각각 오른쪽 수만큼 이어 세었을 때 결과가 다른 하나를 찾아.

1 모으기를 하세요.

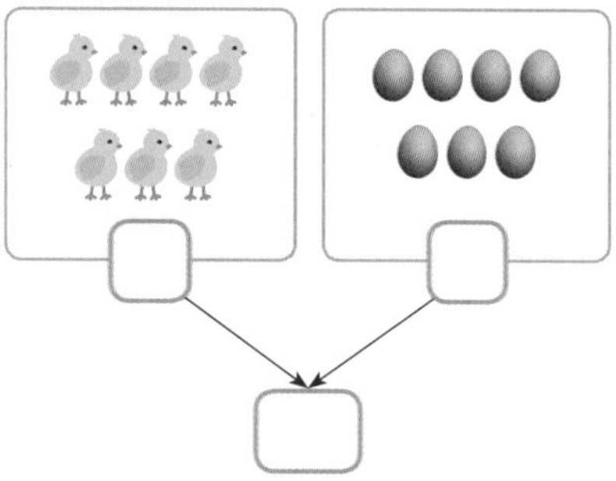

3 모으기와 가르기를 하세요.

9, 6 → □　　12 → 4, □

5 모으기 하여 16이 되는 두 수를 선으로 이어 보세요.

7 •	• 6
8 •	• 8
10 •	• 9

6 모으기 한 수가 다른 하나를 찾아 기호를 쓰세요.

㉠ 5와 7　　㉡ 8과 6
㉢ 4와 10　　㉣ 9와 5

7 ★에 알맞은 수를 구하세요.

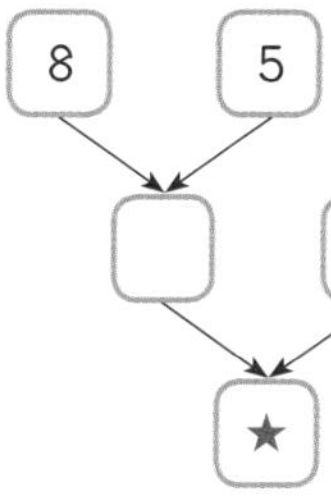

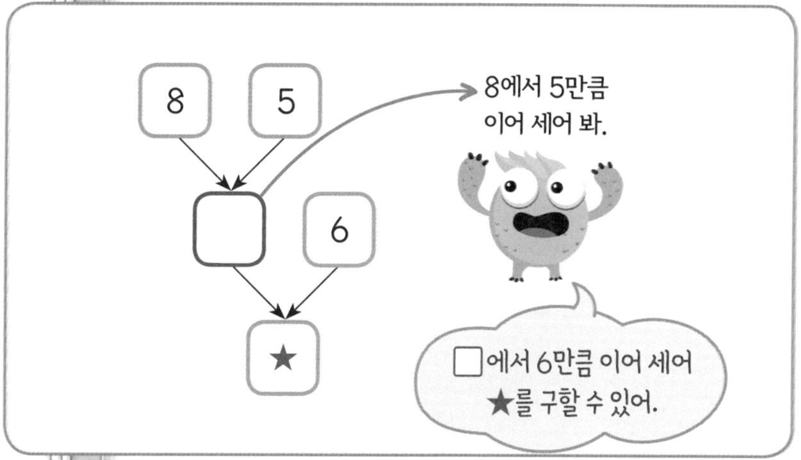

8 ㉠과 ㉡ 중에서 더 큰 수의 기호를 쓰세요.

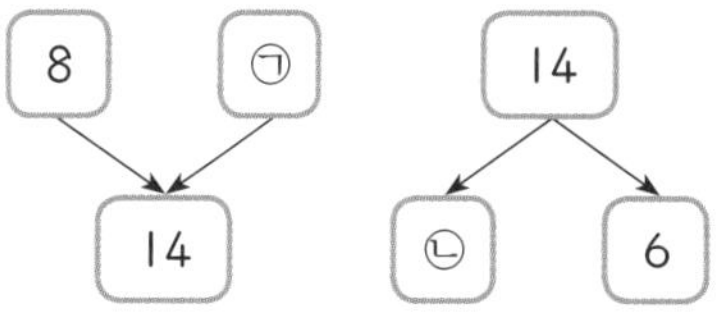

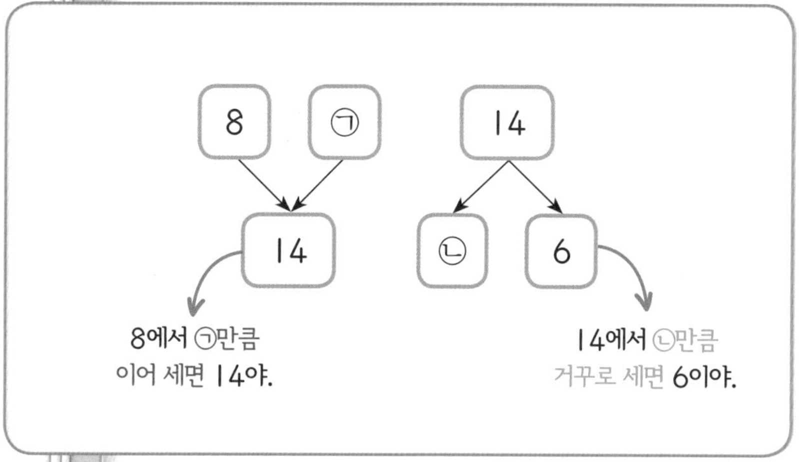

수학적 독해력

+9 모으기 하여 15가 되는 두 수를 모두 찾아보세요.

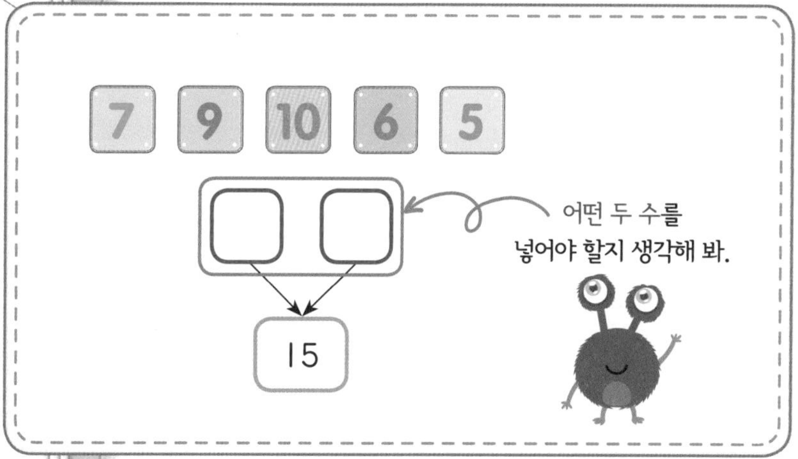

수학적 표현력

+10 딸기 17개를 슬기와 로운이가 사이좋게 나누어 먹었습니다. 슬기가 먹은 딸기가 9개라면 로운이가 먹은 딸기는 몇 개인지 설명해 보세요.

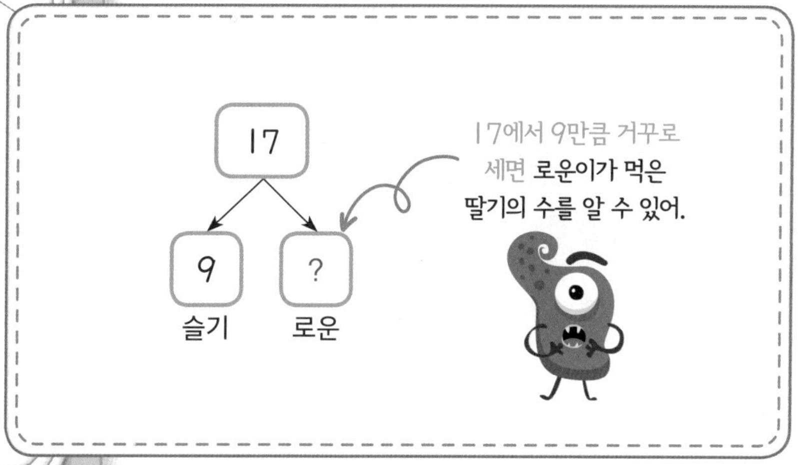

몇십 알아보기

10개씩 묶음 ▢개 → ▢0

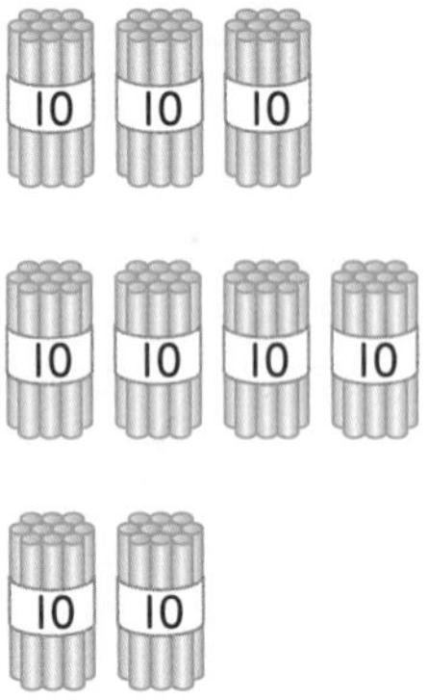

10 10 10	→ 30
10 10 10 10	→ ▢
10 10	→ ▢

10개씩 묶음이 ▢개이면 ▢0이야.

서준이는 초콜릿을 10개씩 4묶음 가지고 있습니다.

10개씩 ▢묶음 → ▢0

10개씩 묶음이 몇 개인지 세어 봐.

\ 중요해! /

10개씩 묶음이 ▢개이면 ▢0.

2 ▢ 안에 알맞은 수를 써넣으세요.

(1) 10개씩 묶음 2개는 ▢입니다.

(2) 10개씩 묶음 4개는 ▢입니다.

(3) 30은 10개씩 묶음이 ▢개입니다.

(4) 50은 10개씩 묶음이 ▢개입니다.

4 같은 수끼리 선으로 이어 보세요.

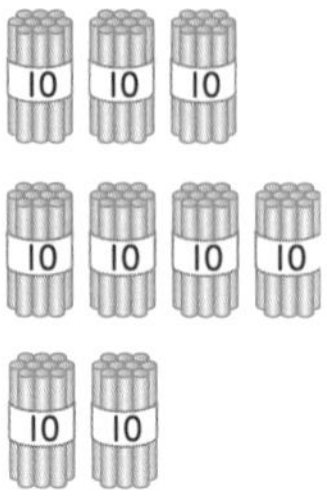

10 10 10 •	• 사십
10 10 10 10 •	• 20
10 10 •	• 서른

5 서준이는 초콜릿을 10개씩 4묶음 가지고 있습니다. 서준이가 가지고 있는 초콜릿은 모두 몇 개일까요?

6 엄마가 시장에서 곶감 1상자를 사 오셨습니다. 1상자에는 곶감이 모두 몇 개 들어 있을까요?

7 주어진 블록으로 왼쪽 모양을 몇 개까지 만들 수 있을까요?

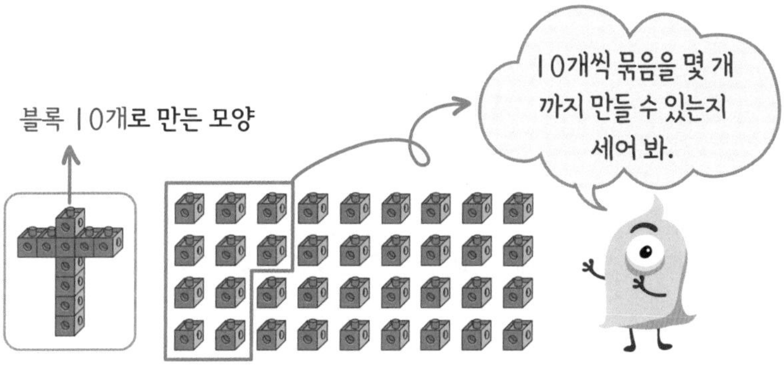

8 다음 모형이 40이 되려면 10개씩 몇 개가 더 필요할까요?

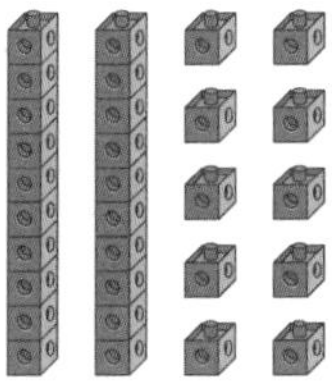

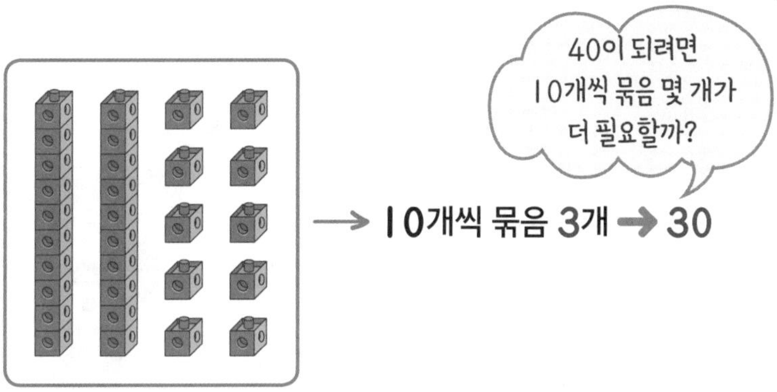

수학적 독해력

+9 빨간색 장미가 20송이가 있고, 분홍색 장미가 10송이씩 3묶음이 있습니다. 장미는 모두 몇 송이가 있을까요?

빨간색 장미가 20송이가 있고, 분홍색 장미가 10송이씩 3묶음이 있습니다.

10송이씩 □묶음 → 10송이씩 3묶음

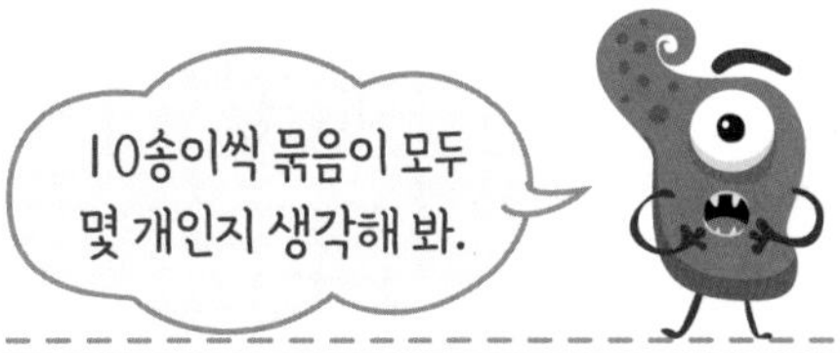

수학적 표현력

+10 쿠키를 30개 사려고 합니다. 한 상자에 10개씩 들어 있는 쿠키를 몇 상자 사야 하는지 설명해 보세요.

10개 → 10개씩 1상자

20개 → 10개씩 2상자

⋮

□0개 → 10개씩 □상자

5단원

28일 몇십몇 알아보기

10개씩 묶음 ■ 개와 낱개 ▲ 개

↓

■▲

(1) 2 8

(2) 4 2

↓ 10개씩 묶음의 수 ↓ 낱개의 수

\\ 주의해! //

수를 읽을 때 두 가지 방법을 섞어 읽으면 안 돼.

23

~~이십셋~~ ↓ 이십삼	~~스물삼~~ ↓ 스물셋

37

10개씩 묶음의 수 ↙ ↘ 낱개의 수

10개씩 묶음	낱개

2 □ 안에 알맞은 수를 써넣으세요.

(1) 10개씩 묶음 2개와 낱개 3개 ➜ □

(2) 10개씩 묶음 4개와 낱개 8개 ➜ □

(3) 10개씩 묶음 3개와 낱개 5개 ➜ □

3 밑줄 친 숫자가 나타내는 수를 쓰세요.

(1) 2̲8 ➜ □

(2) 42̲ ➜ □

5 수를 잘못 읽은 것의 기호를 쓰세요.

㉠ 17 → 열일곱	㉡ 24 → 스물넷
㉢ 36 → 삼십육	㉣ 41 → 사십하나

6 37은 10개씩 묶음과 낱개가 각각 몇 개인지 쓰세요.

10개씩 묶음	낱개

7 빈칸에 알맞은 수를 써넣으세요.

수	10개씩 묶음	낱개
39	3	
12		2
	2	7

■▲는 10개씩 묶음 ■개와 낱개 ▲개야.

수	10개씩 묶음	낱개
■▲	■	▲

8 나타내는 수가 다른 하나를 찾아 기호를 쓰세요.

㉠ 사십팔

㉡ 서른여덟

㉢ 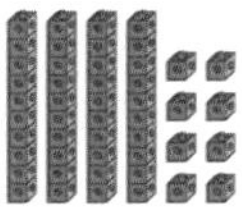

㉣ 10개씩 묶음 4개와 낱개 8개

□ ← ㉠ 사십팔 □ ← ㉡ 서른여덟

㉢ 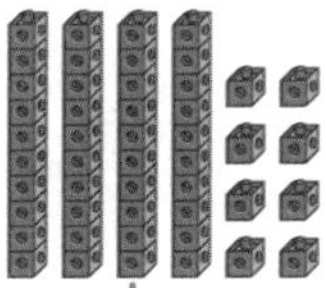 → □

㉣ 10개씩 묶음 4개와 낱개 8개 → □

모두 수로 나타낸 다음 다른 하나를 찾아.

수학적 독해력

9 윤하는 초콜릿 34개를 샀습니다. 그 중에서 10개씩 묶음 3개를 친구들에게 주었다면 윤하에게 남은 초콜릿은 몇 개일까요?

10개씩 묶음의 수 ← 34 → 낱개의 수

'10개씩 묶음 3개'를 주면 남은 것은 몇 개일까?

수학적 표현력

10 한 통에 10자루씩 들어 있는 연필 2통과 낱개 13자루가 있습니다. 연필은 모두 몇 자루인지 구해 보세요.

한 통에 10자루씩 들어 있는 연필 2통과 낱개 13자루가 있습니다.

10자루씩 묶음 2개 + 낱개 13자루

10개씩 묶음 □개 낱개 □자루

29일 수의 순서 알아보기

30보다 1 작은 수 → [ ] — 30 — 31 — [ ] ← 31보다 1 큰 수

42 — [ ] — [ ] — 45

42와 45 사이에 있는 수

가장 작은 수를 맨 앞에 쓰고 1씩 커지는 수의 순서대로 써.

41 39 40 38 37 42

37 — ○ — ○ — ○ — ○ — ○

1씩 커져.

화살표 방향으로 1씩 커지는 수의 순서대로 빈칸을 채워.

1	24	23	22	21	20	19
2	25	40	39	38	37	18
3	26	41		47	36	17
4		42	49	46	35	16
5	28	43	44		34	15
6	29	30	31	32	33	14
	8	9	10	11	12	

25 26 27 28 29 30 31 32 33 34

27과 33 사이에 있는 수

주의해!

27과 33 사이에 있는 수에 27과 33은 포함되지 않아.

2 빈칸에 알맞은 수를 써넣으세요.

(1) [ ] — 30 — 31 — [ ]

(2) 42 — [ ] — [ ] — 45

4 작은 수부터 순서대로 써넣으세요.

41 39 40 38 37 42

○ — ○ — ○ — ○ — ○ — ○

5 순서에 맞게 빈칸을 채워 보세요.

1	24	23	22	21	20	19
2	25	40	39	38	37	18
3	26	41		47	36	17
4		42	49	46	35	16
5	28	43	44		34	15
6	29	30	31	32	33	14
	8	9	10	11	12	

6 27과 33 사이에 있는 수를 순서대로 모두 쓰세요.

25 26 27 28 29 30 31 32 33 34

7 순서에 맞게 수를 쓰고, □ 안에 알맞은 수를 써넣으세요.

(1) 32 - 33 - ○ - ○ - ○

33보다 2 큰 수 : □

(2) 37 - ○ - ○ - 40 - 41

40보다 2 작은 수 : □

1씩 커져. →

32 - 33 - ○ - ○ - ○

37 - ○ - ○ - 40 - 41

← 1씩 작아져.

중요해!

수를 순서대로 쓰면 1씩 커지고, 순서를 거꾸로 하여 쓰면 1씩 작아져.

8 과학실 자리의 안내 그림입니다. 21번 자리에 ○표 하세요.

1	2	3	4	5	6	7	8	9
10	11	12	13	14				

1씩 커져. →

1	2	3	4	5	6	7	8	9
10	11	12	13	14				

수학적 독해력

9 병원에서는 온 순서대로 번호표를 뽑고 기다립니다. 15번과 23번 사이에 있는 사람은 모두 몇 명일까요?

15 16 …… 22 23

15번과 23번 사이

주의해!

'15번과 23번 사이'에 15번과 23번은 포함되지 않아.

수학적 표현력

10 수현이네 집은 14층입니다. 수현이네 바로 위층에는 민호가 살고, 수현이네 바로 아래층에는 종욱이가 살고 있습니다. 민호와 종욱이의 집은 각각 몇 층인지 말해 보세요.

민호네	(바로 위층)	→ 1 큰 수
수현이네	(14층)	
종욱이네	(바로 아래층)	→ 1 작은 수

30일 두 수의 크기 비교하기

10개씩 묶음의 수가 클수록 더 큰 수.

10개씩 묶음의 수가 작을수록 더 작은 수

42	38	19

\ 중요해! /

10개씩 묶음의 수를 먼저 비교해.

10개씩 묶음의 수가 클수록 더 큰 수이고, 10개씩 묶음의 수가 같으면 낱개의 수가 클수록 더 큰 수야.

17	8	40	32	25

슬기는 딱지를 47개 모았고, 지혜는 딱지를 29개 모았습니다. 누가 딱지를 더 많이 모았을까요?

슬기 47 29 지혜

10개씩 묶음의 수가 클수록 **더 큰 수야.**

〈보기〉

10개씩 묶음 ■개와 낱개 ▲개보다 큰 수

■▲

27	28	29	30	31

\ 주의해! /

'■▲보다 큰 수'를 모두 찾아야 해.

3 가장 큰 수에 ○표, 가장 작은 수에 △표 하세요.

42	38	19

4 작은 수부터 순서대로 써넣으세요.

17	8	40	32	25

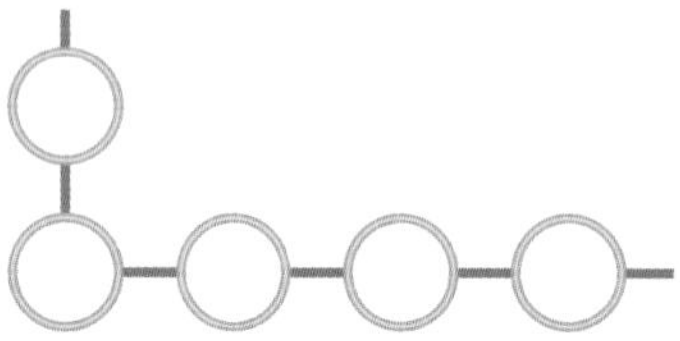

5 슬기는 딱지를 47개 모았고, 지혜는 딱지를 29개 모았습니다. 누가 딱지를 더 많이 모았을까요?

6 〈보기〉에 알맞은 수를 모두 찾아 ○표 하세요.

〈보기〉

10개씩 묶음 2개와 낱개 8개보다 큰 수

27	28	29	30	31

7 윤하는 수 카드 [3], [4]를 한 번씩만 사용하여 몇십몇을 만들었습니다. 윤하가 만든 몇십몇 중 더 큰 수는 무엇일까요?

[3] [4]

수 카드 [3], [4]로 만들 수 있는 몇십몇은 2가지야.

[3][4]   [4][3]

10개씩 묶음의 수가 클수록 더 큰 수야.

8 20부터 30까지의 수 중에서 〈보기〉의 수보다 작은 수는 모두 몇 개일까요?

〈보기〉
10개씩 묶음 2개와 낱개 6개인 수

〈보기〉
10개씩 묶음 ■개와 낱개 ▲개
↓
■▲

20부터 30까지의 수 중에서 ■▲보다 작은 수를 모두 세어 봐.

수학적 독해력

9 연필은 10개씩 4묶음과 낱개 2개가 있고, 크레파스는 마흔다섯 개가 있습니다. 연필과 크레파스 중 어느 것이 더 많을까요?

연필은 10개씩 4묶음과 낱개 2개가 있고, 크레파스는 마흔다섯 개가 있습니다.

10개씩 4묶음과 낱개 2개	마흔다섯 개
↓	↓
☐	☐

모두 수로 나타낸 다음 비교해.

수학적 표현력

10 영민이가 집을 출발하여 갈림길에서 작은 수를 따라 가려고 합니다. 영민이가 도착하는 곳은 어디일까요?

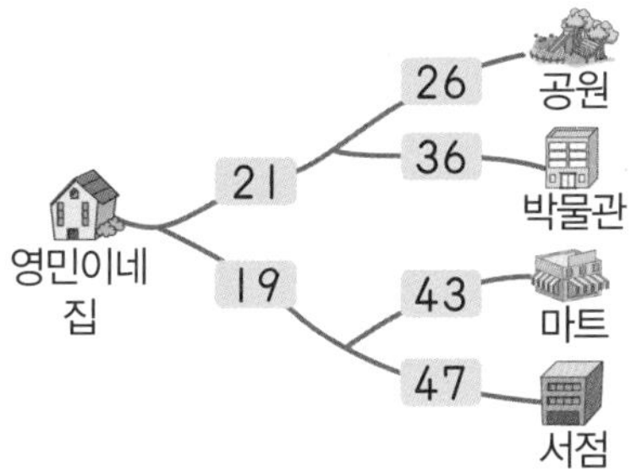

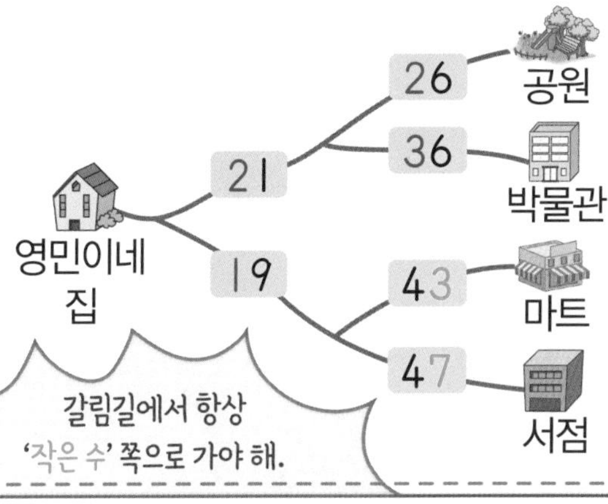

갈림길에서 항상 '작은 수' 쪽으로 가야 해.

memo

memo

memo

자신감 뿜뿜

수학이 만만해지는 힌트의 힘!

막힐 때 찾아보는

힌트북

풀이집은 개념의 빈틈을 채우는
두 번째 학습서입니다.

막힐 땐

힌트북

초등수학 1-1

정답 · 풀이

슬기로운공부

막힐 땐

힌트북

초등수학 1-1

정답 · 풀이

본책 008~011 쪽

01일 1부터 5까지의 수

확인 008쪽

❶

○	○				······ ②
○	○	○			······ ③
○	○	○	○		······ ④
○	○	○	○	○	······ ⑤

기본기 다지는 교과서 문제 009쪽

1 (1) 2에 ○표 (2) 4에 ○표

2 (1) 3 (2) 5

3

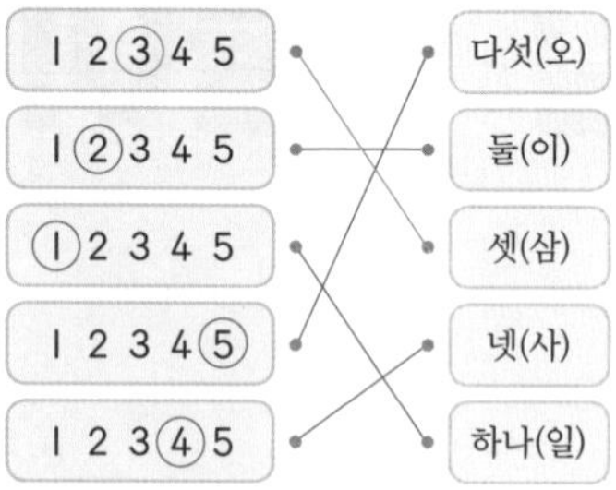

1 (1) 자동차의 수를 세어 보면 하나, 둘이므로 2입니다.
(2) 자전거의 수를 세어 보면 하나, 둘, 셋, 넷이므로 4입니다.

2 (1) 축구공의 수를 세어 보면 하나, 둘, 셋이므로 3입니다.
(2) 농구공의 수를 세어 보면 하나, 둘, 셋, 넷, 다섯이므로 5입니다.

3 • 고추는 하나, 둘이므로 2라 쓰고, 둘 또는 이라고 읽습니다.
• 호박은 하나이므로 1이라 쓰고, 하나 또는 일이라고 읽습니다.
• 당근은 하나, 둘, 셋, 넷, 다섯이므로 5라 쓰고, 다섯 또는 오라고 읽습니다.
• 옥수수는 하나, 둘, 셋 넷이므로 4라 쓰고, 넷 또는 사라고 읽습니다.

스스로 풀어내는 도전 10 문제 010~011쪽

1 5에 ○표

2 예 ● ● ○ ○ ○, 둘, 이

3 4

4 3, 셋에 ○표

5

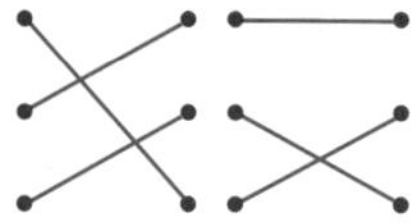

6 (○)
( )
(○)

7 붓

8 4, 넷, 사에 ○표

+9 수림

+10 3, 3

1 단추의 수를 세어 보면 하나, 둘, 셋, 넷, 다섯이므로 5입니다.

2 2이므로 ○ 2개에 색칠합니다. 2는 둘 또는 이라고 읽습니다.

힌트북 02쪽

3

햄버거의 수와 음료수의 수를 각각 세어 보면 하나, 둘, 셋, 넷이므로 4입니다.

4 포크의 수는 3이고, 셋 또는 삼이라고 읽습니다.

5 • 가위의 수는 2이고, 둘 또는 이라고 읽습니다.
• 가방의 수는 1이고, 하나 또는 일이라고 읽습니다.
• 색연필의 수는 4이고, 넷 또는 사라고 읽습니다.

6 트럼펫의 수는 4입니다.

7 수를 세어 보면 연필은 4, 지우개는 2, 가위는 1, 클립은 3, 붓은 4이므로 연필과 수가 같은 것은 붓입니다.

8 종이비행기의 수를 세어 보면 4이고, 넷 또는 사라고 읽습니다.

+9 국화의 수를 세어 보면 하나, 둘이므로 2입니다. 따라서 다르게 이야기를 한 사람은 수림입니다.

+10 사탕을 2만큼 묶으면 묶지 않은 사탕은 3개입니다.

본책 012~015쪽

02일 6부터 9까지의 수

확인 ······························ 012쪽

1

○	○	○	○	○
○	○			

······ 7

○	○	○	○	○
○	○	○		

······ 8

○	○	○	○	○
○	○	○	○	

······ 9

기본기 다지는 교과서 문제 013쪽

1 (1) 7에 ○표 (2) 9에 ○표

2 (1) 6 (2) 8

3

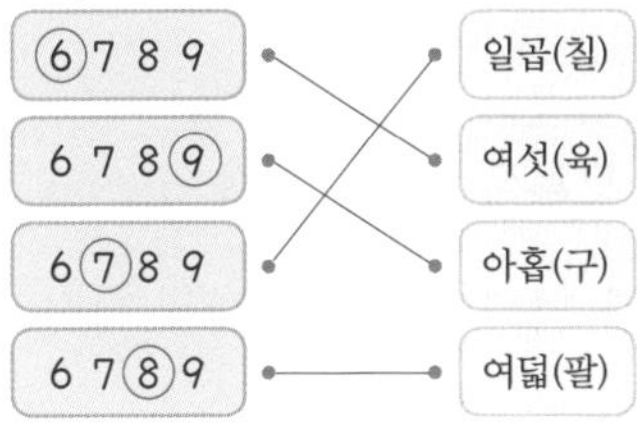

1 (1) 단풍잎의 수를 세어 보면 일곱이므로 7에 ○표 합니다.
(2) 은행잎의 수를 세어 보면 아홉이므로 9에 ○표 합니다.

2 (1) 지우개의 수를 세어 보면 여섯이므로 6입니다.
(2) 색연필의 수를 세어 보면 여덟이므로 8입니다.

3
- 노란색 우산은 여섯이므로 6이라 쓰고, 여섯 또는 육이라고 읽습니다.
- 파란색 우산은 아홉이므로 9라 쓰고, 아홉 또는 구라고 읽습니다.
- 초록색 우산은 일곱이므로 7이라 쓰고, 일곱 또는 칠이라고 읽습니다.
- 빨간색 우산은 여덟이므로 8이라 쓰고, 여덟 또는 팔이라고 읽습니다.

스스로 풀어내는 도전 10 문제 014~015쪽

1 7에 ○표

2 예

●	●	●	●	●
●	●	●	●	○

, 아홉, 구

3 ㉠

4 8, 여덟에 ○표

5

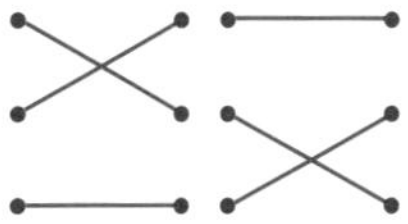

6 ( )
(○)
( )

7 구, 아홉, 9에 ○표

8 예

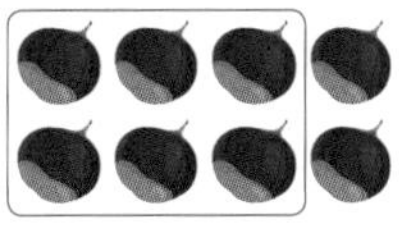

/ 2

+9 8

+10 6, 여섯, 육

1 꽃은 일곱이므로 7에 ○표 합니다.

3 ㉡은 일곱이므로 7입니다.

4 비행기를 세어 보면 여덟이므로 8입니다.

5 6(여섯, 육), 7(일곱, 칠), 8(여덟, 팔)

힌트북 04쪽

6

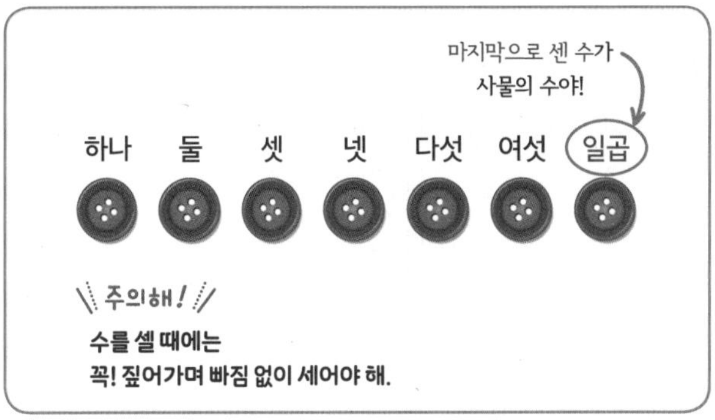

파란색 풍선은 여덟이고, 초록색 풍선은 아홉입니다.

7 종이배의 수를 세어 보면 아홉이므로 9라 쓰고, 아홉 또는 구라고 읽습니다.

8 밤을 6(여섯)만큼 묶으면 묶지 않은 밤은 둘(2)입니다.

+9 초를 세어 보면 여덟이므로 슬기의 나이는 8살입니다.

본책 016~019쪽

03일 몇째 알아보기

확인 016쪽

1. 둘째, 넷째, 다섯째, 여섯째, 여덟째, 아홉째
2. (1) 서영 (2) 다섯째

기본기 다지는 교과서 문제 017쪽

1
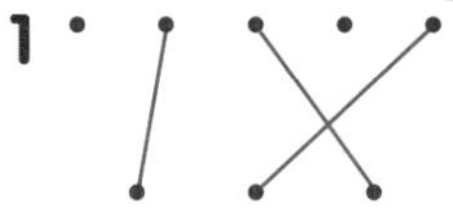

2
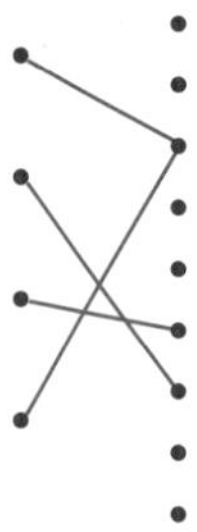

3
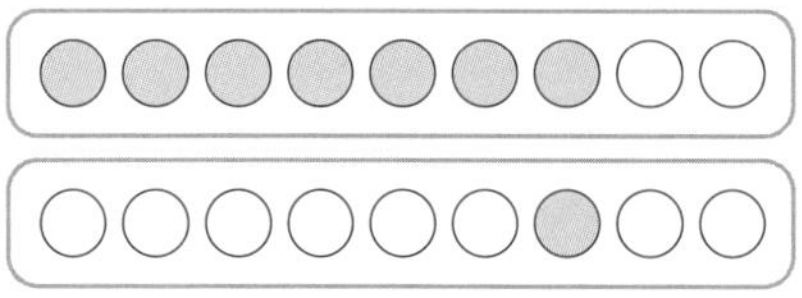

2

위 ↓		↑ 아래
첫째	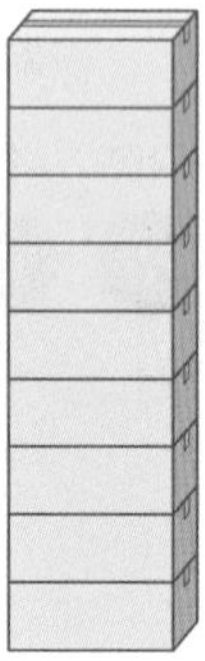	아홉째
둘째		여덟째
셋째		일곱째
넷째		여섯째
다섯째		다섯째
여섯째		넷째
일곱째		셋째
여덟째		둘째
아홉째		첫째

3 일곱은 개수를 나타내고, 일곱째는 순서를 나타냅니다.

스스로 풀어내는 도전 10 문제 018~019쪽

1 넷째　　2 넷째, 여섯째, 일곱째

3

팔(여덟)	
여덟째	

4 ( )(○)( )　　5 3, 1, 4
6 둘째　　7 둘, 넷째, 여섯째에 ○표
8 셋째　　+9 5명
+10 둘째, 셋째, 넷째

1 지혜 — 윤하 — 서준 — 나래 — 현우
첫째　둘째　셋째　넷째　다섯째

2 수의 순서는 셋째 — 넷째 — 다섯째 — 여섯째 — 일곱째 — 여덟째입니다.

3 팔(여덟)은 개수를 나타내고 여덟째는 순서를 나타냅니다.

5

첫째(1)　둘째(2)　셋째(3)　넷째(4)　다섯째(5)

힌트북 06쪽

6

\\ 중요해! //
순서를 알아볼 때에는
어느 쪽에서 몇째인지를 꼭 확인해.

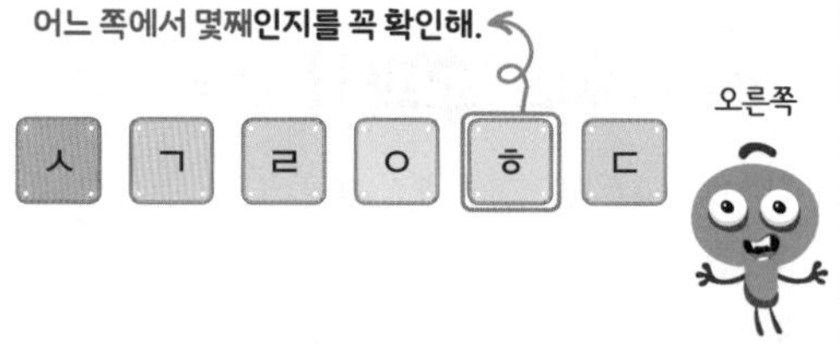

'ㅎ'이 쓰여진 카드는 오른쪽에서 둘째에 있습니다.

7 색칠된 과일이 개수를 나타내는지 순서를 나타내는지 확인합니다.

8 왼쪽에서 넷째에 있는 동물은 코끼리이고, 코끼리는 오른쪽에서 셋째에 있습니다.

+9 ○—슬기—○—○—○—○—○—로운—○
(슬기와 로운 사이: 5명)

힌트북 07쪽

+10

한결이 앞에 3명이 달리고 있다면

본책 020~023쪽

04일 수의 순서 알아보기

확인 020쪽

❶ 3, 4, 5, 6, 7, 8, 9

❷

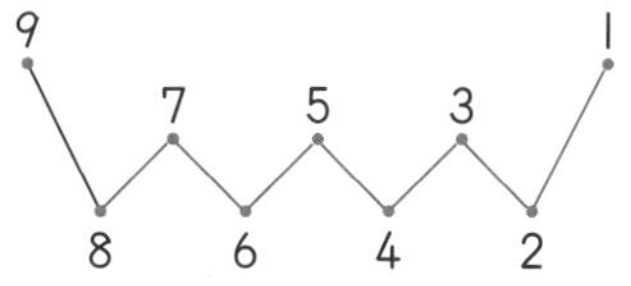

기본기 다지는 교과서 문제 021쪽

1 (1) 3, 4, 6, 9 (2) 2, 4, 5, 8, 9

2

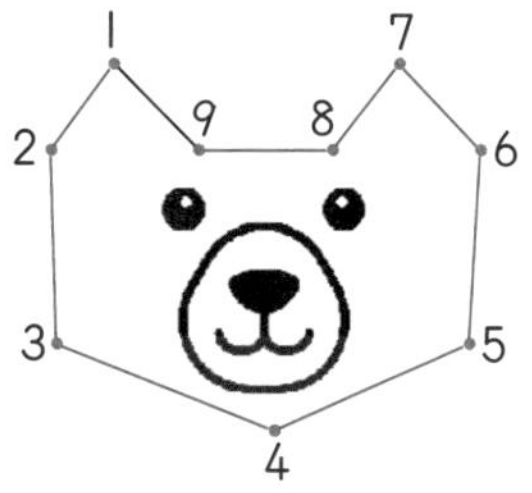

3 (1) 8, 6, 4 (2) 5, 4, 2

2 1—2—3—4—5—6—7—8—9의 순서대로 선으로 이어 봅니다.

3 (1) 순서를 거꾸로 하여 9부터 세면 9—8—7—6—5—4입니다.
(2) 순서를 거꾸로 하여 7부터 세면 7—6—5—4—3—2입니다.

스스로 풀어내는 도전 10 문제 022~023쪽

1 4, 7, 8 **2** 5, 3, 2

3

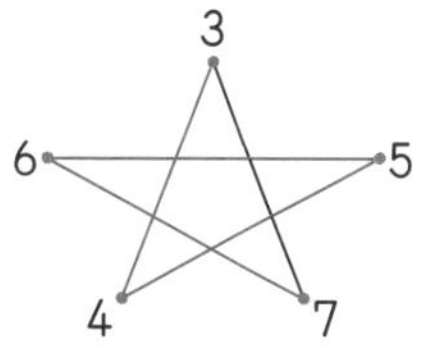

4 영민 **5** 4 / 6

6 (1부터 시계 방향으로) 2, 3, 5, 7

7 2 / 4, 5 / 8, 9

8

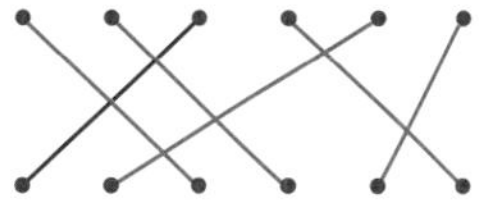

+9 6 **+10** 7, 8, 8, 7, 7, 8

1 수를 3부터 순서대로 쓰면 3—4—5—6—7—8입니다.

2 순서를 거꾸로 하여 6부터 세면 6—5—4—3—2입니다.

3 3—4—5—6—7의 순서대로 선으로 이어 봅니다.

4 수를 2부터 순서대로 쓰면 2—3—4—5—6입니다.

5 사물함의 번호를 1부터 순서대로 씁니다.

힌트북 08쪽

6

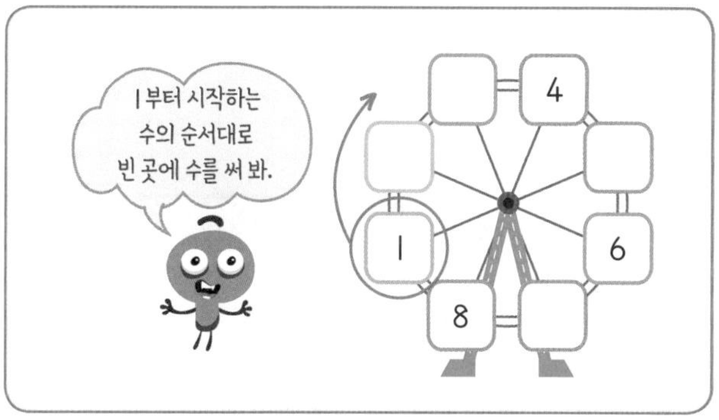

수를 1부터 시계 방향으로 순서대로 씁니다.

7 수를 1부터 Z 방향으로 순서대로 씁니다.

8 수를 1부터 순서대로 쓰면 1—2—3—4—5—6입니다.

+9 2 3 4 5 6 7

본책 024~027쪽

05일 1 큰 수와 1 작은 수

확인 024쪽

1
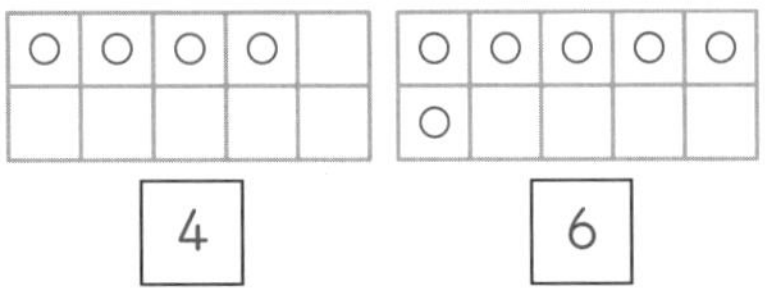

기본기 다지는 교과서 문제 025쪽

1 (○)(　)(　)
2 (1) 7 (2) 3
3 4, 6 / 7, 9
4 2, 1, 0

1 5보다 1 큰 수는 6입니다.

2 1 큰 수는 바로 뒤의 수, 1 작은 수는 바로 앞의 수입니다.

4 아무것도 없는 것은 0입니다.

스스로 풀어내는 도전 10 문제 026~027쪽

1 (　)(○)(　)　**2** (1) 6 (2) 6
3 2, 4　**4** 3, 5 / 6, 8
5 슬기　**6** 0 / 영
7 ㉣　**8** 8
+9 ㉣　**+10** 1, 1, 0

1 4보다 1 큰 수는 5입니다.

2 (1) 5 바로 뒤의 수는 6입니다.
(2) 7 바로 앞의 수는 6입니다.

3 3은 2 바로 뒤의 수이고, 4 바로 앞의 수입니다.

4 4 바로 앞의 수는 3, 바로 뒤의 수는 5입니다.
7 바로 앞의 수는 6, 바로 뒤의 수는 8입니다.

5 한결: 6보다 1 작은 수는 5입니다.
슬기: 8보다 1 작은 수는 7입니다.
윤하: 8보다 1 큰 수는 9입니다.
따라서 7을 바르게 설명한 사람은 슬기입니다.

힌트북 10쪽

6
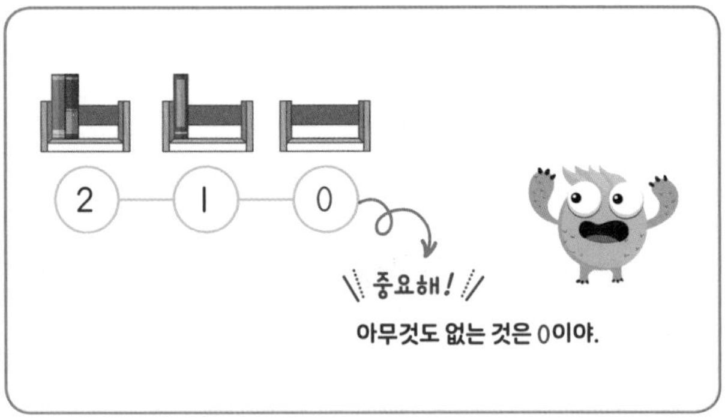

아무것도 없는 수를 0이라 쓰고, 영이라고 읽습니다. 0은 1보다 1 작은 수입니다.

힌트북 11쪽

7
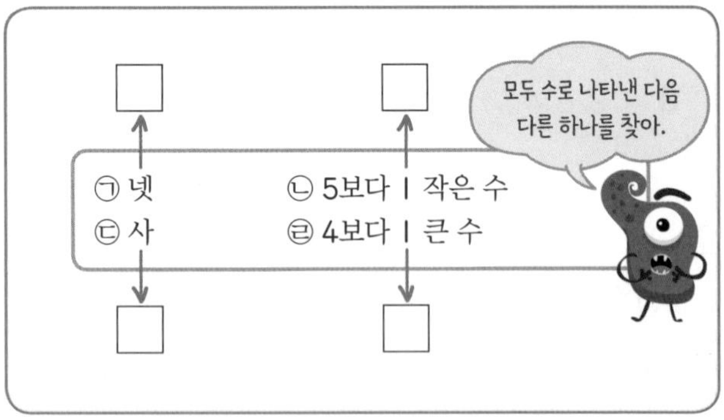

㉠, ㉡, ㉢은 모두 4를 나타내고 ㉣은 5를 나타냅니다.

8 가운데 수보다 1 작은 수가 6이므로 가운데 수는 6보다 1 큰 수인 7입니다.
맨 오른쪽의 수는 가운데 수보다 1 큰 수이므로 ★에 알맞은 수는 8입니다.

+9 남은 딸기는 아무것도 없으므로 0(영)입니다.
㉣ 1보다 1 큰 수는 2입니다.

본책 028~031쪽

06일 수의 크기 비교하기

확인 028쪽

1 

○	○	○	○	○
○	○	○		

, 많습니다, 큽니다에 ○표

○	○	○	○	○

, 적습니다, 작습니다에 ○표

기본기 다지는 교과서 문제 029쪽

1 8, 6 / 6, 8
2 7, 4
3 9, 7 / 7, 9

2 연필은 책보다 많습니다.
→ 7은 4보다 큽니다.

3 수를 순서대로 썼을 때 왼쪽에 있는 수보다 오른쪽에 있는 수가 더 큽니다.

스스로 풀어내는 도전 10 문제 030~031쪽

1 작습니다, 큽니다에 ○표
2 (1) ⑤ △4 (2) △7 ⑨
3 0, 1, 2에 색칠
4 5 8 △3 ⑨
5 ㉢
6 7, 3, 5 / 7, 3
7 7
8 4, 5, 6
+9 1, 2, 3
+10 8, 6, 8, 6, 나래

2 (1) 5는 4보다 큽니다.
4는 5보다 작습니다.
(2) 9는 7보다 큽니다.
7은 9보다 작습니다.

힌트북 12쪽

3 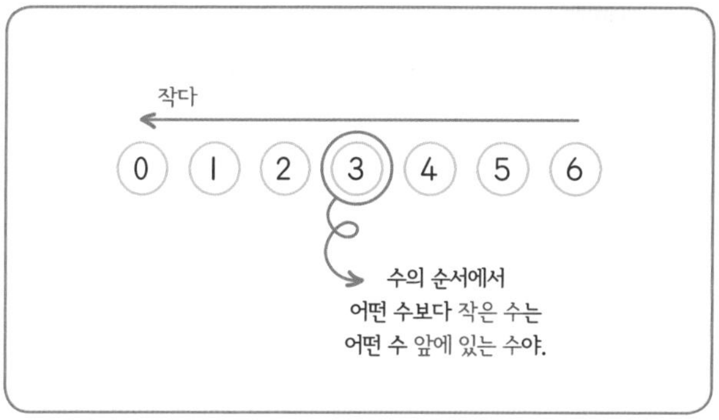

수를 순서대로 썼으므로 3의 왼쪽에 있는 수는 3보다 작습니다.

4 작은 수부터 순서대로 쓰면 3, 5, 8, 9입니다.

5 ㉠ 5 ㉡ 6 ㉢ 4 ㉣ 7
작은 수부터 순서대로 쓰면 4, 5, 6, 7이므로 가장 작은 수는 ㉢입니다.

6 그림을 셀 때 빠뜨리거나 중복되지 않도록 주의합니다.
장갑은 일곱(7), 모자는 셋(3), 양말은 다섯(5)입니다.
따라서 가장 큰 수는 7, 가장 작은 수는 3입니다.

7 수 카드를 작은 수부터 순서대로 놓을 때 셋째에 놓이는 수 카드는 7입니다.

4	5	7	8
첫째	둘째	셋째	넷째

8 3보다 큰 수는 4, 5, 6, 7, 8, 9입니다. 이 중에서 7보다 작은 수는 4, 5, 6입니다.

+9 0과 6 사이의 수를 순서대로 쓰면 1, 2, 3, 4, 5입니다.
이 중에서 4보다 작은 수는 1, 2, 3입니다.

힌트북 13쪽

+10 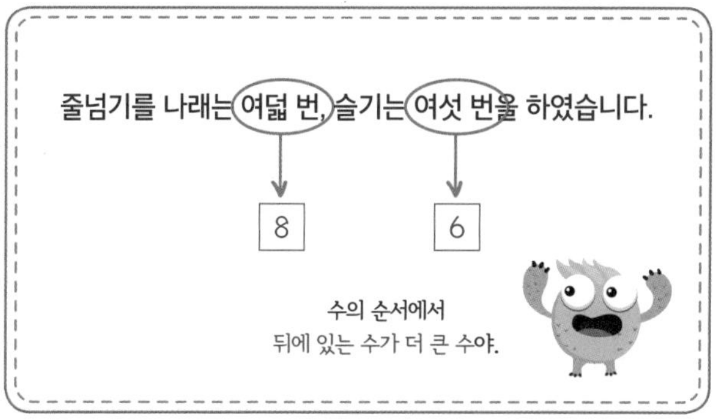

01~06일 단원평가 032~033쪽

01	8에 ○표	**02**	㉠, ㉣	**03**	①, ④

04

여섯	●	●	●	●	●	●	○	○	○
여섯째	○	○	○	○	○	●	○	○	○

05	다섯째	**06**	3, 4, 6
07	㉢	**08**	7자루
09	8에 ○표, 2에 △표	**10**	풀이 참조 / 3개

01 햄버거가 여덟이므로 8입니다.

02 ㉠, ㉣은 4이고 ㉡은 3, ㉢은 5입니다.

03 사과의 수는 7(칠, 일곱)입니다.

04 여섯은 개수를 나타내므로 6개를 색칠하고, 여섯째는 순서를 나타내므로 여섯째에만 색칠합니다.

05 (앞) ○ ○ ○ ○ ○ ○ ○ ○ (뒤)
첫째 넷째
다섯째 첫째

06 수를 2부터 순서대로 쓰면 2−3−4−5−6−7입니다.

07 ㉠, ㉡, ㉣은 5를 나타내고, ㉢은 6을 나타냅니다.

08 6보다 1 큰 수는 7이므로 윤하가 가지고 있는 연필은 7자루입니다.

09 작은 수부터 순서대로 쓰면 2, 6, 7, 8이므로 가장 큰 수는 8, 가장 작은 수는 2입니다.

10 예시 답안 6은 □보다 크므로 □는 6보다 작은 수인 0, 1, 2, 3, 4, 5입니다. 이 중에서 2보다 큰 수는 3, 4, 5로 모두 3개입니다.

채점 기준	
	❶ 6보다 작은 수를 구해야 함.
	❷ ❶에서 구한 수 중에서 2보다 큰 수를 구해야 함.

본책 034~037쪽

07일 여러 가지 모양 찾아보기

확인 034쪽

❶

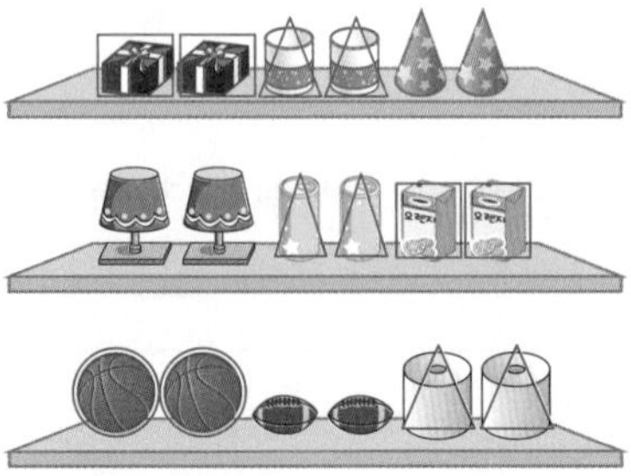

기본기 다지는 교과서 문제 035쪽

1 (　)(○)(　)
2 (　)(　)(○)
3 (　)(○)(　)
4

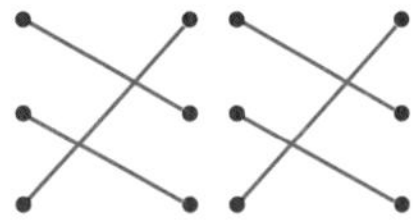

1 농구공은  모양, 음료수캔은  모양입니다.

2 축구공은  모양, 루빅스 큐브는  모양입니다.

3 선물 상자는  모양, 휴지통은  모양입니다.

4 크기나 색이 달라도 모양이 같으면 같은 모양입니다.

스스로 풀어내는 도전 10 문제 036~037쪽

1 셋째에 ○표 / 둘째에 ○표 / 셋째에 ○표
2

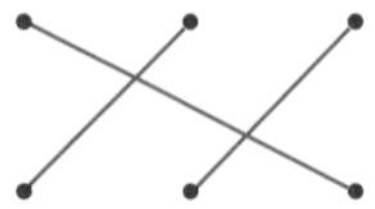

3 (　)(○)(　)
4 에 ○표
5 (○)(○)(　)
6 2개
7 (○)(　)(　)
8 (　)(○)(　)
+9 수현
+10 세탁기, 휴지

1 첫째 줄: 모양, 모양, 모양
둘째 줄: 모양, 모양, 모양
셋째 줄: 모양, 모양, 모양

2 크기나 색이 달라도 모양이 같으면 같은 모양입니다.

3 휴지통과 휴지는 모양이고, 볼링공은 모양이므로 모양이 다른 것은 볼링공입니다.

힌트북 14쪽

4
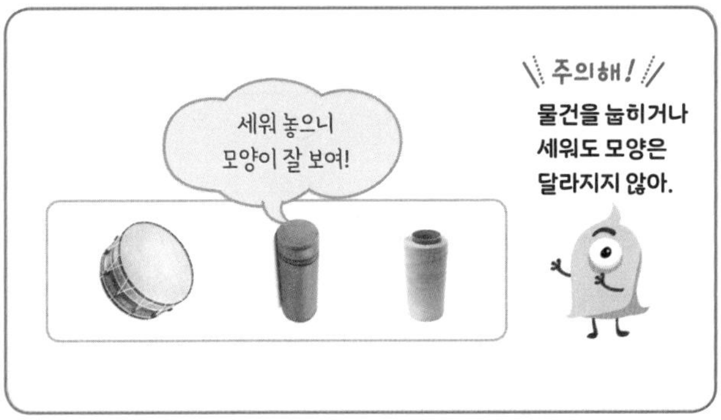

모양의 물건을 모아 놓은 것입니다.

힌트북 14쪽

5
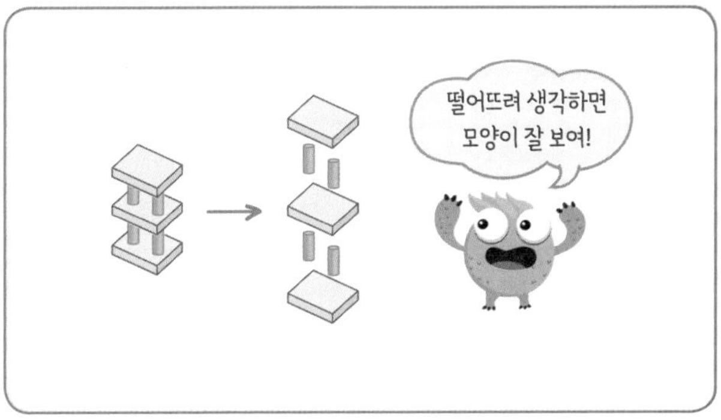

모양은 찾을 수 없습니다.

6 모양은 털실과 수박으로 모두 2개입니다.

7 모양은 3개, 모양은 2개, 모양은 1개이므로 가장 많은 모양은 모양입니다.

8 슬기: 모양, 모양
로운: 모양, 모양
따라서 슬기와 로운이가 똑같이 가지고 있는 모양은 모양입니다.

+9 크기나 색이 달라도 모양이 같으면 같은 모양입니다.

본책 038~041쪽

08일 여러 가지 모양 알아보기

확인 038쪽

1
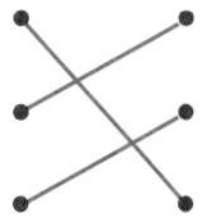

기본기 다지는 교과서 문제 039쪽

1
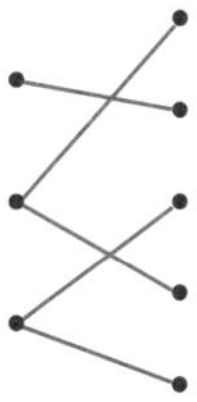
2
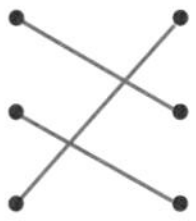

2 모양: 평평한 부분이 있어서 잘 쌓을 수 있고, 둥근 부분이 없어서 잘 굴러가지 않습니다.
모양: 평평한 부분으로 쌓으면 잘 쌓을 수 있고, 눕혀서 굴리면 잘 굴러갑니다.
모양: 평평한 부분이 없어서 잘 쌓을 수 없고, 모든 부분이 둥글기 때문에 어느 방향으로도 잘 굴러갑니다.

스스로 풀어내는 도전 10 문제 040~041쪽

1 ( )( )(○)
2 ( )( )(○)
3 ㉠, ㉣
4 ( )(○)( )
5 ㉡
6 지혜
7 ㉡, ㉤ / ㉠, ㉣ / ㉢
8 2개
+9 평평한, 있어에 ○표 / 둥근, 굴러가에 ○표
+10 구슬, 복숭아, 2

1 잘 굴러가지 않는 것은 모양인 카스텔라입니다.

2 모양은 둥근 부분만 있습니다.

3 보이는 모양은 둥근 부분과 평평한 부분이 있으므로 모양입니다.

4

5

6

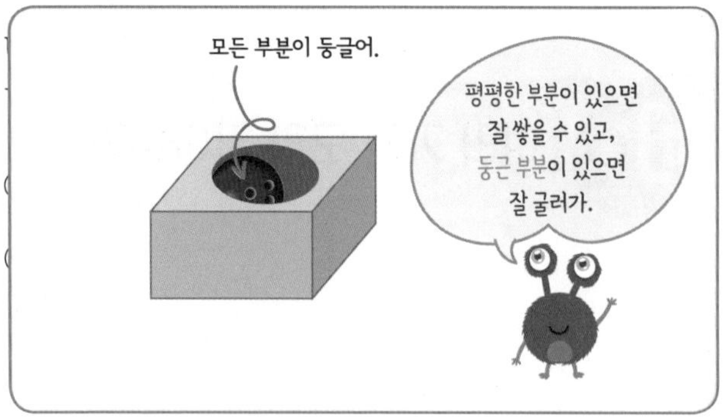

평평한 부분이 없어 잘 쌓을 수 없으므로 잘못 말한 사람은 지혜입니다.

7 평평한 부분이 0개인 모양은  모양, 2개인 모양은  모양, 6개인 모양은  모양입니다.

8 잘 굴러도 가지만 잘 쌓을 수도 있는 모양은  모양이므로  모양을 찾아보면 2개입니다.

힌트북 17쪽

+9

• 쌓을 수 있으려면 평평한 부분이 있어야 합니다.
• 잘 굴러가려면 둥근 부분이 있어야 합니다.

+10 어느 방향으로나 잘 굴러가려면 모든 부분이 둥근  모양이어야 합니다.

본책 042~045쪽

09일 여러 가지 모양으로 만들기

확인 042쪽

1 (1)

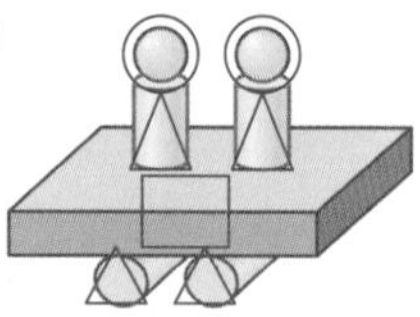

(2) 1, 4, 2

기본기 다지는 교과서 문제 043쪽

1 에 ○표
2 에 ○표
3 에 ○표
4 3개

4  모양은 몸통에 1개, 발에 2개로 모두 3개 사용했습니다.

스스로 풀어내는 도전 10 문제 044~045쪽

1 5개
2 에 ○표
3 ( )(○)
4 1, 4, 3
5 에 ○표
6

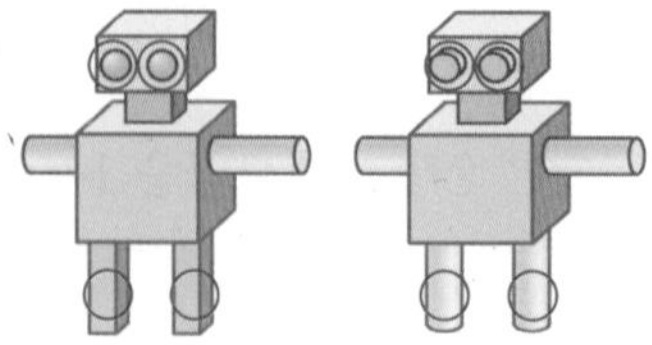

7

8 6개
+9 3개
+10 1, 6, 3, 에 ○표, 6

1  모양은 머리와 손을 뺀 나머지 부분에 사용되었습니다.

힌트북 18쪽

3

모양이 ㉠에는 4개, ㉡에는 6개 사용되었으므로 모양을 더 많이 사용한 모양은 ㉡입니다.

4 모양 1개, 모양 4개, 모양 3개를 사용하여 만들었습니다.

5 모양 2개, 모양 3개, 모양 2개를 사용하여 만든 모양이므로 가장 많이 사용한 모양은 모양입니다.

6 • 눈이 왼쪽은 모양, 오른쪽은 모양입니다.
• 다리가 왼쪽은 모양, 오른쪽은 모양입니다.

7 왼쪽 모양은 모양 3개, 모양 2개, 모양 2개이므로 모두 사용하여 만들 수 있는 모양은 오른쪽 아래 모양입니다.
오른쪽 위 모양은 모양 4개, 모양 2개, 모양 2개를 사용했습니다.

8 은 둥근 부분과 평평한 부분이 있으므로 모양입니다.
주어진 모양은 모양 3개, 모양 6개, 모양 2개를 사용했습니다.

+9 사용한 모양은 6개, 모양은 3개이므로 모양은 모양보다 3개 더 많이 사용했습니다.

+10 모양 1개, 모양 6개, 모양 3개를 사용했습니다.

07~09일 단원평가

046~047쪽

01 ( )( )(○)
02

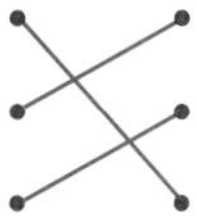

03 3개
04 ( )( )(○)
05 ㉠, ㉣
06 (○)( )( )
07 ( )( )(○)
08 2개
09

10 풀이 참조 / 민호

01 비치볼은 모양, 갑 티슈는 모양, 저금통은 모양입니다.

02 야구공은 모양, 필통은 모양, 케이크는 모양입니다.

03 모양은 택배 상자, 루빅스 큐브, 서랍장으로 모두 3개입니다.

04 모든 부분이 둥글어 어느 방향으로나 잘 굴러가는 모양은 모양입니다.

05 오른쪽 모양은 모양의 일부분이므로 모양을 찾아보면 ㉠, ㉣입니다.

06 평평한 부분과 뾰족한 부분이 있는 모양은 모양입니다.

07 사용한 모양은 모양과 모양입니다.

08 모양은 3개, 모양은 1개 사용했으므로 모양은 모양보다 2개 더 많이 사용했습니다.

09 주어진 모양으로 만들 수 있는 모양을 찾아봅니다.

10 예시 답안 민호: 통조림캔, 분필, 초는 모두 모양입니다.
수현: 휴지와 건전지는 모양이지만 야구공은 모양입니다.

채점 기준	
	❶ 민호가 모은 모양을 구해야 함.
	❷ 수현이가 모은 모양을 구해야 함.

본책 048~051 쪽

10일 모으기와 가르기 (1)

확인 048쪽

❶ (1) 6 / 6 (2) 3 / 4, 3

기본기 다지는 교과서 문제 049쪽

1 (1) 2, 4 (2) 1
2 (1) 3, 4 (2) 1, 3
3 (1) 3, 5 (2) 6, 4

1 (1) 2와 2를 모으기 하면 4가 됩니다.
(2) 5는 4와 1로 가르기 할 수 있습니다.

2 (1) 1과 3을 모으기 하면 4가 됩니다.
(2) 4는 1과 3으로 가르기 할 수 있습니다.

3 (1) 2와 3을 모으기 하면 5가 됩니다.
(2) 6은 2와 4로 가르기 할 수 있습니다.

스스로 풀어내는 도전 10 문제 050~051쪽

1 8
2 5
3 4, 3, 7
4 8, 6
5 2, 6
6 5
7 
8 ♥ / 4, ♥♥♥♥
+9 예 1, 4 / 2, 3
+10 예 3, 4

1 3과 5를 모으기 하면 8이 됩니다.

2 7은 2와 5로 가르기 할 수 있습니다.

3 4와 3을 모으기 하면 7이 됩니다.

4 8은 2와 6으로 가르기 할 수 있습니다.

5 4와 2를 모으기 하면 6이 됩니다.

힌트북 20쪽

6 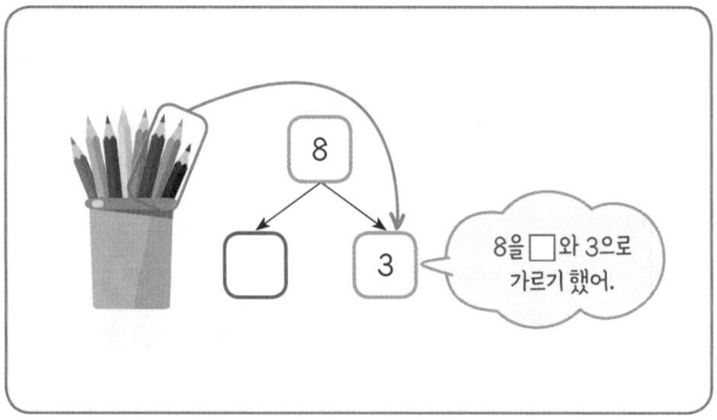

8은 5와 3으로 가르기 할 수 있습니다.

7 모으기 하여 7이 되는 것은 5와 2, 4와 3입니다.

8 그림에서 보면 ▲는 2개이므로 ♥는 4개입니다.
6은 2와 4로 가르기 할 수 있습니다.

+9 5는 1과 4, 2와 3, 3과 2, 4와 1로 가르기 할 수 있습니다. 이 중에서 (주머니)보다 (상자)에 더 많게 가르기 하면 1과 4, 2와 3입니다.

힌트북 21쪽

+10 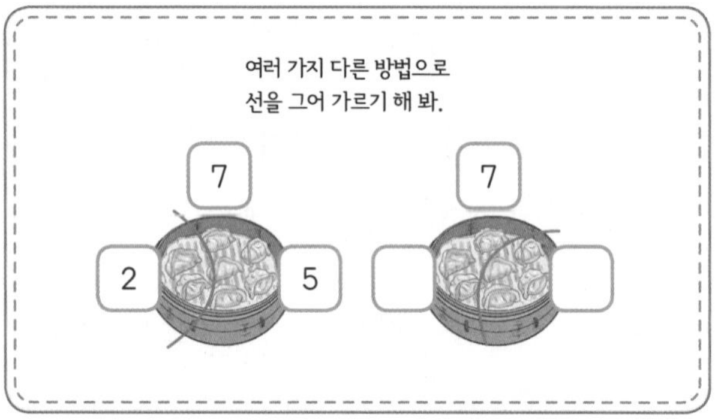

7은 1과 6, 2와 5, 3과 4, 4와 3, 5와 2, 6과 1로 가르기 할 수 있습니다.

본책 052~055쪽

11일 모으기와 가르기 (2)

확인 ······························ 052쪽

❶ 1, 3, 4 / 2, 2, 4 / 3, 1, 4
❷ 4, 3 / 4, 2 / 4, 1

기본기 다지는 교과서 문제 053쪽

1 (1) 3, 3, 6 (2) 6, 4

2

●○○○○○	1	5
●●○○○○	2	4
●●●○○○	3	3
●●●●○○	4	2
●●●●●○	5	1

3 7, 5

1 (1) 3과 3을 모으기 하면 6이 됩니다.
(2) 6은 2와 4로 가르기 할 수 있습니다.

2 6은 1과 5, 2와 4, 3과 3, 4와 2, 5와 1로 가르기 할 수 있습니다.

3 4와 3을 모으기 하면 7이 됩니다.
8은 3과 5로 가르기 할 수 있습니다.

스스로 풀어내는 도전 10 문제 054~055쪽

1 (1) 5, 2, 7 (2) 8, 6 **2** (1) 6 (2) 5
3 (1) 6 (2) 4

4

●○○○○○○	1	6
●●○○○○○	2	5
●●●○○○○	3	4
●●●●○○○	4	3
●●●●●○○	5	2
●●●●●●○	6	1

5 1, 4
6 4
7 4, 7
8

4	3	5
2	1	2
1	3	3

+9 (위에서부터) 3, 5, 5, 3, 1
+10 로운 / 예 난 귤 7개를 5개와 2개로 가르기 했어.

1 (1) 5와 2를 모으기 하면 7이 됩니다.
(2) 8은 2와 6으로 가르기 할 수 있습니다.

2 (1) 2와 4를 모으기 하면 6이 됩니다.
(2) 9는 4와 5로 가르기 할 수 있습니다.

3 (1) 1과 5를 모으기 하면 6이 됩니다.
(2) 8은 4와 4로 가르기 할 수 있습니다.

4 7은 1과 6, 2와 5, 3과 4, 4와 3, 5와 2, 6과 1로 가르기 할 수 있습니다.

5 1과 5를 모으기 하면 6이 되고, 6은 2와 4로 가르기 할 수 있습니다.

힌트북 22쪽

6

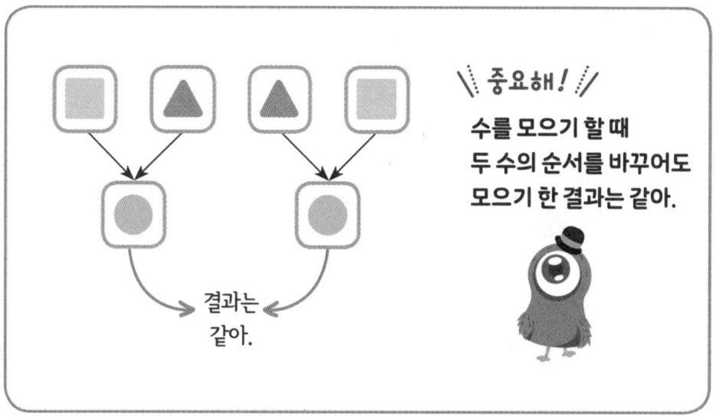

4와 3을 모으기 하면 7이 되고, 3과 4를 모으기 해도 7이 됩니다.

7 3과 4를 모으기 하면 7이 되므로 ㉠은 4입니다.
9는 7과 2로 가르기 할 수 있으므로 ㉡은 7입니다.

8 모으기 하여 6이 되는 두 수는 1과 5, 2와 4, 3과 3, 4와 2, 5와 1입니다.

+9 7은 1과 6, 2와 5, 3과 4, 4와 3, 5와 2, 6과 1로 가르기 할 수 있습니다.

본책 056~059쪽

12일 더하기 나타내기

확인 056쪽

❶ 6 / 6 / 6, 6

기본기 다지는 교과서 문제 057쪽

1 4 / 4, 4

2 

3 예 1, 5, 6 / 1 더하기 5는 6과 같습니다. 1과 5의 합은 6입니다.

2 • 검은 구슬 2개와 빨간 구슬 3개를 더하면 구슬은 모두 5개입니다. ➜ 2+3=5
• 벌 4마리와 2마리를 더하면 모두 6마리입니다.
➜ 4+2=6

3 어미 오리 1마리와 새끼 오리 5마리를 더하면 모두 6마리입니다. ➜ 1+5=6

스스로 풀어내는 도전 10 문제 058~059쪽

1 ( )(○)( )
2 2, 7 / 2, 7
3 4, 6 / 4, 6
4 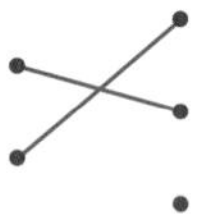
5 (1) 3, 7 (2) 6, 2, 8
6 5+4=9
7 ㉡
8 2, 5, 7 / 2 더하기 5는 7과 같습니다. 또는 2와 5의 합은 7입니다.
+9 4+3=7
+10 3+5=8 / 3, 5, 8

1 머핀 5개와 1개를 더하면 모두 6개입니다.
➜ 5+1=6

2 펭귄 5마리와 2마리를 더하면 모두 7마리입니다.
➜ 5+2=7

힌트북 24쪽

3 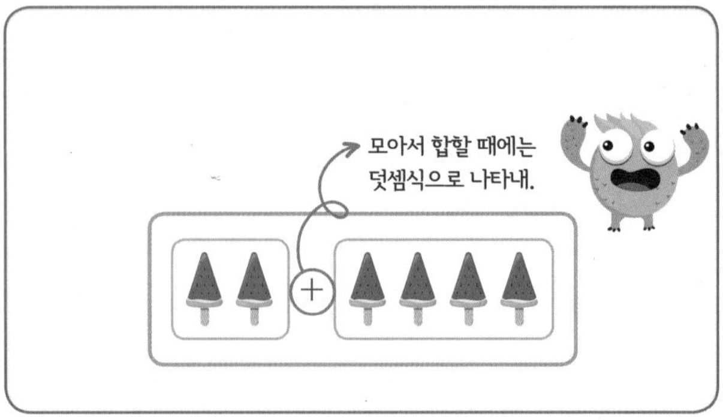

아이스크림 2개와 4개를 더하면 모두 6개입니다.
➜ 2+4=6

4 선물 상자 3개와 3개를 더하면 모두 6개입니다.
➜ 3+3=6
과자 3개와 2개를 더하면 모두 5개입니다.
➜ 3+2=5

5 (1) 점 4개와 3개를 더하면 모두 7개입니다.
➜ 4+3=7
(2) 점 6개와 2개를 더하면 모두 8개입니다.
➜ 6+2=8

힌트북 24쪽

6 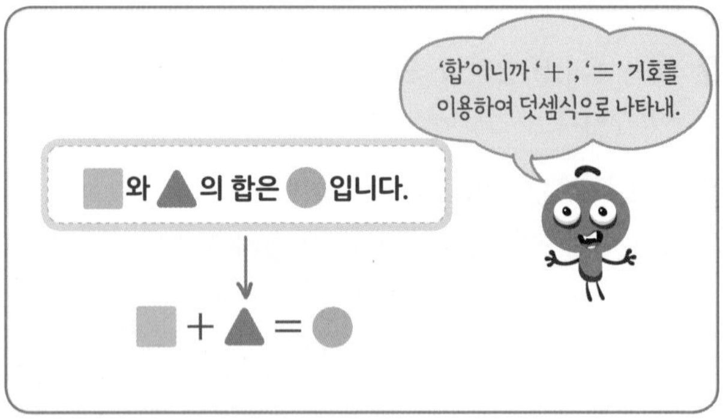

5와 4의 합은 9입니다.
5+4 =9

7 ㉡ 2 더하기 7은 9와 같습니다.

8 배구공 2개와 축구공 5개를 더하면 공은 모두 7개입니다.
➜ 2+5=7

+9  모양은 4개,  모양은 3개입니다.  모양과  모양은 모두 7개입니다.
➜ 4+3=7

본책 060~063쪽

13일 덧셈하기 (1)

확인 060쪽

1 (1) 4, 3

(2)

●	●	●	●	○
○	○			

, 3, 7, 7 (3) 7

기본기 다지는 교과서 문제 061쪽

1 (1)

●	●	●	●	●
●	○			

, 1, 7

(2)

●	●	●	●	○
○	○	○		

, 4, 4, 8

2 (1) 2, 8 (2) 2, 7, 9

2 (1) 빨간색 ● 6개와 초록색 ● 2개를 더하면 6+2=8입니다.
(2) 빨간색 ● 2개와 초록색 ● 7개를 더하면 2+7=9입니다.

스스로 풀어내는 도전 10 문제 062~063쪽

1 6

2

○	○	○	○	○
○	○			

, 4, 7

3

○	○	○	○	○
○				

, 4, 6

4

○	○	○	○	○
○	○	○	○	

, 5, 4, 9

5 1, 5, 6

6 8,

○	○	○	○	○
○	○	○		

7 예 5, 4 / 4, 5

8 예 4, 3, 7 / 3, 4, 7

+9

○	○	○	○	○
○	○			

, 4, 3, 7

+10 6, 6, 지혜

1 흰 우유 3개와 딸기우유 3개를 더하면 3+3=6입니다.

2 책 3권과 4권을 더하면 3+4=7입니다.

힌트북 26쪽

3

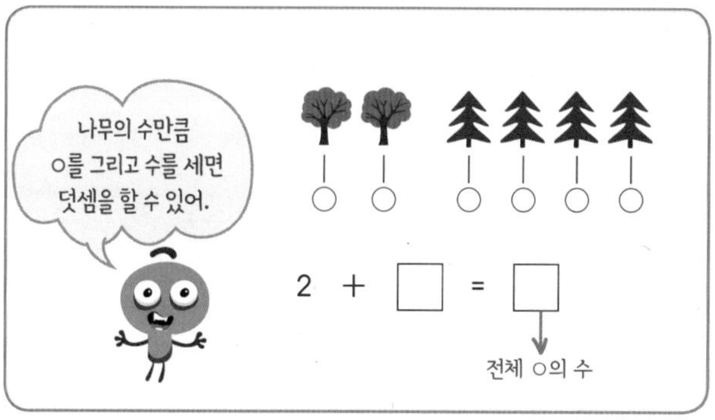

나무 2그루와 4그루를 더하면 2+4=6입니다.

4 물고기 5마리와 4마리를 더하면 5+4=9입니다.

5 빨간색 ● 1개와 초록색 ● 5개를 더하면 1+5=6입니다.

6 ○를 2개 그리고 이어서 ○를 6개 그리면 2+6=8입니다.

7 1+8=9, 2+7=9, 3+6=9, 4+5=9, 5+4=9, 6+3=9, 7+2=9, 8+1=9

8 물 속의 오리 4마리와 물 밖의 오리 3마리를 더하는 덧셈식을 만듭니다.
→ 4+3=7, 3+4=7

다른 풀이 어미 오리 2마리와 새끼 오리 5마리를 더하는 덧셈식을 만듭니다.
→ 2+5=7, 5+2=7

+9 빨간색 풍선의 수만큼 ○를 4개 그리고, 파란색 풍선의 수만큼 ○를 3개 그립니다.
→ 4+3=7

본책 064~067쪽

14일 덧셈하기 (2)

확인 064쪽

1 (1) 1, 5 (2) 6 / 6, 6 (3) 6

기본기 다지는 교과서 문제 065쪽

1 (1) 4 / 2, 4 (2) 5 / 2, 5
2 (1) 7 / 4, 7 (2) 8 / 6, 8
3 , 8, 6

1 (1) 2와 2를 모으기 하면 4이므로 2+2=4입니다.
(2) 3과 2를 모으기 하면 5이므로 3+2=5입니다.

2 (1) 3과 4를 모으기 하면 7이므로 3+4=7입니다.
(2) 2와 6을 모으기 하면 8이므로 2+6=8입니다.

3 • 풍선 4개와 2개를 모으기 하면 6개이므로 4+2=6 입니다.
• 물고기 5마리와 3마리를 모으기 하면 8마리이므로 5+3=8입니다.

스스로 풀어내는 도전 10 문제 066~067쪽

1 6 / 3, 3, 6
2 7 / 2, 5, 7
3 , 9, 8
4 4, 4, 8
5 9, 9 / 3, 6, 9 / 6, 3, 9
6

(1+6)	2+3	(5+2)
5+1	(4+3)	3+3
4+2	(2+5)	3+5

7 예 2, 6, 8
8 예 1, 5 / 2, 4 / 3, 3
+9 4, 5, 9
+10 6, 4, 7, 민호

1 3과 3을 모으기 하면 6이므로 3+3=6입니다.

2 2와 5를 모으기 하면 7이므로 2+5=7입니다.

3 • 4와 5를 모으기 하면 9이므로 4+5=9입니다.
• 6과 1을 모으기 하면 7이므로 6+1=7입니다.
• 6과 2를 모으기 하면 8이므로 6+2=8입니다.

힌트북 28쪽

4 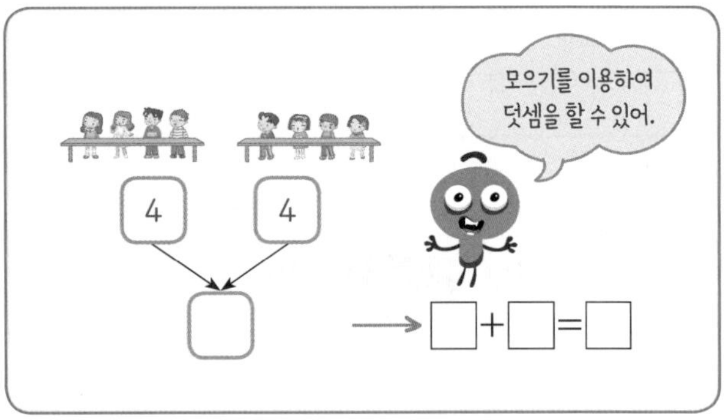

어린이 4명에 4명을 더하면 4+4=8입니다.

5 3과 6을 모으기 하면 9이므로 3+6=9입니다.
6과 3을 모으기 하면 9이므로 6+3=9입니다.

6 5+2=7, 4+3=7, 2+5=7

힌트북 29쪽

7 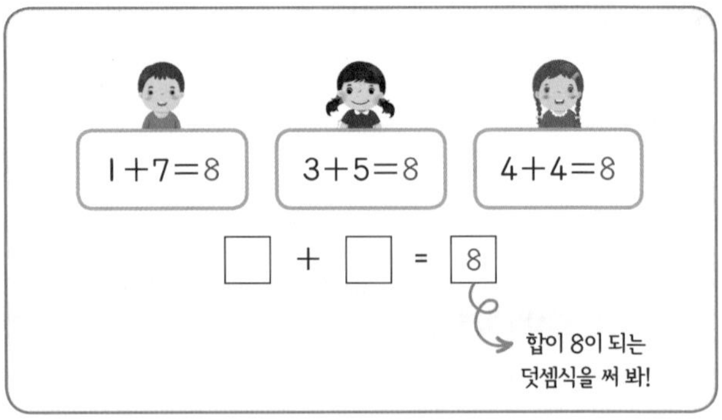

1+7=8, 3+5=8, 4+4=8이므로 합이 8이 되는 덧셈식을 씁니다.

8 모으기 하여 6이 되는 두 수 카드를 찾아보면 1과 5, 2와 4, 3과 3입니다.
따라서 합이 6이 되는 덧셈식은 1+5=6, 2+4=6, 3+3=6, 4+2=6, 5+1=6입니다.

+9 (윤하가 가지고 있는 연필 수)
=(지혜가 가지고 있는 연필 수)+5
=4+5=9(자루)

본책 068~071 쪽

15일 빼기 나타내기

확인 068 쪽

❶ 5 / 5 / 5, 5

기본기 다지는 교과서 문제 069 쪽

1 1 / 1, 1

2 

3 7, 2, 5 / 7 빼기 2는 5와 같습니다. 7과 2의 차는 5입니다.

2 • 요구르트 5개와 빨대 4개를 하나씩 짝짓고 요구르트 1개가 남은 그림이므로 5−4=1입니다.
• 촛불 5개에서 2개가 꺼지고 3개가 남은 그림이므로 5−2=3입니다.

3 병아리 7마리와 닭 2마리를 한 마리씩 짝짓고 병아리 5마리가 남았으므로 7−2=5입니다.

스스로 풀어내는 도전 10 문제 070~071 쪽

1 (　)(　)(○)

2 2, 4 / 2, 4

3 4, 3 / 4, 3

4 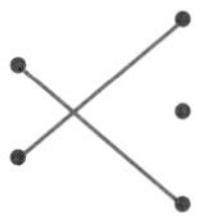

5 9−4=5

6 7−1=6

7 ㉣

8 8, 5, 3 / 8 빼기 5는 3과 같습니다. 또는 8과 5의 차는 3입니다.

+9 4, 3, 1

+10 6−2=4 / 6, 2, 4

1 사과 4개에서 1개를 먹고 3개가 남았으므로 4−1=3입니다.

3 힌트북 30쪽

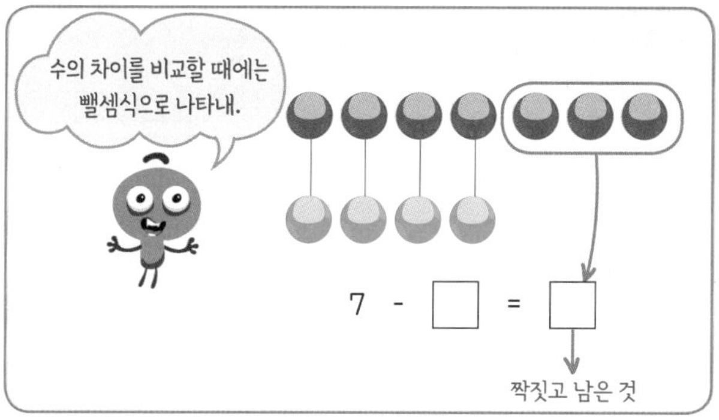

4 • 달걀 6개에서 2개가 깨지고 4개가 남았으므로 6−2=4입니다.
• 우유 5개와 컵 4개를 하나씩 짝짓고 우유 1개가 남았으므로 5−4=1입니다.

5 9와 4의 차는 5입니다.
9−4 =5

6 깃발 7개 중에서 1개가 떨어지고 6개가 남았으므로 7−1=6입니다.

7 ㉠, ㉡, ㉢은 9−2=7이고, ㉣은 9−7=2입니다.

8 풍선 8개 중에서 5개가 터지고 3개가 남았으므로 8−5=3입니다.

+9 원기둥 모양은 4개, 상자 모양은 3개입니다.
(원기둥 모양의 수)−(상자 모양의 수)
=4−3=1

+10 힌트북 31쪽

본책 072~075 쪽

16일 뺄셈하기 (1)

확인 072쪽
1. (1) 6, 4, 2 (2) 2
2. (1) 2, 2 (2) 2

기본기 다지는 교과서 문제 073쪽

1 ○○○○∅, 1, 4

2 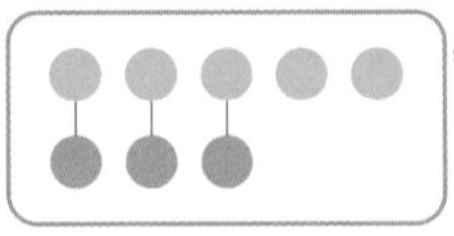, 3, 2

3 (1) 7, 4, 3 (2) 9, 5, 4

3 (1) ○ 7개에서 4개를 지우면 3개가 남으므로 7－4＝3입니다.
(2) ● 9개와 ● 5개를 하나씩 짝지으면 ● 4개가 남으므로 9－5＝4입니다.

스스로 풀어내는 도전 10 문제 074~075쪽

1 ○○○○○∅∅, 7, 2, 5

2 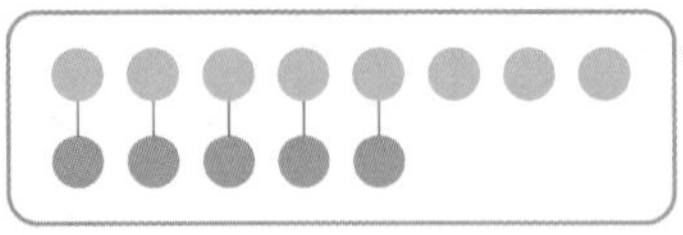, 8, 5, 3

3 5, 4, 1 4 6, 3, 3

5 7, 3, 4

6 (1) 2, ○○∅∅∅∅∅
(2) 5, 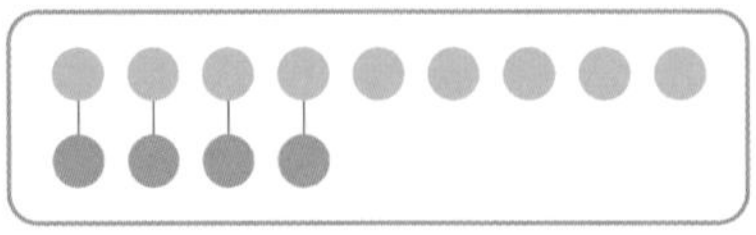

7 ○○○∅∅∅∅∅∅, 9, 6, 3

8 예 4, 2, 2 / 8, 6, 2

+9 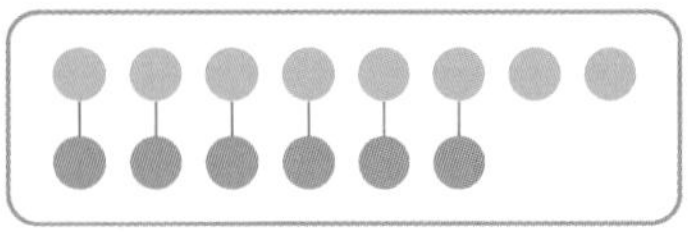, 8, 6, 2

+10 ○○○○○○○∅∅, 9, 2, 7, 7

힌트북 32쪽

1 

덜어낸 물고기가 2마리이므로 ○ 2개를 /으로 지우면 ○ 5개가 남습니다. ➜ 7－2＝5

2 ●와 ●를 하나씩 짝지으면 ●가 3개 남습니다.
➜ 8－5＝3

3 파란색 종이배의 수와 빨간색 종이배의 수의 차를 구하면 5－4＝1입니다.

4 ○ 6개에서 3개를 빼면 6－3＝3입니다.

6 (1) 빼는 수가 5이므로 ○ 5개를 /으로 지우면 ○ 2개가 남습니다.
(2) ●와 ●를 하나씩 짝지으면 ●가 5개 남습니다.

7 먹은 방울토마토 수만큼 ○를 /으로 지웁니다.
➜ 9－6＝3

8 승용차 수와 버스 수의 차를 구하면 4－2＝2입니다. 주차 공간은 8군데이고 6군데에 차가 주차되어 있으므로 빈 주차 공간의 수를 뺄셈식으로 나타내면 8－6＝2입니다.

+9 ●와 ●를 하나씩 짝지으면 ●가 2개 남습니다.
➜ 8－6＝2

+10 버스에 타고 있는 사람 수만큼 ○를 그리고, 내린 사람 수만큼 ○를 /으로 지웁니다.

본책 076~079쪽

17일 뺄셈하기 (2)

확인 076쪽

❶ (1) 4 / 2, 4, 4 (2) 4

기본기 다지는 교과서 문제 077쪽

1 (1) 3 / 3 (2) 4 / 4

2 (1) 1 / 1 (2) 6 / 6

3  , 3, 5

1 (1) 4를 1과 3으로 가르기 할 수 있으므로 $4-1=3$입니다.

(2) 7을 3과 4로 가르기 할 수 있으므로 $7-3=4$입니다.

2 (1) 6을 5와 1로 가르기 할 수 있으므로 $6-5=1$입니다.

(2) 8을 2와 6으로 가르기 할 수 있으므로 $8-2=6$입니다.

3 • 무당벌레 6마리에서 1마리가 날아가고 5마리가 남았으므로 $6-1=5$입니다.

• 아이스크림 5개에서 2개를 먹고 3개가 남았으므로 $5-2=3$입니다.

스스로 풀어내는 도전 10 문제 078~079쪽

1 5 / 8, 5

2 3 / 6, 3

3  , 4, 4

4 6, 4, 2

5 (위에서부터) 5, 4 / 9, 5, 9, 4

6 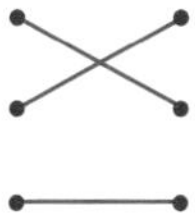

7 예 9, 5

8 5, 1, 4

+9 9, 6, 3

+10 2, 2

1 8을 3과 5로 가르기 할 수 있으므로 $8-3=5$입니다.

2 6을 3과 3으로 가르기 할 수 있으므로 $6-3=3$입니다.

힌트북 34쪽

3

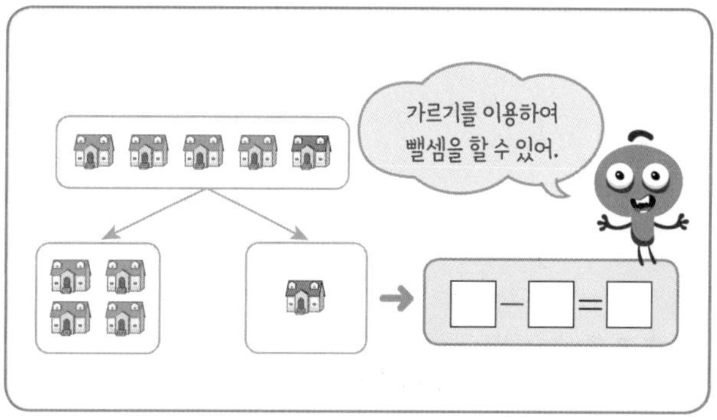

• 전체 집 5채에서 빨간색 집 1채를 빼면 파란색 집 4채가 남습니다. ➜ $5-1=4$

• 나뭇잎 6장에서 2장이 떨어지고 4장이 남았습니다. ➜ $6-2=4$

4 6명 중에서 앉아 있는 4명을 빼면 서 있는 사람은 2명입니다. ➜ $6-4=2$

5 9를 4와 5로 가르기 할 수 있으므로 $9-4=5$입니다.
9를 5와 4로 가르기 할 수 있으므로 $9-5=4$입니다.

6 $6-3=3$ $8-6=2$
$9-7=2$ $7-4=3$
$8-4=4$ $5-1=4$

7 $6-2=4$, $7-3=4$, $8-4=4$이므로 차가 4인 뺄셈식을 씁니다. ➜ $9-5=4$, $5-1=4$

8 3은 2와 1로 가르기 할 수 있으므로 ♥=1입니다.
2와 3을 모으면 5이므로 ★=5입니다.
7은 5와 2로 가르기 할 수 있으므로 ♣=2입니다.
가장 큰 수와 가장 작은 수로 뺄셈식을 만들면 $5-1=4$입니다.

+9 9(전체 문제 수)를 6(맞힌 문제 수)과 3(틀린 문제 수)으로 가르기 할 수 있으므로 틀린 문제는 $9-6=3$(문제)입니다.

본책 080~083 쪽

18일 0을 더하거나 빼기

확인 080쪽

❶ (1) 5 / 0, 5
(2) 5 / 0, 5

기본기 다지는 교과서 문제 081쪽

1 (1) 0, 6 (2) 0, 5
2 (1) 0, 4 (2) 7, 0
3 (1) 7 (2) 8
4 (1) 5 (2) 0

3 어떤 수에 0을 더하거나 0에 어떤 수를 더하면 어떤 수가 됩니다.

4 (1) 어떤 수에서 0을 빼면 어떤 수가 됩니다.
(2) 어떤 수에서 그 수 전체를 빼면 0이 됩니다.

스스로 풀어내는 도전 10 문제 082~083쪽

1 8, 0, 8
2 4, 4, 0
3 (1) 2 (2) 7 (3) 4 (4) 0
4 (1) 0, 4, 4 (2) 6, 0, 6
5 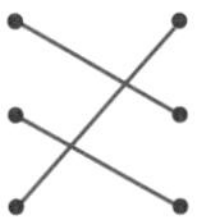
6 0, 4
7 4−4에 ○표
8 (○)( )
+9 5
+10 8, 8, 0, 0

3 (1) 0에 어떤 수를 더하면 어떤 수가 됩니다.
(2) 어떤 수에 0을 더하면 어떤 수가 됩니다.
(3) 어떤 수에서 0을 빼면 어떤 수가 됩니다.
(4) 0에서 0을 빼면 0이 됩니다.

4 (1) 0에 4를 더하면 4입니다. ➔ $0+4=4$
(2) 6에 0을 더하면 6입니다. ➔ $6+0=6$

5 $0+5=5$ $6-6=0$
$6-0=6$ $5+0=5$
$5-5=0$ $6+0=6$

힌트북 36쪽

6

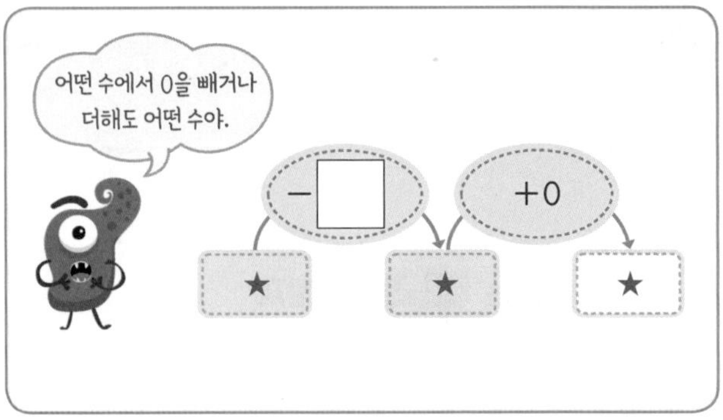

(어떤 수)−0=(어떤 수)이므로 $4-0=4$입니다.
(어떤 수)+0=(어떤 수)이므로 $4+0=4$입니다.

7 $0+4=4$, $4-0=4$, $4+0=4$, $4-4=0$
따라서 계산 결과가 다른 하나는 $4-4$입니다.

힌트북 37쪽

8

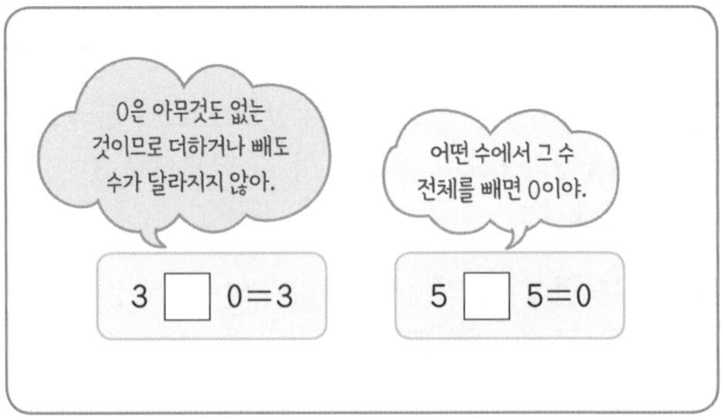

$3+0=3$, $3-0=3$이므로 □ 안에 +, −를 모두 넣을 수 있습니다.
$5-5=0$이므로 □ 안에는 −만 넣을 수 있습니다.

+9 • $6-6=0$이므로 =0입니다.
• $0+5=5$이므로 =5입니다.
• $5-0=5$이므로 =5입니다.

본책 084~087 쪽

19일 덧셈과 뺄셈하기

확인 084쪽

① 4, 5, 6
② 2, 1, 0

기본기 다지는 교과서 문제 085쪽

1 (1) 7, 8, 9 (2) 4, 3, 2
2 (1) 3, 3, 3, 3 (2) 5, 5, 5, 5
3 (1) + (2) − (3) − (4) +에 각각 ○표

1 (1) 같은 수에 1씩 커지는 수를 더하면 결과도 1씩 커집니다.
(2) 같은 수에서 1씩 커지는 수를 빼면 결과는 1씩 작아집니다.

2 (1) 1씩 커지는 수에 1씩 작아지는 수를 더하면 결과는 변하지 않습니다.
(2) 1씩 커지는 수에서 1씩 커지는 수를 빼면 결과는 변하지 않습니다.

3 = 왼쪽의 두 개의 수보다 결과가 크면 +를 씁니다.
= 가장 왼쪽의 수보다 결과가 작으면 −를 씁니다.

스스로 풀어내는 도전 10 문제 086~087쪽

1 (1) 6, 7, 8, 9 (2) 4, 3, 2, 1
2 6, 1, 7 또는 1, 6, 7 **3** 9, 3, 6
4 2, 1, 0
5 (1) + (2) − (3) −
6

7 ㉣, ㉢, ㉡, ㉠
8 5, 4, 9 또는 4, 5, 9 / 9, 5, 4 또는 9, 4, 5
+9 4개, 2개
+10 (위에서부터) 5, 6, 7

1 (1) 더하는 수가 1씩 커지면 합도 1씩 커집니다.
(2) 빼는 수가 1씩 커지면 차는 1씩 작아집니다.

2 필통 안의 연필 6자루와 책상 위에 연필 1자루를 더하면 6+1=7입니다.

3 사탕 9개에서 3개를 먹었으므로 남은 사탕은 9−3=6입니다.

힌트북 38쪽

4
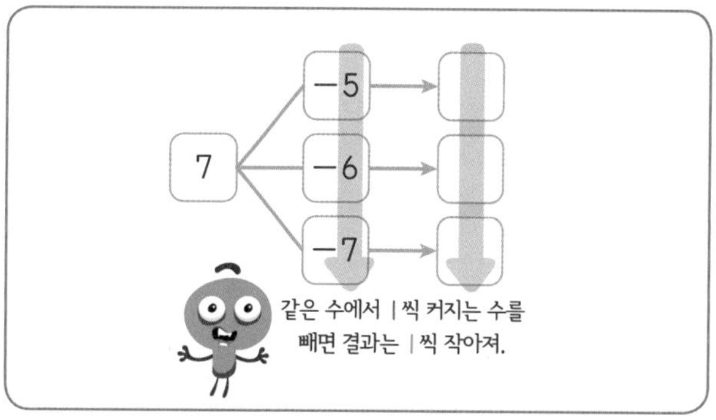

7−5=2, 7−6=1, 7−7=0

5 (1) 계산 결과가 5나 2보다 크므로 +를 씁니다.
(2), (3) 계산 결과가 7보다 작으므로 −를 씁니다.

6 3+3=6 8−3=5
5+0=5 9−1=8
2+6=8 6−0=6

7 계산 결과가 모두 같으므로 더해지는 수가 작을수록 □ 안에 들어갈 수가 커집니다.
□ 안에 들어갈 수가 값이 큰 것부터 차례로 기호를 쓰면 ㉣, ㉢, ㉡, ㉠입니다.

8 세 수 중 가장 큰 수가 계산 결과가 되도록 덧셈식을 만듭니다. → 5+4=9, 4+5=9
가장 큰 수에서 나머지 수를 빼는 뺄셈식을 만듭니다.
→ 9−5=4, 9−4=5

+9 합이 6이 되는 두 수는 5와 1, 4와 2, 3과 3입니다. 이 중에서 차가 2인 두 수는 4와 2입니다.
따라서 사탕은 4개, 초콜릿은 2개입니다.

+10 같은 줄에 있는 두 수의 합은 1+8=9입니다. 더해지는 수가 1씩 커지고 더하는 수가 1씩 작아지면 합은 변하지 않습니다.
1+8=9
2+7=9
3+6=9
4+5=9

10~19일 단원평가 088~089쪽

01 2　　02 2, 4

03 4, 2, 6 / 4 더하기 2는 6과 같습니다. 또는 4와 2의 합은 6입니다.

04 5, 8

05 예 1+8=9　　06 5 / 4, 5

07 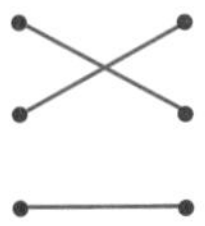　　08 0개

09 (1) ＋ (2) －　　10 풀이 참조 / 서준

01 8은 6과 2로 가르기 할 수 있습니다.

02 5와 2를 모으기 하면 7이 되고, 7은 3과 4로 가르기 할 수 있습니다.

03 도넛 4개에 2개를 더하는 것이므로 4+2=6입니다.

04 빨간색 ● 3개와 초록색 ● 5개를 더하면 3+5=8입니다.

05 3+6=9, 2+7=9, 4+5=9이므로 합이 9인 덧셈식을 쓰면 1+8=9입니다.

06 9는 4와 5로 가르기 할 수 있으므로 9−4=5입니다.

07 2+3=5　9−3=6
4+2=6　8−3=5
4+0=4　5−1=4

08 산 귤 5개 중에서 5개를 모두 먹었으므로 식으로 나타내면 5−5=0입니다. 따라서 남은 귤은 0개입니다.

09 (1) 계산 결과가 왼쪽의 두 수보다 크므로 ＋를 씁니다.
(2) 계산 결과가 가장 왼쪽 수보다 작으므로 －를 씁니다.

10 예시 답안 종욱이가 가지고 있는 구슬은 2+3=5(개)입니다. 종욱이와 서준이가 가지고 있는 구슬 수를 비교하면 7이 5보다 크므로 서준이가 구슬을 더 많이 가지고 있습니다.

채점 기준	
	❶ 종욱이가 가지고 있는 구슬 수를 구해야 함.
	❷ 누가 구슬을 더 많이 가지고 있는지 구해야 함.

본책 090~093쪽

20일 길이 비교하기

확인 090쪽

❶ (1) 색연필에 ○표
(2) 깁니다, 짧습니다에 ○표

기본기 다지는 교과서 문제 091쪽

1 (　)
(○)

2 (△)
(　)

3 (△)
(○)
(　)

4 (　)(　)(△)

1 왼쪽 끝이 맞추어져 있으므로 오른쪽 끝을 비교하면 붓이 물감보다 더 깁니다.

2 왼쪽 끝이 맞추어져 있으므로 오른쪽 끝을 비교하면 휴대폰이 리모컨보다 더 짧습니다.

3 왼쪽 끝이 맞추어져 있으므로 오른쪽 끝을 비교하면 칼이 가장 길고, 숟가락이 가장 짧습니다.

4 아래쪽 끝이 맞추어져 있으므로 위쪽 끝을 비교하면 면도기가 가장 짧습니다.

스스로 풀어내는 도전 10 문제 092~093쪽

1 (　)(　)(○)　　2 깁니다

3 2, 3, 1　　4 (○)
(○)
(○)
(　)

5 3개　　6 ㉡

7 찬성　　8 ㉡

+9 종욱, 민호, 영민

+10 7, 6, ㉠

1 직접 맞대어 길이를 비교하려면 한쪽 끝을 맞추어야 합니다.

2 왼쪽 끝이 맞추어져 있으므로 오른쪽 끝을 비교하면 우산이 피리보다 더 깁니다.

3 왼쪽 끝이 맞추어져 있으므로 오른쪽 끝을 비교합니다. 길이가 긴 것부터 차례로 쓰면 호박, 옥수수, 당근입니다.

4 왼쪽 끝이 맞추어져 있으므로 오른쪽 끝을 비교하면 딱풀보다 더 긴 것은 볼펜, 가위, 칼입니다.

5 아래쪽 끝이 맞추어져 있으므로 위쪽 끝을 비교하면 고무장갑보다 짧은 것은 청소 브러쉬, 뚫어뻥, 쓰레받기로 모두 3개입니다.

6 ㉡ 국자는 팬보다 더 짧고, 도마보다 더 깁니다.

7 위쪽 끝이 맞추어져 있으므로 가장 낮은 계단에 서 있는 찬성의 키가 가장 큽니다.

8 줄이 많이 구부러져 있을수록 길이가 깁니다. 따라서 가장 긴 것은 ㉡입니다.

+9 종욱이는 민호보다 큽니다.
영민이는 민호보다 작으므로 민호는 영민이보다 큽니다.
따라서 키가 가장 큰 사람부터 차례로 쓰면 종욱, 민호, 영민입니다.

힌트북 41쪽

+10

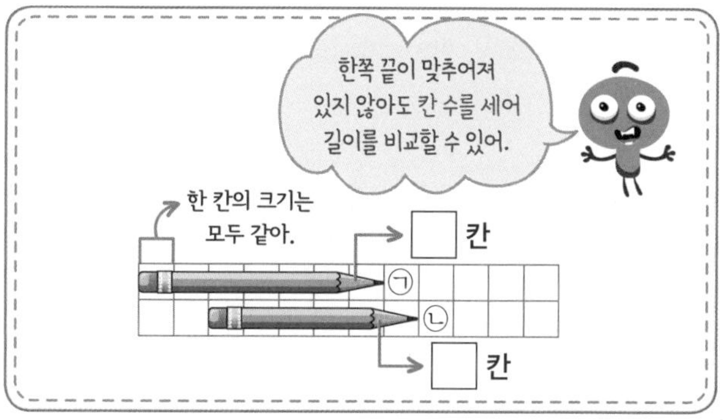

본책 094~097쪽

21일 무게 비교하기

확인 094쪽

1 (1) 오렌지에 ○표
(2) 무겁습니다, 가볍습니다에 ○표

기본기 다지는 교과서 문제 095쪽

1 (○)( ) 2 (△)( )
3 ( )(△)(○) 4 (○)( )

1 손으로 들어 보았을 때 힘이 더 많이 드는 물건이 더 무겁습니다.

2 기타는 손으로 들 수 있지만 피아노는 들 수 없기 때문에 기타가 더 가볍습니다.

3 코끼리가 가장 무겁고 여우가 가장 가볍습니다.

4 시소에서 아래로 내려간 사람이 더 무겁습니다.

스스로 풀어내는 도전 10 문제 096~097쪽

1 무겁습니다에 ○표

2 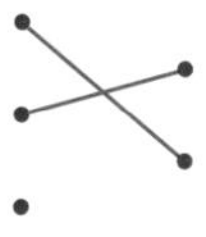

3 1, 3, 2

4 가, 다, 나

5 3개

6 

7 인아

8 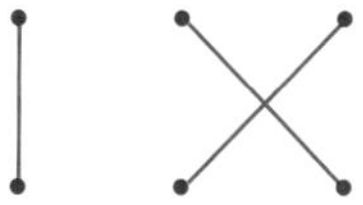

+9 다

+10 더 크다, 더 무겁다

1 양팔저울에서 아래로 내려간 쪽이 더 무겁습니다.

2 사자가 가장 무겁고, 고슴도치가 가장 가볍습니다.

힌트북 42쪽

3

직접 들었을 때 가벼운 것부터 차례로 쓰면 솜사탕, 식빵, 벽돌입니다.

4 무거운 것부터 차례로 쓰면 자동차, 오토바이, 자전거입니다.

5 파인애플보다 가벼운 것은 딸기, 참외, 토마토입니다.

6 담은 물건이 가벼울수록 힘들지 않게 들 수 있습니다. 페트병이 유리병보다 가볍습니다.

7 시소가 아래로 내려갈수록 더 무거우므로 윤서가 지수보다 무겁고 지수는 인아보다 무겁습니다.
따라서 윤서가 가장 무겁고 인아가 가장 가볍습니다.

8 무거운 동물이 앉을수록 상자가 많이 구겨집니다.

힌트북 43쪽

+9

장난감이 무거울수록 용수철이 아래로 길게 늘어납니다. 따라서 가장 무거운 것은 다입니다.

+10 무게를 비교하는 말은 '더 무겁다', '더 가볍다'입니다.

본책 098~101 쪽

22일 넓이 비교하기

확인 098쪽

❶ (1) 이불에 ○표
(2) 넓습니다, 좁습니다에 ○표

기본기 다지는 교과서 문제 099쪽

1 (○)(　)　**2** (　)(△)
3 (　)(△)(○)
4

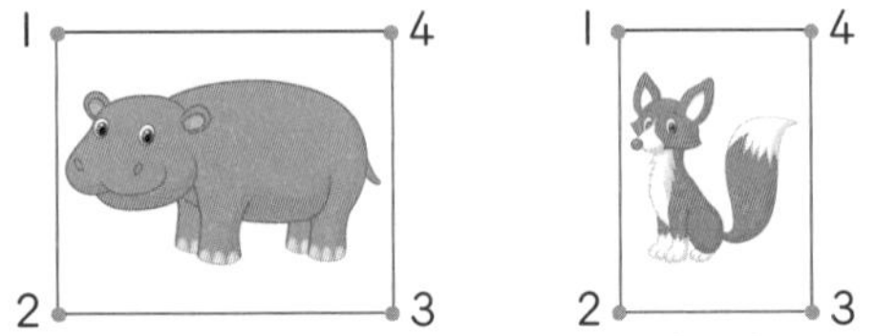

(○)　(　)

1 겹쳤을 때 남는 부분이 있는 것은 액자이므로 액자가 더 넓습니다.

2 겹쳤을 때 남는 부분이 있는 것은 계산기이므로 휴대폰이 더 좁습니다.

3 가장 넓은 것은 접시, 가장 좁은 것은 동전입니다.

스스로 풀어내는 도전 10 문제 100~101쪽

1 (　)(○)(　)　**2** (△)(　)
3 (○)(△)(　)
4 (1) 텔레비전에 ○표 (2) 교실에 ○표
5 나, 가, 다　**6** (△)(　)
7 코끼리　**8** 승찬
+9 예서, 유영, 지우
+10 9, 8, 7, ㉮

1 서로 완전히 겹쳐서 비교해야 합니다.

2 백 원짜리 동전보다 더 좁은 것은 오십 원짜리 동전입니다.

3 부채가 많이 펼쳐질수록 넓이가 넓습니다.

4 (1) 수학책보다 더 넓은 것은 텔레비전입니다.
(2) 학교 운동장보다 더 좁은 곳은 교실입니다.

힌트북 44쪽

5

넓은 것부터 차례로 쓰면 액자, 거울, 시계입니다.

6 왼쪽은 8칸에 색칠되어 있고, 오른쪽은 10칸에 색칠되어 있으므로 더 좁은 것은 왼쪽입니다.

힌트북 45쪽

7

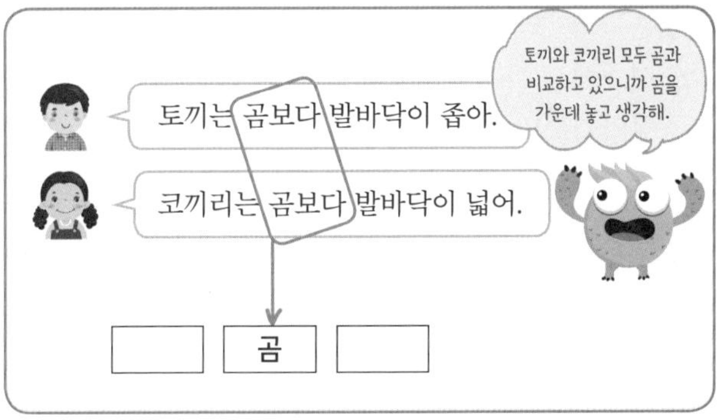

곰은 토끼보다 발바닥이 넓고, 코끼리는 곰보다 발바닥이 넓으므로 발바닥이 가장 넓은 동물은 코끼리입니다.

8 종이가 넓을수록 더 빨리 붙일 수 있으므로 승찬이가 더 빨리 붙일 수 있습니다.

+9 남은 초콜릿의 넓이를 비교하면 지우가 가장 넓고 예서가 가장 좁습니다.
따라서 초콜릿을 가장 많이 먹은 사람은 예서이고 가장 적게 먹은 사람은 지우입니다.

본책 102~105쪽

23일 담을 수 있는 양 비교하기

확인 102쪽

❶ (1) 유리컵에 ○표
(2) 적습니다, 많습니다에 ○표

기본기 다지는 교과서 문제 103쪽

1 (○)( ) **2** ( )(△)
3 ( )(○)(△) **4** 3, 1, 2

1 그릇이 클수록 담을 수 있는 양이 더 많습니다.

2 그릇이 작을수록 담을 수 있는 양이 더 적습니다.

4 그릇의 크기가 같으므로 물의 높이가 높을수록 물이 많이 담긴 것입니다.

스스로 풀어내는 도전 10 문제 104~105쪽

1 ( )(○) **2** 2, 3, 1
3 나, 다, 가 **4** ( )(○)
5 다, 가, 나 **6** ㉮
7 슬기 **8** 민호
+9 ㉮
+10 ㉯, ㉯

1 오른쪽 주전자가 더 크므로 담을 수 있는 양이 더 많습니다.

2 우유팩의 크기가 클수록 담을 수 있는 양이 많습니다.

3 그릇의 크기가 작은 것부터 차례로 쓰면 나, 다, 가입니다.

4 비커의 크기가 같으므로 물의 높이가 높을수록 많이 담긴 것입니다.

5 물의 높이가 같으므로 그릇이 클수록 담긴 물의 양이 많습니다.

힌트북 46쪽

6

물을 모두 옮겨 담으려면 (보기)의 병보다 더 커야 하므로 ㉮ 병에 담을 수 있습니다.

힌트북 47쪽

7

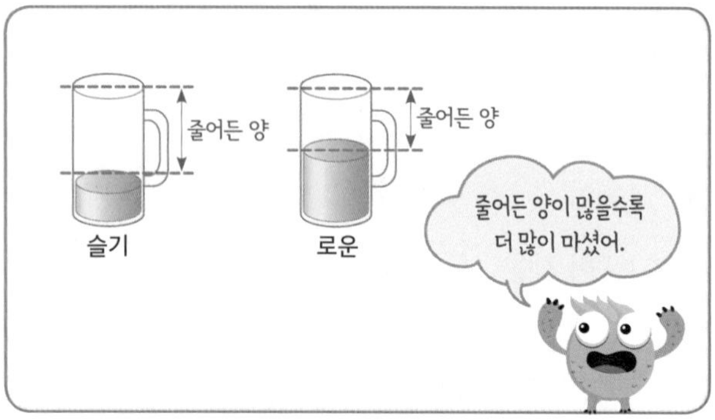

줄어든 양이 더 많은 슬기가 더 많이 마셨습니다.

8 물의 높이가 모두 같을 때 그릇의 크기가 작을수록 물의 양이 적습니다.

+9 ㉮에 가득 채운 물을 ㉯에 담았을 때 흘러넘쳤으므로 더 많은 양을 담을 수 있는 것은 ㉮입니다.

힌트북 47쪽

+10

20~23일 단원평가

106~107쪽

01 (○)
( )

02 3, 1, 2

03 ( )(○)

04 강아지

05 나

06 예

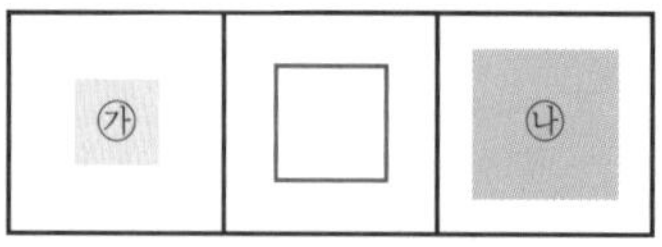

07 ( )(○)

08 ( )(○)

09 ㉯

10 풀이 참조 / 승주

01 왼쪽 끝이 맞추어져 있으므로 오른쪽 끝을 비교하면 동그란 사탕이 더 짧습니다.

02 많이 구부러질수록 길이가 더 깁니다.

03 손으로 들었을 때 축구공이 풍선보다 더 무겁습니다.

04 시소에서 아래로 내려간 동물이 더 무겁습니다.
강아지보다 고양이가 더 무겁고, 고양이보다 토끼가 더 무거우므로 강아지가 가장 가볍습니다.

05 고무줄이 많이 늘어날수록 바구니의 무게가 무겁습니다. 따라서 고무줄의 길이가 가장 짧은 나 바구니의 무게가 가장 가볍습니다.

06 ㉮보다 넓고 ㉯보다 좁게 그렸으면 정답입니다.

07 □의 수가 많을수록 넓이가 넓습니다.

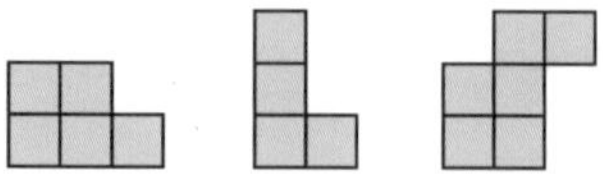

5칸 4칸 6칸

따라서 (보기)보다 더 넓은 것은 오른쪽 그림입니다.

08 담을 수 있는 양이 더 많은 것은 욕조입니다.

09 주스병보다 더 큰 페트병인 ㉯에 모두 옮겨 담을 수 있습니다.

10 예시 답안 아래쪽 끝이 맞추어져 있으므로 위쪽을 비교하면 진형, 다영, 승주, 보람의 순서로 키가 큽니다. 따라서 셋째에 오는 사람은 승주입니다.

채점 기준	
❶ 키가 큰 사람부터 차례로 써야 함.	
❷ 셋째에 오는 사람이 누구인지 구해야 함.	

본책 108~111쪽

24일 10 알아보기

확인 ············ 108쪽

❶ (1) 1 (2) 10, 십, 열

❷ ●●●○○○○○○○○○○○

기본기 다지는 교과서 문제 109쪽

1 (○)( )(○)
2 (1) 10 (2) 3, 7
3 (1) 5 (2) 2
4 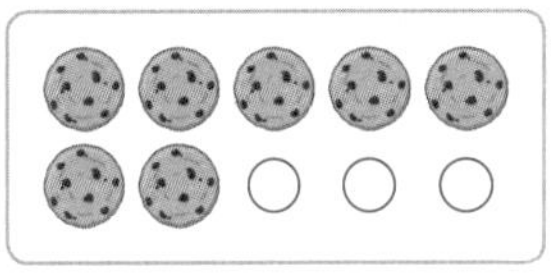 , 3

2 (1) 6과 4를 모으기 하면 10이 됩니다.
(2) 10은 3과 7로 가르기 할 수 있습니다.

스스로 풀어내는 도전 10 문제 110~111쪽

1 4, 6, 10
2 8, 2
3 5, 3
4 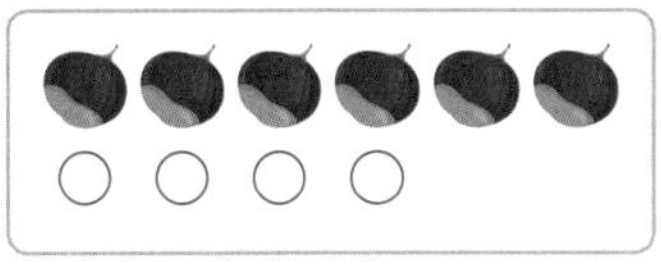 , 4
5 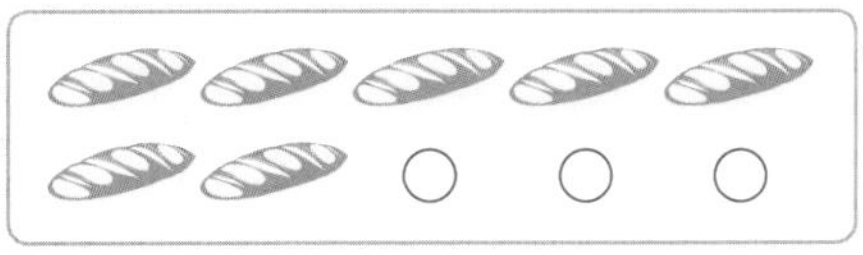 , 3
6 윤하
7 10, 4
8 ㉡
+9 ㉠, ㉡
+10 3, 3

1 4와 6을 모으기 하면 10이 됩니다.

2 10은 8과 2로 가르기 할 수 있습니다.

3 5와 5를 모으기 하면 10이 됩니다.
10은 7과 3으로 가르기 할 수 있습니다.

4 ○를 4개 더 그리면 10이 됩니다.

5 ○를 3개 더 그리면 10이 되므로 10은 7보다 3 큽니다.

힌트북 48쪽

6 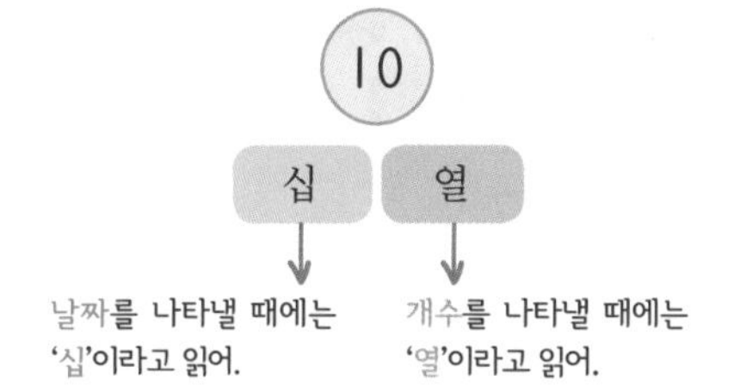

윤하: 나는 연필 십 자루를 샀어.
열

힌트북 49쪽

7 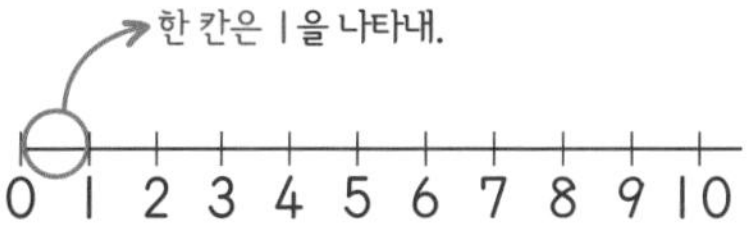

• 7보다 3 큰 수는 □입니다. → 7에서 오른쪽으로 3칸
• 10은 6보다 □ 큽니다. → 6에서 오른쪽으로 □칸

• 7보다 3 큰 수는 10입니다.
• 10은 6보다 4 큽니다.

8 ㉠ 2와 8을 모으기 하면 10이 됩니다.
㉡ 3과 6을 모으기 하면 9가 됩니다.
㉢ 1과 9를 모으기 하면 10이 됩니다.

+9 ㉢ 1과 8을 모으기 하면 9입니다.

본책 112~115 쪽

25일 십몇 알아보기

확인 112쪽

❶ 예 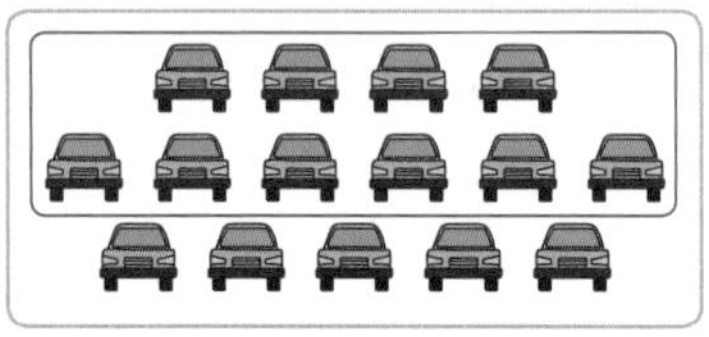, 1, 5, 15

❷ (1) 1, 4 (2) 1, 7

기본기 다지는 교과서 문제 113쪽

1 예 , 1, 6, 16

2 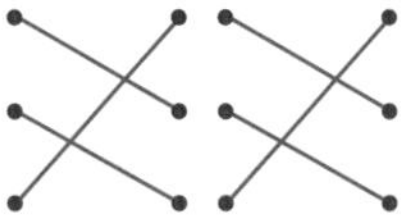

3 14, 16 / 십이, 십육, 십구

2 • 10개씩 묶음 1개와 낱개 3개이므로 13이라 쓰고, 십삼 또는 열셋이라고 읽습니다.
• 10개씩 묶음 1개와 낱개 5개이므로 15라 쓰고, 십오 또는 열다섯이라고 읽습니다.
• 10개씩 묶음 1개와 낱개 7개이므로 17이라 쓰고, 십칠 또는 열일곱이라고 읽습니다.

스스로 풀어내는 도전 10 문제 114~115 쪽

1 예 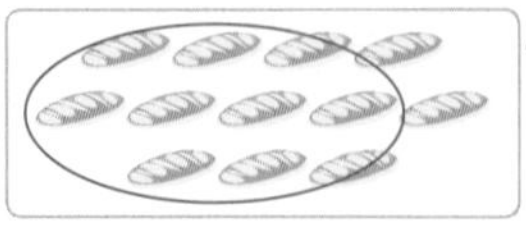, 12

2 십육, 열여섯

3 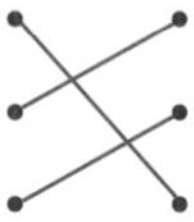

4 12, 14 / 15, 17

5 열다섯, 15에 ○표

6 ㉣

7 14개

8 (1) 15, 16 (2) 18, 17

+9 ㉣

+10 1, 3, 13

1 10개씩 묶음 1개와 낱개 2개이므로 12입니다.

2 10개씩 묶음 1개와 낱개 6개이므로 16이라 쓰고, 십육 또는 열여섯이라고 읽습니다.

힌트북 50쪽

3 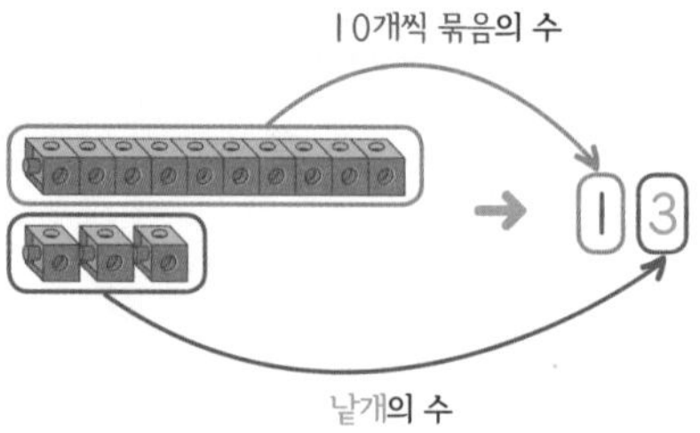

• 10개씩 묶음 1개와 낱개 5개 ➔ 15(십오, 열다섯)
• 10개씩 묶음 1개와 낱개 2개 ➔ 12(십이, 열둘)
• 10개씩 묶음 1개와 낱개 7개 ➔ 17(십칠, 열일곱)

4 13 바로 앞의 수는 12이고, 바로 뒤의 수는 14입니다.
16 바로 앞의 수는 15이고, 바로 뒤의 수는 17입니다.

5 10개씩 묶음 1개와 낱개 5개
➔ 15(십오, 열다섯)

6 ㉣ 19는 십구 또는 열아홉이라고 읽습니다.

7 10개씩 묶음 1개와 낱개 4개이므로 14개입니다.

8 (1) 수를 13부터 순서대로 쓰면
13－14－15－16입니다.
(2) 수를 19부터 순서를 거꾸로 쓰면
19－18－17－16입니다.

+9 ㉠, ㉡, ㉢은 모두 17을 나타냅니다.
㉣은 16을 나타냅니다.

본책 116~119쪽

26일 십몇을 모으기와 가르기

확인 116쪽

1 (1) (2)

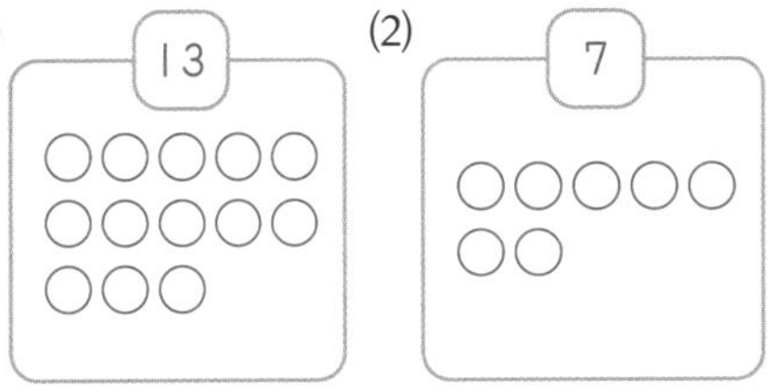

기본기 다지는 교과서 문제 117쪽

1 8, 6, 14
2 16, 7, 9
3 17, 9

1 8과 6을 모으기 하면 14가 됩니다.

2 16은 7과 9로 가르기 할 수 있습니다.

3 8과 9를 모으기 하면 17이 됩니다.
15는 6과 9로 가르기 할 수 있습니다.

스스로 풀어내는 도전 10 문제 118~119쪽

1 7, 7, 14
2 16, 10, 6
3 15, 8
4 예 6, 7 / 8, 5
5

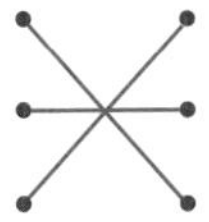

6 ㉠
7 19
8 ㉡
+9 9와 6, 10과 5
+10 8, 8

1 7과 7을 모으기 하면 14가 됩니다.

2 16은 10과 6으로 가르기 할 수 있습니다.

3 9와 6을 모으기 하면 15가 됩니다.
12는 4와 8로 가르기 할 수 있습니다.

4 13은 1과 12, 2와 11, 3과 10, 4와 9, 5와 8, 6과 7, 7과 6, 8과 5, 9와 4, 10과 3, 11과 2, 12와 1로 가르기 할 수 있습니다.

5 모으기를 하여 16이 되는 두 수는 7과 9, 8과 8, 10과 6입니다.

힌트북 52쪽

6

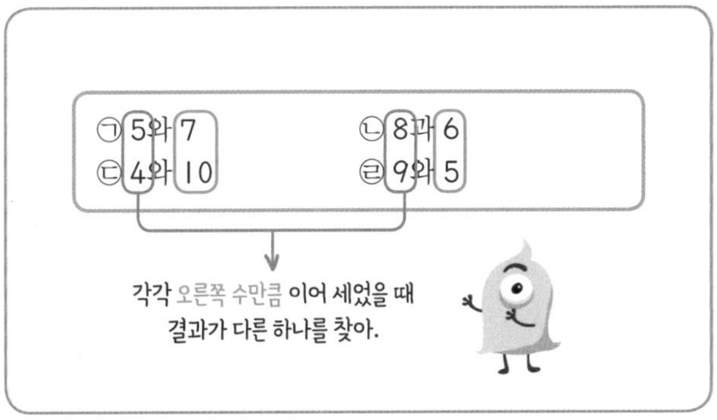

㉠ 12 ㉡ 14 ㉢ 14 ㉣ 14
따라서 모으기한 수가 다른 하나는 ㉠입니다.

7 8과 5를 모으기 하면 13이 되고, 13과 6을 모으기 하면 19가 됩니다.
따라서 ★에 알맞은 수는 19입니다.

8 8과 6을 모으기 하면 14가 되므로 ㉠=6입니다.
14는 8과 6으로 가르기 할 수 있으므로 ㉡=8입니다.
6보다 8이 더 크면 더 큰 수는 ㉡입니다.

+9 7과 8을 모으기 하면 15가 되는데 8이 없습니다.
9와 6, 10과 5를 모으기 하면 15가 됩니다.

힌트북 53쪽

+10

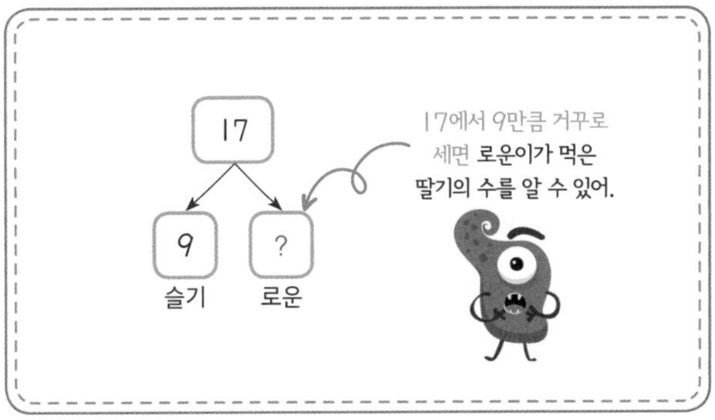

본책 120~123쪽

27일 몇십 알아보기

확인 120쪽

1 (1) 2, 20 (2) 이십, 스물
2 (1) 5, 50 (2) 오십, 쉰

기본기 다지는 교과서 문제 121쪽

1 40개
2 30, 40, 50
3 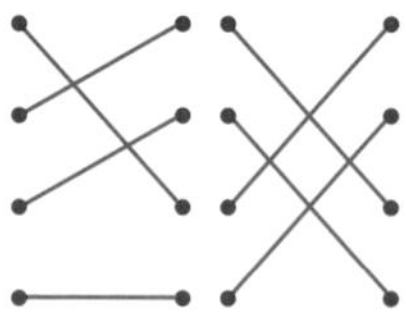
4 예

●	●	●	●	●	○	○	○	○	○
●	●	●	●	●	○	○	○	○	○
○	○	○	○	○	○	○	○	○	○

1 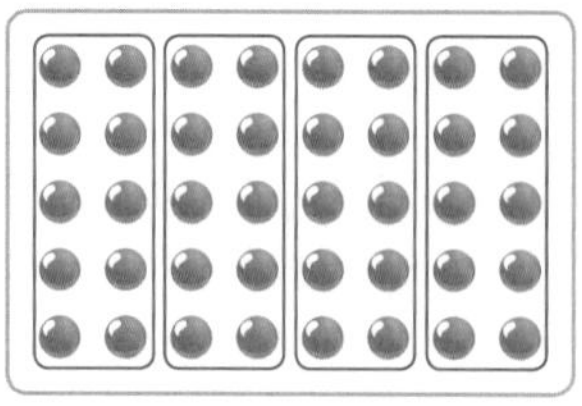

10개씩 묶음 4개이므로 40개입니다.

4 10개씩 묶음이 3개가 되도록 ○를 그립니다.

스스로 풀어내는 도전 10 문제 122~123쪽

1 30 / 삼십, 서른
2 (1) 20 (2) 40 (3) 3 (4) 5
3 ㉣
4 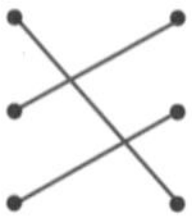
5 40개
6 30개
7 3개
8 1개
+9 50송이
+10 3, 3

1 10개씩 묶음 3개는 30이라 쓰고, 삼십 또는 서른이라고 읽습니다.

힌트북 54쪽

2 

10개씩 묶음 ▢개 → ▢0

3 ㉣ 50은 오십 또는 쉰이라고 읽습니다.

4
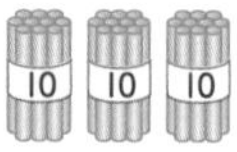 10개씩 묶음 3개 → 30(삼십, 서른)
 10개씩 묶음 4개 → 40(사십, 마흔)
 10개씩 묶음 2개 → 20(이십, 스물)

5 10개씩 묶음 4개는 40입니다.

6 곶감이 10개씩 묶음 3개이므로 30개입니다.

7 왼쪽 모양을 만드는 데 블록이 10개씩 1묶음 사용되었습니다.
주어진 블록을 10개씩 묶어 보면 10개씩 3묶음과 낱개 6개이므로 왼쪽 모양을 3개 만들 수 있습니다.

8 낱개 10개는 10개씩 묶음 1개와 같으므로 주어진 모형은 10개씩 묶음 3개가 됩니다. 40은 10개씩 묶음 4개이므로 10개씩 묶음 1개가 더 필요합니다.

+9 빨간색 장미 20송이는 10송이씩 묶음 2개이고, 분홍색 장미는 10송이씩 묶음 3개이므로 장미는 모두 10송이씩 묶음 5개입니다. 따라서 장미는 모두 50송이입니다.

힌트북 55쪽

+10

10개 → 10개씩 1상자
20개 → 10개씩 2상자
⋮
▢0개 → 10개씩 ▢상자

본책 124~127 쪽

28일 몇십몇 알아보기

확인 124쪽

❶ (1) 3, 6, 36 (2) 삼십육, 서른여섯
❷ (1) 2, 3 (2) 3, 2

기본기 다지는 교과서 문제 125쪽

1 (1) 2, 8 / 28 (2) 4, 3 / 43
2 21, 44
3 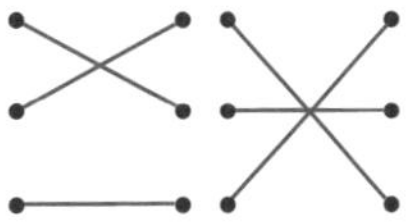

3 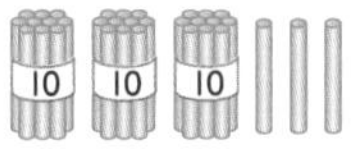
10개씩 묶음 3개와 낱개 3개
→ 33(삼십삼, 서른셋)

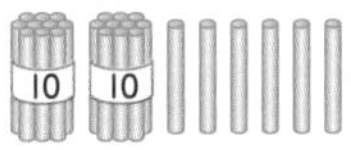
10개씩 묶음 2개와 낱개 6개
→ 26(이십육, 스물여섯)

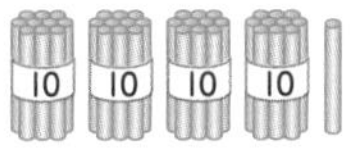
10개씩 묶음 4개와 낱개 1개
→ 41(사십일, 마흔하나)

스스로 풀어내는 도전 10 문제 126~127쪽

1 34 / 삼십사, 서른넷
2 (1) 23 (2) 48 (3) 35
3 (1) 20 (2) 2
4 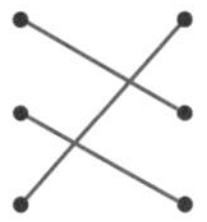
5 ㉣
6 3개, 7개
7 (위에서부터) 9, 1, 27
8 ㉡
+9 4개
+10 3, 3, 33

1 10개씩 묶음 3개와 낱개 4개이므로 34라 쓰고, 삼십사 또는 서른넷이라고 읽습니다.

3 (1) 28 → 10개씩 묶음의 수이므로 20을 나타냅니다.
(2) 42 → 낱개의 수이므로 2를 나타냅니다

5 ㉣ 41은 사십일 또는 마흔하나라고 읽습니다.

힌트북 56쪽

6 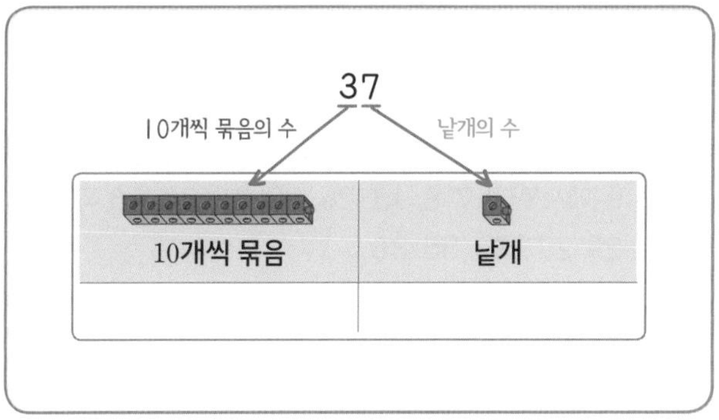

37은 10개씩 묶음 3개와 낱개 7개입니다.

힌트북 57쪽

7 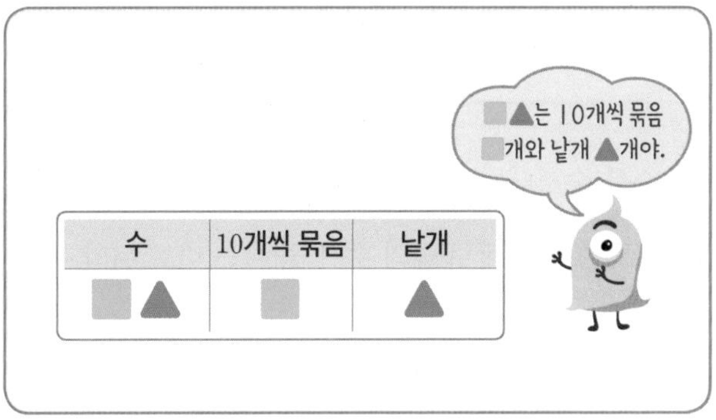

39는 10개씩 묶음 3개와 낱개 9개입니다.
12는 10개씩 묶음 1개와 낱개 2개입니다.
10개씩 묶음 2개와 낱개 7개는 27입니다.

8 ㉠, ㉢, ㉣은 모두 48을 나타내고 ㉡은 38을 나타냅니다.

+9 초콜릿 34개는 10개씩 묶음 3개와 낱개 4개입니다. 10개씩 묶음 3개를 친구들에게 주었으므로 남은 초콜릿은 낱개 4개입니다.

본책 128~131쪽

29일 수의 순서 알아보기

확인 ···· 128쪽

1 (위에서부터) 7, 8, 13, 24, 29, 31, 36, 46, 47, 48 / 29, 27 / 34, 35, 36

기본기 다지는 교과서 문제 129쪽

1 (1) 20 (2) 26, 28
2 14, 16 / 31, 33
3 17 / 46 / 29

1 수를 순서대로 쓰면 1씩 커집니다.

2 1 작은 수는 바로 앞의 수, 1 큰 수는 바로 뒤의 수입니다.

스스로 풀어내는 도전 10 문제 130~131쪽

1 (위에서부터) 21, 24, 25, 27, 30

2 (1) 29, 32 (2) 43, 44

3

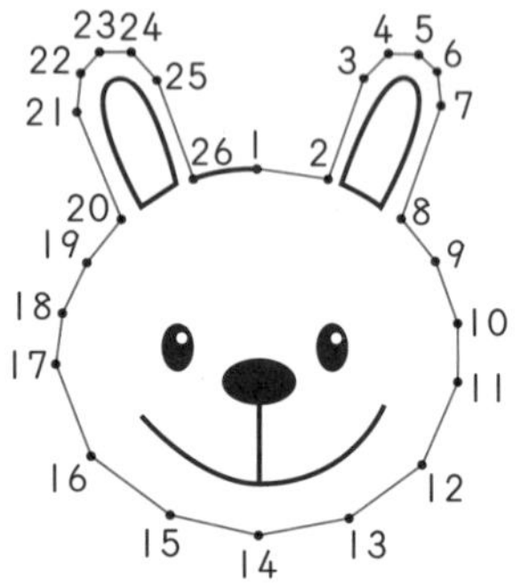

4 37, 38, 39, 40, 41, 42

5 (위에서부터) 48, 27, 45, 7, 13

6 28, 29, 30, 31, 32

7 (1) 34, 35, 36 / 35 (2) 38, 39 / 38

8

1	2	3
10	11	12
		○

4	5	6
13	14	

7	8	9

+9 7명

+10 15, 13, 15, 13

1 19부터 30까지 수를 순서대로 씁니다.

2 (1) 29부터 수를 순서대로 쓰면 29—30—31—32입니다.
(2) 42부터 수를 순서대로 쓰면 42—43—44—45입니다.

3 1부터 26까지 수를 순서대로 잇습니다.

4 가장 작은 수 37부터 순서대로 씁니다.

힌트북 58쪽

5

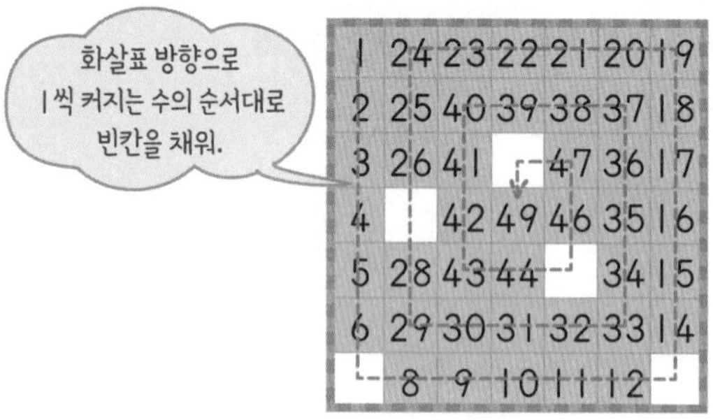

↓→↑← 방향으로 수를 순서대로 씁니다.

6

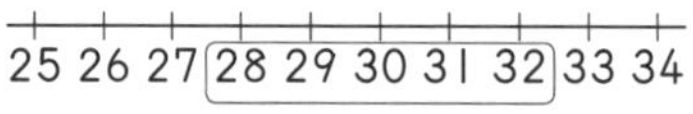

27과 33 사이의 수는 28, 29, 30, 31, 32입니다.

7 (1)

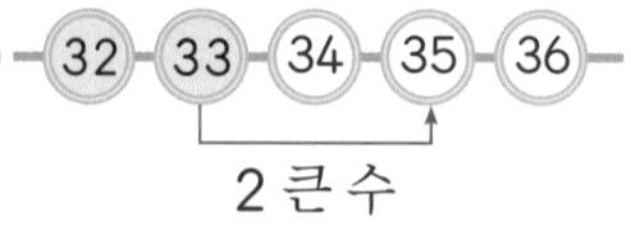

(2)

8 → 방향으로 수를 순서대로 씁니다.

1	2	3
10	11	12
19	20	21

4	5	6
13	14	15

7	8	9
16	17	18

+9 15부터 23까지 순서대로 쓰면 15—16—17—18—19—20—21—22—23이므로 15번과 23번 사이에 있는 사람은 모두 7명입니다.

본책 132~135쪽

30일 두 수의 크기 비교하기

확인 132쪽

1. 작습니다, 큽니다에 ○표
2. 큽니다, 작습니다에 ○표

기본기 다지는 교과서 문제 133쪽

1 32, 25 / 25, 32
2 28, 26 / 26, 28
3 (1) 48에 ○표 (2) 42에 ○표
4 (1) 27에 △표 (2) 30에 △표

3 (1) 10개씩 묶음의 수가 같으므로 낱개의 수를 비교하면 48이 43보다 큽니다.
(2) 10개씩 묶음의 수가 다르므로 10개씩 묶음의 수를 비교하면 42가 24보다 큽니다.

4 (1) 10개씩 묶음의 수가 다르므로 10개씩 묶음의 수를 비교하면 가장 작은 수는 27입니다.
(2) 10개씩 묶음의 수가 같으므로 낱개의 수를 비교하면 30이 가장 작습니다.

스스로 풀어내는 도전 10 문제 134~135쪽

1 33, 36
2 (1) 33에 ○표 (2) 45에 ○표
3 42에 ○표, 19에 △표
4 8, 17, 25, 32, 40
5 슬기
6 29, 30, 31에 ○표
7 43
8 6개
+9 크레파스
+10 19, 43, 마트

2 (1) 10개씩 묶음의 수가 다르므로 10개씩 묶음의 수를 비교하면 33이 28보다 큽니다.
(2) 10개씩 묶음의 수가 같으므로 낱개의 수를 비교하면 45가 더 큽니다.

힌트북 60쪽

3

10개씩 묶음의 수가 다르므로 10개씩 묶음의 수를 비교하면 42가 가장 큰 수이고 19가 가장 작은 수입니다.

4 10개씩 묶음의 수가 다르므로 10개씩 묶음의 수가 클수록 큰 수입니다. 따라서 작은 수부터 순서대로 쓰면 8, 17, 25, 32, 40입니다.

힌트북 60쪽

5

슬기는 딱지를 47개 모았고, 지혜는 딱지를 29개 모았습니다. 누가 딱지를 더 많이 모았을까요?

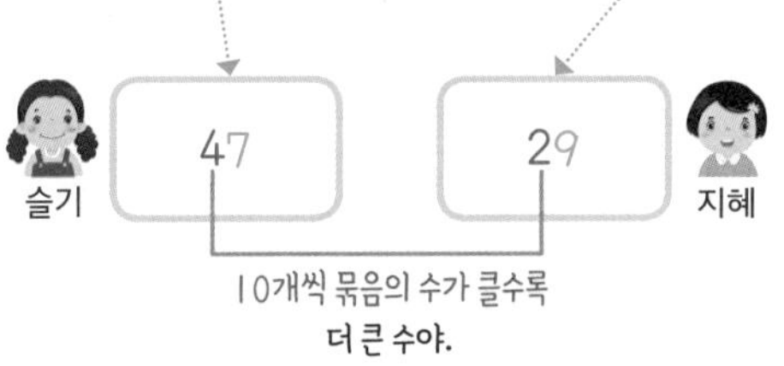

47이 29보다 크므로 슬기가 딱지를 더 많이 모았습니다.

6 10개씩 묶음 2개와 낱개 8개인 수는 28이므로 28보다 큰 수를 찾아보면 29, 30, 31입니다.

7 수 카드로 만들 수 있는 두 자리 수는 34와 43입니다. 34와 43의 크기를 비교하면 10개씩 묶음의 수가 더 큰 43이 더 큰 수입니다.

8 10개씩 묶음 2개와 낱개 6개인 수는 26입니다.
20부터 30까지의 수 중에서 26보다 작은 수는 20, 21, 22, 23, 24, 25로 모두 6개입니다.

+9 연필: 10개씩 묶음 4개와 낱개 2개 → 42개
크레파스: 45개
42와 45의 크기를 비교하면 45가 더 큰 수이므로 크레파스가 더 많습니다.

24~30일 단원평가

136쪽

01 (○)(　)
02 (1) 13 (2) 7
03
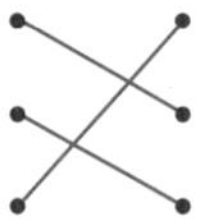
04 17, 18, 20
05 3, 4
06 ㉢
07 4접시
08 11, 22, 33, 44

02 (1) 7과 6을 모으면 13이 됩니다.
(2) 15는 8과 7로 가를 수 있습니다.

03 모아서 17이 되는 두 수는 8과 9, 5와 12, 11과 6입니다.

04 수를 15부터 순서대로 쓰면
15−16−17−18−19−20입니다.

05 34는 10개씩 묶음 3개와 낱개 4개입니다.

06 ㉠, ㉡, ㉣은 30을 나타내고, ㉢은 40을 나타냅니다.

07 40은 10개씩 묶음 4개이므로 귤 40개를 10개씩 접시에 담으면 4접시가 됩니다.

08 묶음의 수와 낱개의 수가 같은 수는 ■■입니다. 10보다 크고 45보다 작은 수 중에서 ■■를 찾아보면 11, 22, 33, 44입니다.

memo

memo

memo

memo

memo

memo

수학이 만만해지는 힌트의 힘!

정답 · 풀이